JN240621

仕組みからわかる

大規模言語モデル

生成AI時代のソフトウェア開発入門

Katsumi Okuda　奥田 勝己 著

本書内容に関するお問い合わせについて

このたびは翔泳社の書籍をお買い上げいただき、誠にありがとうございます。弊社では、読者の皆様からのお問い合わせに適切に対応させていただくため、以下のガイドラインへのご協力をお願い致しております。下記項目をお読みいただき、手順に従ってお問い合わせください。

●ご質問される前に

弊社Webサイトの「正誤表」をご参照ください。これまでに判明した正誤や追加情報を掲載しています。

正誤表　https://www.shoeisha.co.jp/book/errata/

●ご質問方法

弊社Webサイトの「書籍に関するお問い合わせ」をご利用ください。

書籍に関するお問い合わせ　https://www.shoeisha.co.jp/book/qa/

インターネットをご利用でない場合は、FAXまたは郵便にて、下記"翔泳社 愛読者サービスセンター"までお問い合わせください。
電話でのご質問は、お受けしておりません。

●回答について

回答は、ご質問いただいた手段によってご返事申し上げます。ご質問の内容によっては、回答に数日ないしはそれ以上の期間を要する場合があります。

●ご質問に際してのご注意

本書の対象を超えるもの、記述個所を特定されないもの、また読者固有の環境に起因するご質問等にはお答えできませんので、予めご了承ください。

●郵便物送付先およびFAX番号

送付先住所	〒160-0006　東京都新宿区舟町 5
FAX番号	03-5362-3818
宛先	（株）翔泳社 愛読者サービスセンター

※本書の記載内容は、本書を執筆した2024年9月～ 2025年 1 月時点の内容に基づいています。
※本書に記載されたURL等は予告なく変更される場合があります。
※本書の対象に関する詳細は6ページをご参照ください。
※本書の出版にあたっては正確な記述につとめましたが、著者や出版社などのいずれも、本書の内容に対してなんらかの保証をするものではなく、内容やサンプルに基づくいかなる運用結果に関してもいっさいの責任を負いません。
※本書に掲載されているサンプルプログラムやスクリプト、および実行結果を記した画面イメージなどは、特定の設定に基づいた環境にて再現される一例です。
※本書に記載されている会社名、製品名はそれぞれ各社の商標および登録商標です。
※本書では、™、©、®は割愛させていただいております。

はじめに

本書は大規模言語モデル（LLM：Large Language Model）を用いたソフトウェアを開発するための知識と技術を体系的にまとめた1冊です。単にLLMをブラックボックスとして使えるようにするだけでなく、内部的な仕組みを理解し、より効果的に使えるようにすることが本書の狙いです。

人類の歴史において、ごく最近までは地球上で言葉を操る知的な存在は人間のみと考えられてきました。しかし、2022年のChatGPTの登場を皮切りに、言葉を操るAIが急速に普及しました。人類と同等またはそれ以上の知性を持った存在が現実のものとなりつつあります。この変化は、人類の歴史における最も大きな技術的ブレークスルーと言えるかもしれません。そして、この進化の中心にあるのがLLMです。

LLMがこれまでのAI技術と一線を画すのはその汎用性です。従来の機械学習モデルは特定のタスクに特化していましたが、LLMは大量のテキストデータから学習することで、直接教えられていないタスクにも対応できる創発的能力（Emergent Abilities）[Wei, Tay, et al. 2022] を有します。すなわち、自然言語による指示（プロンプト）を介して、幅広いタスクをこなすことが可能です。例えば、コード生成、翻訳、要約、質問応答、情報抽出・分析、さらには創造的な文章の作成など、多岐にわたる分野に応用できます。また、現実のシステムや外部環境と連携して行動するAIエージェントの頭脳としてLLMを活用することで、エージェンティックAIの実現が加速し、LLMが担うタスクはさらに増えるでしょう。ロボットや自動運転など、物理的な領域への応用がその代表例として挙げられます。

さらに、LLMの性能は今後も順調に向上することが期待されています。これは、LLMの性能向上にスケーリング則 [Kaplan et al. 2020] が成り立つためです。LLMの性能は、パラメータの数、学習に使用するデータセットの量、学習のための計算予算（時間または性能）に対して冪乗則で向上する傾向が確認されています。一方で、「半導体の集積密度が18～24カ月で倍増し、チップの性能が倍になる」というムーアの法則 [Moore 1965] は、集積密度が倍増するまでの期間こそ鈍りつつあるものの、ある程度の期間で計算性能が倍になるという特性は依然として変わっていません。このため、計算性能向上の恩恵を直接受けることができるLLMの性能向上は今後も継続することが予想されます。

このような背景から、LLMは今後ますます多くの分野に応用され、その影響力を拡大していくものと思われます。したがって、LLMの新しい応用を切り拓いたり、システムに組み込む役割を担うソフトウェア開発者や研究者にとって、本質的な理解に基づくLLMの活用は最も重要なスキルの一つとなるでしょう。

2025年1月　奥田 勝己

本書の構成と読み方

本書では、LLMを活用するために必要な基礎知識から実践的な応用例まで、体系的に幅広く解説します。具体的には、次の図に示す内容を取り上げます。

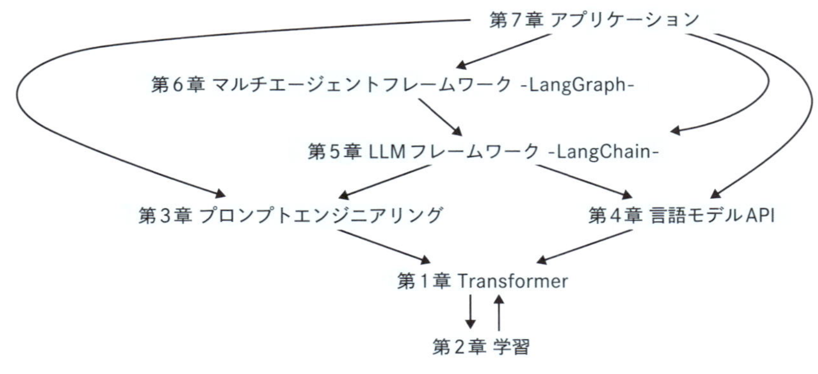

図0.0.1　本書の構成

図中の矢印は、基礎や基盤となる技術を意味します。できるだけ自然な流れで章を配置してはいますが、各章は独立しており、どこから読み始めても問題ありません。必要に応じてその基礎・基盤となる技術の章を参照していただければと思います。例えば、LangChainの使い方に興味がある急ぎの読者は、第5章から読み始めても問題ありません。

各章の内容は次のとおりです。

第1章 Transformer

LLMの仕組みを理解することを目的とし、LLMの基盤となるニューラルネットワークのアーキテクチャであるTransformerについて詳しく解説します。本章では、Transformerの具体的なアーキテクチャとして、2017年に発表されたオリジナルのTransformerと実用LLMの一つであるLlama 3（2024年）について解説します。また、画像や音声を扱うマルチモーダルLLMやトークナイザ、トークンのサンプリング手法についても本章で解説します。

計算機アーキテクチャ、コンパイラ、OS（Operating System）の仕組みを知らなくてもプログラムが書けるのと同様、Transformerの仕組みを知らなくてもLLMを使うことは可能です。しかし、プログラムの性能を引き出すためには計算機アーキテクチャ、コンパイラ、OSの仕組みの理解が不可欠であるのと同様、LLMの効果的な利用にはTransformerの仕組みの理解が欠かせません。

第2章 学習

Transformerのパラメータを適切な値に設定するための学習プロセスについて解説します。LLMの学習は、事前学習と指示チューニングやRLHF（Reinforcement Learning from Human Feedback）などのファインチューニングに分けられます。これらの手法を解説すると共に、共通して使用される勾配降下法や誤差逆伝播法といった、機械学習の基本的な手法も取り上げます。また、学習時に発生する問題や一般的なその解決方法についても簡単に紹介します。

本章では、第1章で紹介したTransformerアーキテクチャのパラメータが実際にどのように調整されるのかという疑問を解消します。

第3章 プロンプトエンジニアリング

LLMからより良い出力を得るための鍵となる、プロンプトエンジニアリングのテクニックを紹介します。ChatGPTやLLMを扱うためのライブラリであるLangChainなどを効果的に使用するためのテクニックや、ライブラリの内部で使われている手法も解説します。LLMの知識を動的に拡張するRAG（Retrieval Augmented Generation）やエージェントの実現手法として有力なReActやReflexionについても、プロンプトエンジニアリングの観点から紹介します。

第4章 言語モデルAPI

LLMを利用するためのAPI（Application Programming Interface）について、OpenAI APIやAnthropic API、Gemini APIなどの主要なAPIを取り上げます。各APIの共通点と違いを示すことで、APIの本質的な理解を目指します。

第5章 LLMフレームワーク -LangChain-

LLMの機能をさらに拡張するフレームワークについて、特に人気の高いLangChainを紹介します。また、LangChainらしくプログラムを書くための専用言語であるLCEL（LangChain Expression Language）についても図解で詳しく解説します。さらに、LangChainを用いてLLMから構造化出力を得る方法、LLMにツールを使わせる方法、RAGを使う方法、AIエージェントの構築方法を学びます。本章の内容をソースコードと共に理解することで、LangChainの主要な機能を一通り使いこなせるようになるはずです。

第6章 マルチエージェントフレームワーク -LangGraph-

複数のAIエージェントを活用したシステム構築のためのマルチエージェントフレームワークについて、LangGraphを取り上げます。LangChainの使い方とマルチエージェントシステムの基本的なアーキテクチャを紹介し、アーキテクチャごとの応用例を示します。例えば、エージェンティックAIとして動作するソフトウェア開発チームをLangGraphを用いて構築します。

第7章 アプリケーション

これまでに学んだ知識を応用し、実際にLLMを活用したアプリケーションを開発します。マルチモーダルチャットボット、クイズ作成システムを通じて、実践的なLLMの利用方法を学びます。

本書が対象とする読者と、取り扱っている内容

本書では、対象読者としてLLMを活用したソフトウェアを開発したい開発者、研究者、学生を想定しています。事前に機械学習の知識は不要です。一方で、「LLMを利用する」のではなく「LLMを自前で開発したい」と考えている読者にとっては、本書の内容は不十分な可能性があります。具体的には、PyTorchやTensorFlowなどのフレームワークの使い方、GPU (Graphics Processing Unit) の活用方法、発展的な学習手法については本書では扱いません。そのため、LLMの内部実装や学習パイプライン構築に重点を置く読者は、別の専門書やリソースにあたる必要があります。

また、第1章と第2章では、一部、数式を扱います。できるだけ日本語や図解で直感的な理解を補いつつ、曖昧さを避けるため数式も載せています。数式レベルでの理解には、大学初年度程度の数学知識があると望ましいでしょう。

第4章以降はPythonを用いたLLMの利用手法が中心となります。ソースコード例は全てPythonで書かれているため、読者がPythonの環境構築やプログラムの基本的な読み書きを行えることを想定しています。

サンプルプログラムの動作環境と注意事項

本書に掲載しているPythonのサンプルプログラムは、次の環境で動作することを確認しています。

- macOS Sonoma + Python 3.11.10
- Debian GNU/Linux 11 + Python 3.12.8
- Windows 11 Home + Python 3.13.1

また、次の内容については巻末の「Appendix」に掲載しています。

- Python環境のセットアップ方法
- APIキーの取得方法：第4章以降で言語モデルAPIを使用

言語モデルAPIを利用するにはクレジットカードの登録が必要です。利用した分だけ料金がかかることに注意し、理解した上で学習を進めてください。

なお、本書で使用しているサンプルプログラムに記載のモデル名やAPIは、執筆時点での情報に基づいています。そのため、時間の経過とともに一部の情報が古くなる可能性があります。最新の情報や更新されたサンプルプログラムについては、ぜひ次のGitHubリポジトリをご参照ください。

```
https://github.com/katsumiok/llm-book
```

表記のルール

本書では、本文中の数式やプログラムのコードを次のルールに従って掲載しています。

数式

スカラの変数および定数は、**イタリック体**で表記します。例えば、a, b, c, x, y, zはスカラの変数や定数を表します。

ベクトルは小文字の**太字**で表し、行列は大文字の**太字**で表記します。例えば、ベクトルは$\mathbf{v}$、行列は$\mathbf{M}$のように記述します。

また、ベクトルの要素を具体的に列挙する際には、プログラミング言語の配列やリストで馴染みのある角括弧 ([ ]) とカンマ (,) を用います。例えば、ベクトル$\mathbf{v}$の要素を示す際には、$[v_1, v_2, v_3]$のように記述します。

プログラムのコード

本文中のプログラムの変数や関数、メソッドなどのシンボル名は、「リストX.X.X」にあるのと同じ書体で表記します。例えば、`foo`や`bar`のように表記します。

1行が長いコードは任意の位置で折り返して表示しています。

IN はプロンプトの例、OUT はプロンプトの回答やサンプルプログラムの実行結果を表しています。

付属データのご案内

本書に掲載しているサンプルプログラムのソースコード（リストX.X.X）は、付属データとして以下のサイトからダウンロードして入手いただけます。

```
https://www.shoeisha.co.jp/book/download/9784798185262
```

付属データのファイルは圧縮されています。ダウンロードしたファイルをダブルクリックすると、ファイルが解凍され、ご利用いただくことができます。

次のGitHubリポジトリでも公開しています。

```
https://github.com/katsumiok/llm-book
```

●注意

※付属データの提供は予告なく終了することがあります。あらかじめご了承ください。
※図書館利用者の方もダウンロード可能です。

●免責事項

※付属データの記載内容は、2025年1月現在の法令等に基づいています。
※付属データに記載されたURL等は予告なく変更される場合があります。
※付属データの提供にあたっては正確な記述につとめましたが、著者や出版社などのいずれも、その内容に対してなんらかの保証をするものではなく、内容やサンプルに基づくいかなる運用結果に関してもいっさいの責任を負いません。
※付属データに記載されている会社名、製品名はそれぞれ各社の商標および登録商標です。
※付属データで提供するファイルは、「サンプルプログラムの動作環境と注意事項」に記載した環境で動作を確認しています。

Contents

第2章

学習

第4章
言語モデルAPI

第5章
LLMフレームワーク —LangChain—

Appendix 学習環境の構築

第 1 章

Transformer

本章では、大規模言語モデル（LLM：Large Language Model）の仕組みを解説します。本書執筆時点で主流のLLMは、共通してTransformerというニューラルネットワークのアーキテクチャを採用しています。Transformer ではテキストだけでなく、画像、音声、動画などの様々なモダリティ（形式）を統一的に扱うことができます。このため、テキストのみ扱うLLMからマルチモーダルLLMに至るまでTransformerがLLMのコアパーツとして使用されています。本章では、Transformerを中心とするLLMの構成とその構成要素の動きをきちんと理解することを目的とします。本章では、まず、言語モデルについて説明した後、主要なLLMの構成と、その構成要素となるTransformerやトークナイザ、サンプリング手法について詳しい解説を行います。

1.1

言語モデルとは

大規模言語モデルは**言語モデル**の大規模なものを言います。何が大規模なのか、また大規模でない言語モデルとの違いは何かを理解するために、まずは言語モデルについて説明します。ここでは言語モデルという用語を言語とモデルに分解し、**モデル**、**言語**、言語モデルと順に見ていきましょう。

1.1.1 モデル

モデルは、様々な意味で用いられる用語です。言語モデルの場合の「モデル」は、実世界の現象を予測する数式やソフトウェアを指します。このようなモデルは、なんらかの入力を受け取り、なんらかの予想を出力します。**図1.1.1**に一般化したモデルを示します。モデルは四角形で表され、左からの矢印は入力、モデルから右への矢印は出力を表します。ここでは入力と出力をそれぞれ一つの矢印で表しましたが、入力と出力にはそれぞれ一つ以上の値があるものとします。例えば、気象モデルでは大気の現状や海の状態などの多くの変数を入力として受け取り、未来の気温や降水量を予測します。

モデルの作成方法には多様なアプローチが存在します。機械学習はその一つです。機械学習を用いて作られるモデルの構造は、数式によって定義されます。例えば、$y=b+ax$という数式は、単純なモデルとみなすことができます。この式の場合、入力はxであり、出力はyの値となります。xとyはそれぞれ、入力変数（統計学では説明変数）、出力変数（統計学では応答変数）と呼ばれたりします。ここで係数aと切片bはモデルのパラメータ、すなわち機械学習アルゴリズムによって決められる変数です。パラメータは、機械学習の分野では重みとも呼ばれます。重みは、入力変数の重要度を示す数値として解釈されます。例えば、aの値が大きいほど、入力変数xの影響が大きいことを意味します。また、機械学習の分野では、aやbの代わりに、w_0とやw_1という文字がよく使われます。wはweight（重み）の頭文字です。

このモデルはパラメータが二つしかありませんので、ごく小規模なモデルと言えるでしょう。機械学習ではこのパラメータを与えられた入力変数と出力変数の例から自動的に（機械的に）計算（学習）します。実際の機械学習で作成するモデルは、複数の数式を組み合わせたものになり、もう少し複雑になります。しかし、入力と出力の例から自動的にパラメータを決定するという点では、大規模言語モデルも他の機械学習のモデルと同じです。モデルが複雑になるとパラメータの数も増えます。大規模言語モデルでいうところの大規模という所以の一つは、このパラメータの数が多いということです。

なお、機械学習分野では、しばしばパラメータをまとめてベクトルや行列として表現します。例えば、$\mathbf{w}=[w_0, w_1, \cdots, w_n]$のようなベクトルや、さらに複数のベクトルをまとめて行列$\mathbf{W}$として表現します。大規模言語モデルでは、このような多数の重みを表す行列が複数組み合わさったものがモデルのパラメータを表現します。また、重みを表す行列の数が多く、個々の行列のサイズも大きいことが、大規模言語モデルの特徴の一つです。後述の1.3.6では、パラメータとサイズの実例を紹介します。

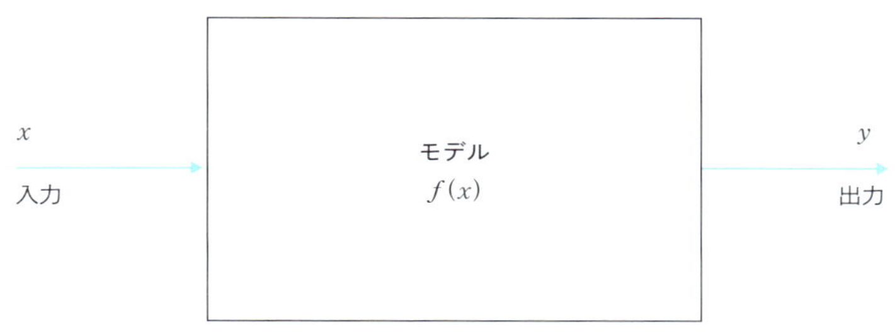

図1.1.1 一般的なモデル

1.1.2 言語

言語は、なんらかの文法に則った単語や文の集合です。自然言語（英語、日本語など）とプログラミング言語（Python、C言語など）は、言語の代表的な例です。

大規模言語モデルは、自然言語とプログラミング言語の両方を扱うことができます。これは、モデルの学習に使用されるデータに、自然言語のテキストとプログラミング言語のコードの両方が含まれているためです。モデルは、これらのデータから言語の統計的な特徴を抽出し、言語の文法や意味論を抽象的に学習します。この抽象化のおかげで、モデルは学習データに含まれていない新しい言語的特徴も生成できるようになります。大規模言語モデルが扱う言語は、学習に用いた様々な言語の和集合と考えることができるでしょう。

ただし、大規模言語モデルの言語ごとの性能は、訓練データの量にある程度依存することが知られています。一般に訓練データが多い言語ほど性能が良くなります。例えば、主に英語の訓練データで学習した大規模言語モデルの性能は、日本語などの他の言語より若干性能が良いようです。同様のことは自然言語だけでなくプログラミング言語についても当てはまると考えられます。

1.1.3 言語モデル

言語モデルは、言語とモデルを組み合わせた概念です。言語で書かれたテキストデータを入力として受け取り、なんらかの予測を出力します。言語モデルが何をするかは**タスク**と呼ばれ、そのタスクに応じて入力と出力が異なります。

表1.1.1に、自然言語処理のタスクとその入力、出力を示します。例えば、自己回帰言語モデリングは、テキストの一部を入力として受け取り、入力に続く可能性が高いトークンを出力します。トークンは、言語モデルが扱いやすいサイズにテキストを分割した単位です。単語や単語をさらに細かく分割したサブワードがトークンとしてよく使われます。また、文章生成は、プロンプト（ここでは文章の先頭部分や要約など）を入力として受け取り、プロンプトに続く自然な文章を出力します。

表1.1.1で特に重要なタスクは、**自己回帰言語モデリング**です。自己回帰言語モデリングは言語モデルの基本的なタスクであり、このタスク向けに訓練されたモデルを自己回帰言語モデルと呼びます。自己回帰言語モデルは、入力されたテキストの一部（先行する単語やトークン）を受け取り、入力に続く可能性が高いトークンを出力します。自身の出力を次の入力として再帰的に利用することで、より長い文章やテキストを生成することができます。

図1.1.2では、自己回帰言語モデルの動作例を示します。ここでは例として、「今日の天気は」というテキストを入力として受け取り、「晴れです。」というテキストを出力することを想定しています。この出力は、複数回の言語モデルの呼び出しによって生成されます。1回目の呼び出しでは「晴れ」というトークンが生成され、2回目の呼び出しでは「です」というトークンが生成されます。最後に「。」が生成されることで、出力が完成します。

表1.1.1 自然言語処理タスクの入出力例

タスク	入力	出力
自己回帰言語モデリング	テキストの一部（先行するトークン）	入力に続く可能性が高いトークン
文章生成	プロンプト（文章の先頭部分や概要）	プロンプトに続く自然な文章
機械翻訳	翻訳前言語の文章	翻訳後言語の文章
要約生成	長い文章	要点をまとめた短い要約
質問応答	質問文と関連するテキスト（コンテキスト）	質問に対する回答
感情分析	文章	感情ラベル（ポジティブ、ネガティブ、ニュートラルなど）とその強度
固有表現認識	文章	固有表現（人名、地名、組織名など）にタグ付けされたテキスト
文章分類	文章	事前に定義されたカテゴリラベル
係り受け解析	文章	単語間の依存関係を表す構文木や依存構造

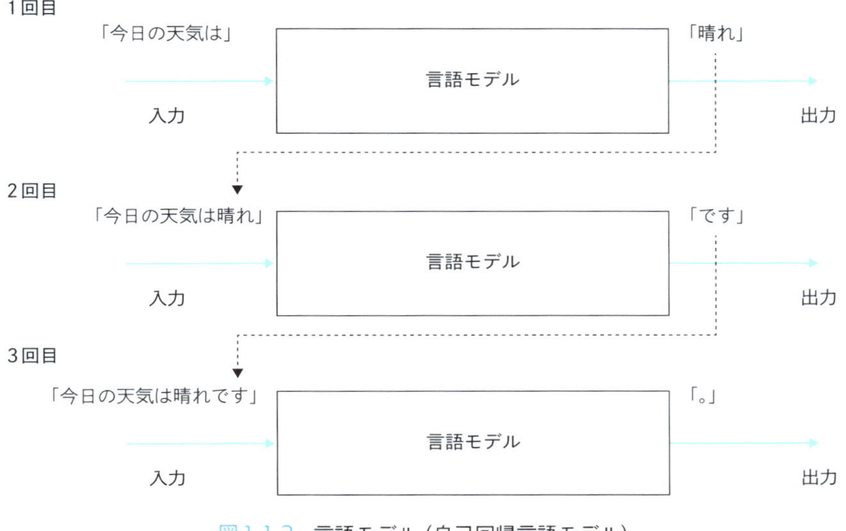

図1.1.2　言語モデル（自己回帰言語モデル）

1.1.4 大規模言語モデル

大規模言語モデル（LLM：Large Language Model）は、名前の通り大規模な言語モデルのことです。では何が大規模なのでしょうか。それは、モデルのパラメータの数です。明確な定義があるわけではありませんが、大規模言語モデルの礎となっているGPT-3のパラメータ数が175億個であることから、だいたい100億個以上のパラメータを持つ言語モデルから大規模言語モデルと呼ばれます。パラメータが増えると学習に要する時間や学習データ量も同様に大きくなります。したがって、大規模言語モデルは**パラメータ数、学習時間、学習データ**がとても大きな言語モデルということになります。

大規模言語モデルが大規模でない言語モデルと大きく異なる点は、その**創発的能力**（Emergent Abilities）[Wei, Tay, et al. 2022]の有無です。創発的能力は、言語モデルの規模が一定を超えると突然獲得される様々な能力のことです。これらの能力は、言語モデルに対してプロンプトで指示を行うことで、活用することができます。

創発的能力は、明示的に訓練されたものではないという点が従来の機械学習で獲得された能力と異なります。大規模言語モデルの出現以前は、計算やデータ分類、自然言語処理の基本的なタスク、例えば文法チェックやキーワードスポッティングなどのタスクごとに専用のトレーニングを行っていました。創発的能力はこれとは異なり、単に大量のテキストデータからあくまで次のトークンを予測するという学習のみで得られた能力です。このため、大規模言語モデルの汎用性は高く、様々な用途に使うことができます。さらに、大規模化が進むのに伴い、新しい創発的能力の獲得が期待されます。したがって、大規模言語モデルは今後ますます多くの分野で活用される可能性を秘めています。

創発的能力についてその例を**表1.1.2**に示します。LLMは、プロンプトで与えられた指示に基づいて様々な能力を発揮します。これらの能力が明示的に教えられたものではなく、自動的に獲得されたものであるという点は注目に値します。

表1.1.2 LLMの創発的能力の例一覧

能力	利用例	プロンプトの例
自然言語理解と生成	物語や記事の要約、Eメールの自動返信、コンテンツの作成	この記事を要約してください。 次の情報をもとに友人に返信するEメールを作成してください。
翻訳	文書やメッセージの翻訳	このテキストを英語から日本語に翻訳してください。
要約	長い報告書や記事の要点を抽出	この報告書の要点を3つのポイントでまとめてください。
感情分析	顧客レビューやソーシャルメディアの投稿からの感情傾向の分析	このレビューは肯定的ですか、否定的ですか？
質問応答	特定の情報に基づいた質問への回答	このデータに基づいて、今年の売り上げは昨年と比べてどうですか？
会話	チャットボットや仮想アシスタント	こんにちは、今日の天気はどうですか？
テキストベースの推論	複雑な問題解決や論理的な結論の導出	もしAがBよりも速いとして、CはAより遅い場合、CはBより速いでしょうか？
クリエイティブなコンテンツ生成	物語や詩の創作、絵画の説明	宇宙を舞台にした冒険物語を作成してください。
コード生成とデバッグ	プログラミングの問題解決、コードの最適化提案	次の関数のバグを見つけて、修正案を提案してください。

1.2

色々なLLM

LLMの基本的な処理は、先行するトークンを入力として受け取り、次のトークンを出力することです。これを繰り返すことで、より長い文章やテキストを生成します。大規模なテキストデータセットを用いて、LLMは次のトークンを予測できるように事前学習されます。この事前学習を経たモデルを、**事前学習済み言語モデル（Pre-trained Model）**と呼びます。事前学習済み言語モデルは、ファインチューニングと呼ばれる手法を用いて、特定のタスクに適応させることができます。事前学習済み言語モデルをベースとし、ファインチューニングを行うことで、さらに実用的な応用が可能になります。事前学習済み言語モデルをファインチューニングして得られるモデルとして次のようなLLMがあります。

- 対話型（Conversational）LLM
- マルチモーダル（Multimodal）LLM

対話型LLMは、人との会話を想定したLLMのことです。対話型LLMは、事前学習済みの大規模言語モデルに対して会話データを用いてファインチューニングを行うことで実現されます。対話型LLMは、主にユーザとアシスタントの過去のやり取りを含む会話履歴を入力として受け取り、適切な応答を生成します。

マルチモーダルLLMは、テキスト以外の情報（画像、音声、動画など）を含む複数のモダリティを扱うLLMのことです。マルチモーダルLLMは、テキストと画像、テキストと音声などの異なるモダリティを組み合わせて処理することができます。

これらのモデルも、先行するトークン列から次のトークンを予測するという基本的な動作は同じです。しかし、入出力の形式や構成要素には少しずつ違いがあります。以下本節では、これらのモデルの動作とその構成について説明します。

1.2.1 事前学習済み言語モデル

事前学習済み言語モデルは、主にトークナイザとTransformerの二つの部分から構成されます。図1.2.1に、事前学習済み言語モデルの構成を示します。

トークナイザは、テキストデータをトークンという細かい単位に分割し、それぞれのトークンを一意な数値（トークンID）に変換します。このトークンIDの列が、Transformerの入力として使用されます。一方、Transformerはトークン IDの列を入力として受け取り、次のトークンIDを予測します。予測したトークンIDは次の入力として再帰的に利用されます。これを繰り返すことで、より長い文章やテキストを生成することができます。

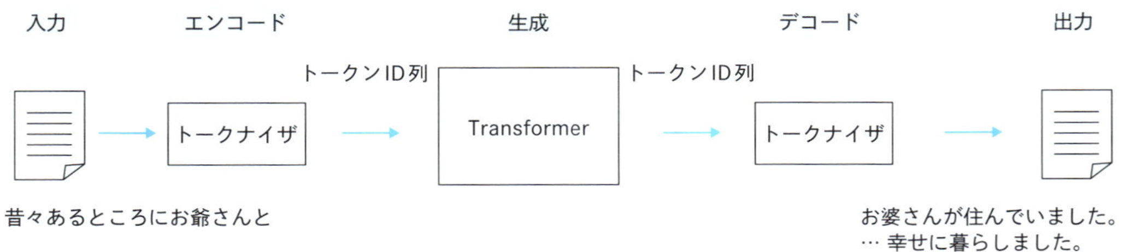

図1.2.1 事前学習済み言語モデルの構成

トークナイザによるトークン化

図1.2.2にトークナイザによるトークン化の様子を示します。例えば、「昔々あるところにお爺さんと」という文章が入力された場合、トークナイザは次のようにトークン化します。

```
128000, 12345, 6789, 23456, 7890, 34567, 8901, 5678
```

ここで、各トークンIDとトークンの対応は次のとおりとします。

- 128000: <|begin_of_text|>
- 12345: 昔
- 6789: 々
- 23456: ある
- 7890: ところ
- 34567: に
- 8901: お爺さん
- 5678: と

<|begin_of_text|>は文章の始まりを表す特殊トークンです。トークナイザは特殊トークンを自動的に挿入します。

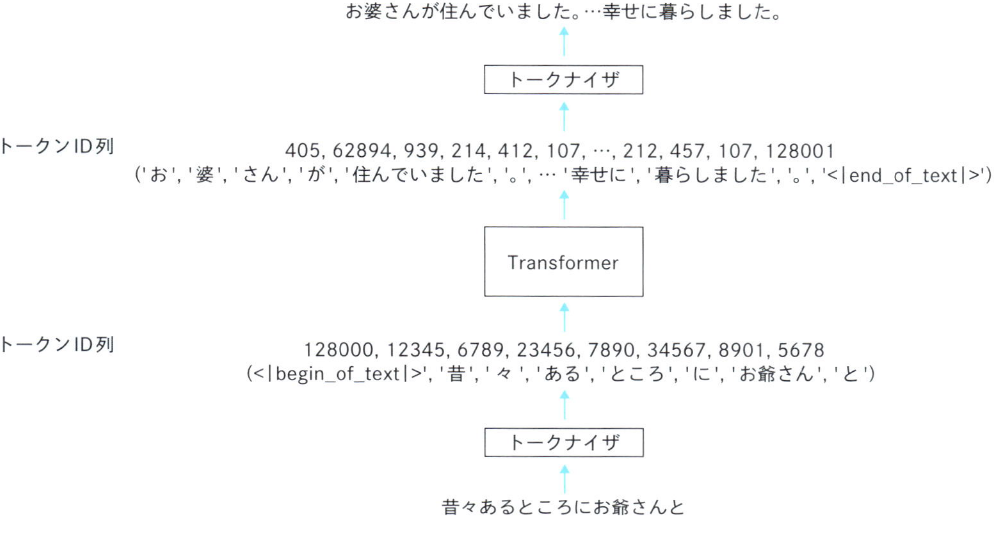

図1.2.2　トークナイザによるトークン化

Transformerによる次のトークンの予測

トークンIDの列がTransformerに入力されると、Transformerは次のトークンIDを予測します。Transformerの出力は、次のトークンIDの確率分布です。例えば、Transformerが次のような確率分布を出力したとします。

```
トークンID  確率
1           0.01
2           0.05
3           0.02
...
1629        0.20
2345        0.15
...
```

この場合、トークンID 1629と2345の確率が相対的に高いため、これらのトークンIDが次のトークンとして選ばれる可能性が高くなります。実際の次のトークンの選択では、1.5で説明するtemperatureやtop-pなどのパラメータを用いて確率分布を調整します。これにより、出力の多様性を調整することができます。

ここで選択されたトークンIDは、現在のトークンIDの列の末尾に追加されます。そして、この新しいトークンIDの列が、次のTransformerへの入力となります。例えば、現在のトークンIDの列が次のようであるとします。

```
128000, 12345, 6789, 23456, 7890, 34567, 8901, 5678
```

ここで、次のトークンIDとして1629が選択されたとすると、トークンIDの列は次のように更新されます。

```
128000, 12345, 6789, 23456, 7890, 34567, 8901, 5678, 1629
```

この新しいトークンIDの列が次のTransformerの入力となり、同様の処理が繰り返されます。この繰り返しはテキストの終わりを表す特殊トークン（<|end_of_text|>）が生成されるまで、あるいは、あらかじめ決められた数のトークンが生成されるまで続きます。

生成されたトークン列のデコード

Transformerからのサンプリングを繰り返して得られるのは、後続の文章のトークンIDの列です。このトークンIDの列は、トークナイザによってデコードすることで、生成された文章のテキスト表現を得ることができます。例えば、次のようなトークン列が得られたとします。

```
405, 62894, 939, 214, 412, 107, …, 212, 457, 107, 128001
```

ここで、各トークンIDが次のようなトークンに対応しているとします。

- 405: お
- 62894: 婆
- 939: さん
- 214: が
- 412: 住んでいました
- 107: 。
- 212: 幸せに
- 457: 暮らしました。
- 107: 。
- 128001: <|end_of_text|>

トークナイザがこの対応に基づいてトークンID列をデコードすると、生成された文章を次のように得ることができます。

```
お婆さんが住んでいました。…幸せに暮らしました。
```

なお、最終的な出力では、文章の始まりと終わりを表す特殊トークン（<|begin_of_text|>と<|end_of_text|>）は削除されます。

1.2.2 対話型（Conversational）LLM

対話型LLMは、人との会話を想定した大規模言語モデルのことです。対話型LLMは、事前学習済み言語モデルに対して、会話データを用いてファインチューニングを行うことで実現されます。会話データにはロール（役割）があり、よく使われるロールはユーザ（Human：人間）とアシスタント（AI）です。会話データではユーザとアシスタントが交互に発言します。

対話型LLMへの入力は**会話履歴**とユーザの発言です。会話開始時には、会話履歴は空で、ユーザの発言が入力となります。対話型LLMは、会話履歴とユーザの発言に続く自然な応答を生成します。

図1.2.3に対話型LLMの入出力例を示します。

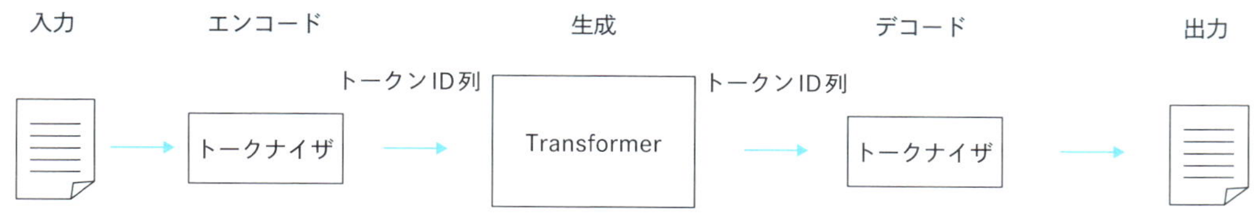

図1.2.3　対話型LLMの入出力例

例えば、次のような会話履歴を考えてみましょう。

```
ユーザ：「こんにちは！」
アシスタント：「こんにちは。ご用件は何でしょうか？」
ユーザ：「犬と猫の違いは何ですか？」
```

この会話履歴は、「ユーザ」、「アシスタント」、「ユーザ」という三つの発言で構成されています。対話型LLMは、このような会話履歴の文脈を理解した上で、アシスタントとして次のような応答メッセージを生成します。

アシスタント：「犬は忠実で、猫は独立しています。」

このように、対話型LLMは、ユーザとアシスタントの過去のやり取りを含む会話履歴を入力として受け取り、適切な応答を生成します。

対話型LLMでは、事前学習済み言語モデルよりも複雑な入出力を扱うため、入力のトークン化やデコードの方法も少し複雑になります。本節では以降、対話型LLMへの入力のトークン化とデコードについて説明します。ここでは、**図1.2.4**を用いて先ほどの例を説明します。**図1.2.4**では下側に入力、上側に出力を表示しています。

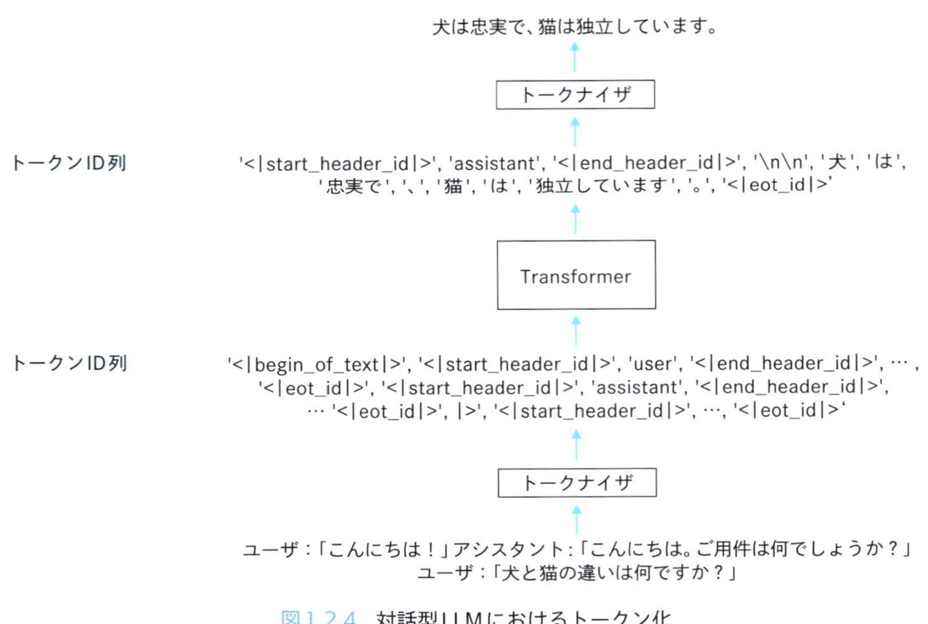

図1.2.4　対話型LLMにおけるトークン化

会話履歴のトークン化

トークナイザへの入力は、会話履歴とユーザの発言です。トークナイザは、会話履歴とユーザの発言をトークン列に変換します。変換したトークン列には、誰の発言かを区別するためのヘッダや会話の終了を示す特殊トークンが含まれます。ここでは、Llama 3の実装を参考に、**表1.2.1**に示すトークンIDを用いて説明します。`<|start_header_id|>`はヘッダ（役割情報）の開始、`<|end_header_id|>`はヘッダ（役割情報）の終了、`<|eot_id|>`はターン（発言）の終了（end of turn）を示す特殊トークンです。

表1.2.1　トークンIDの一覧

トークンID	トークン	説明
128006	<|start_header_id|>	ヘッダ（役割情報）の開始を示す特殊トークン
128007	<|end_header_id|>	ヘッダ（役割情報）の終了を示す特殊トークン
128009	<|eot_id|>	ターン（発言）の終了を示す特殊トークン

出典：Llama 3　https://github.com/meta-llama/llama3/blob/main/llama/test_tokenizer.py

例えば、次のようなメッセージが入力されたとします。

```
ユーザ：「こんにちは！」
アシスタント：「こんにちは。ご用件は何でしょうか？」
ユーザ：「犬と猫の違いは何ですか？」
```

この会話履歴は、例えば次のようにトークン化されます。

```
['<|begin_of_text|>', '<|start_header_id|>', 'user', '<|end_header_id|>', '\n\n', 'こん
にちは', '！', '<|eot_id|>',     '<|start_header_id|>', 'assistant', '<|end_header_
id|>', '\n\n', 'こんにちは', '。', 'ご用件', 'は', '何', 'でしょうか', '？', '<|eot_
id|>',     '<|start_header_id|>', 'user', '<|end_header_id|>', '\n\n', '犬', 'と', '猫',
'の', '違いは', '何ですか', '？', '<|eot_id|>']
```

このトークン列は、会話履歴とユーザの発言をトークン化したものです。先頭には<|begin_of_text|>が、各発言の前には<|start_header_id|>で始まり<|end_header_id|>で終わるヘッダが、各発言の末尾には<|eot_id|>が挿入されています。また、<|start_header_id|>と<|end_header_id|>の間には、役割情報（userまたはassistant）が挿入されています。

Transformerによる次のトークンの予測

Transformerを用いた次のトークンの予測は、通常のLLMと同様に行われます。対話型LLMは、Transformerが生成する**確率分布**に基づいて、次のトークンIDをサンプリングします。サンプリングされたトークンIDは入力の末尾に追加され、次のTransformerへの入力となります。この処理を繰り返すことで、会話の流れに沿った応答を生成することができます。サンプリングは次の条件を満たすと終了します。

- 特定のトークン（<|end_of_text|>）または <|eot_id|>が生成された場合
- あらかじめ決められた数のトークンが生成された場合

終了トークンとして<|eot_id|>が加わっている点のみ、事前学習済み言語モデルの場合と異なっています。

生成されたトークン列のデコード

生成されたトークン列はトークナイザによってデコードされ、テキストに変換されます。生成されたトークン列には特殊トークンが含まれているため、これらを適切に処理する必要があります。特殊トークンの種類が増えていることを除き、生成されたトークン列のデコードは、事前学習済み言語モデルと概ね同じです。

対話型LLMのAPI（Application Programming Interface）では、デコードしたテキストをAPIが定めるメッセージの形式で出力します。メッセージの構造を表す<|start_header_id|>、<|end_header_id|>、<|eot_id|>などの特殊トークンをヒントに応答メッセージを作成します。

1.2.3 マルチモーダルLLM

マルチモーダルLLMは、複数のモダリティ（形式）を扱えるようにした大規模言語モデルのことです。GPT-4oやNeXT-GPT、LLava、VideoPoet、Macaw-LLMなどがマルチモーダルLLMの例です。マルチモーダルLLMは様々な形式のデータを入力として受け取り、それらを統合的に処理することができます。

図1.2.5に、マルチモーダルLLMの概念的な構成を示します。マルチモーダルLLMの入力はテキスト、画像、音声、動画など、複数のモダリティを含むことができます。

これらの入力データは、それぞれ専用のエンコーダを用いてTransformerで扱えるトークン列に変換されます。Transformerはこれらのトークン列を入力として受け取り、次のトークン列を予測します。予測されたトークン列はデコーダを用いて適切なデータ形式に変換され、出力として生成されます。

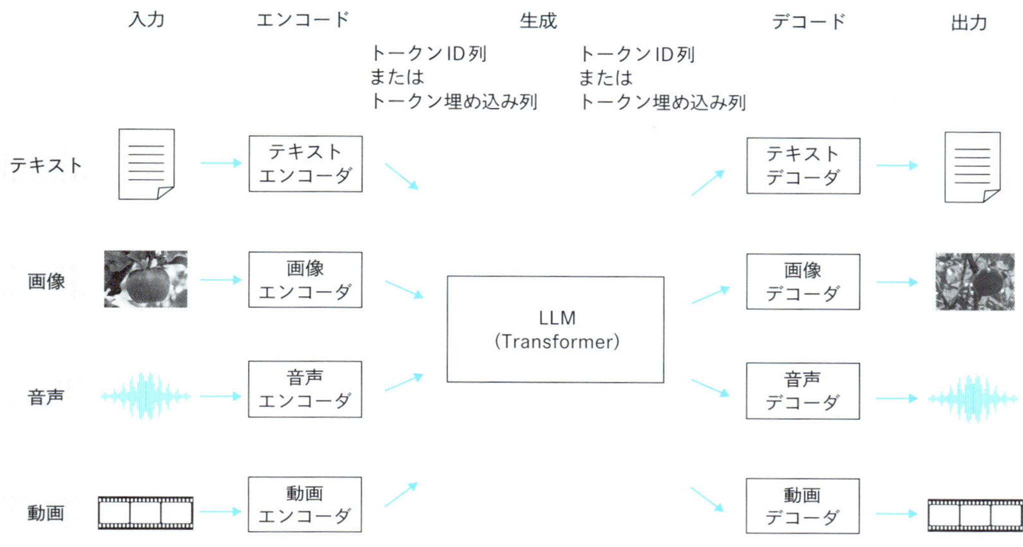

図1.2.5　マルチモーダルLLMの構成

使用されるエンコーダやデコーダは、モデルによって異なります。例として、表1.2.2にいくつかのマルチモーダルLLMのエンコーダ一覧を示します。テキストのエンコーダとして通常は、事前学習済み言語モデルと同じトークナイザが使用されます。

しかし、VideoPoetのように、テキストエンコーダとしてメインのTransformerとは直接関係のないモデルを使用することもあります。VideoPoetでは、Transformerに入力されるトークンを処理するためにT5 XLというテキストエンコーダが使用されています。画像、音声、動画についても、様々なエンコーダを使用することができます。例えば、画像エンコーダとしてはImageBindやCLIP-ViT、音声エンコーダとしてはAudioLDMやWhisper、動画エンコーダとしてはZeroscopeやMAGVITなどが用いられます。これらのエンコードは、それぞれのモダリティに特化した特徴ベクトルを生成します。さらに必要に応じて、特徴ベクトルはTransformerが入力できる形式（トークン埋め込みベクトルの列）に変換されます。

表1.2.2　マルチモーダルLLMのエンコーダ例

モデル	テキストエンコーダ	画像エンコーダ	音声エンコーダ	動画エンコーダ
NExT-GPT	LLMトークナイザ	ImageBind	AudioLDM	Zeroscope
LLava	LLMトークナイザ	CLIP-ViT-L-336px（2層MLP）	—	—
VideoPoet	T5 XL（frozen）	MAGVIT-v2	SoundStream	MAGVIT-v2
Macaw-LLM	LLMトークナイザ	CLIP-ViT-B/16	Whisper	CLIP-ViT-B/16

以降、本節ではNExT-GPTなどの実装を参考に、マルチモーダルLLMの入力のエンコードとデコードについて説明します。

また、図1.2.6にマルチモーダルLLMの入出力の例を示します。ここでは、次のようなプロンプトを想定しています。

> ユーザ：「こんにちは。」
> アシスタント：「何かお役に立てることはありますか？」
> ユーザ：「この画像と似た画像を異なる果物で作成してください。」

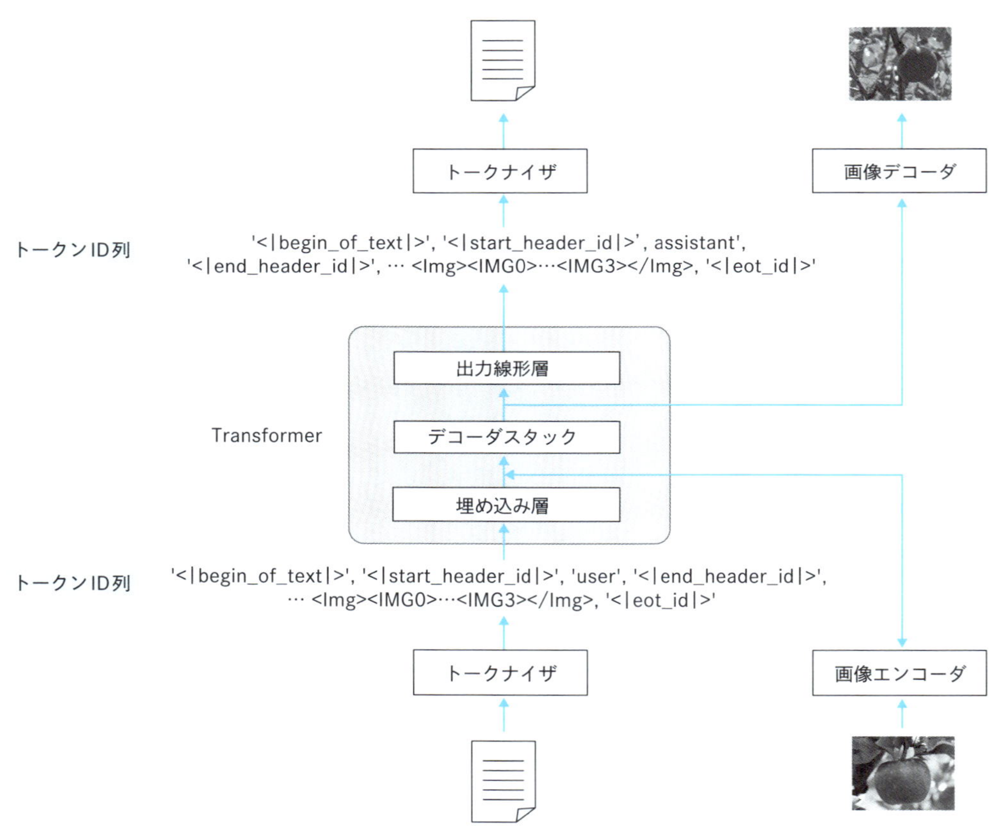

図1.2.6　マルチモーダルLLMの入出力例

入力のエンコード

マルチモーダルLLMへの入力は、複数のモダリティ（形式）を含むことができます。これらの入力は、それぞれ専用のエンコーダを用いてTransformerで扱えるトークン列に変換されます。

テキスト入力のエンコードは、通常の対話型LLMと同様にトークナイザを用いて行われます。トークナイザはテキストをトークン列に変換し、役割情報や発言の区切りを表す特殊トークンを追加します。本例でのプロンプトは次のようなトークン列に変換されます。

```
['<|begin_of_text|>', '<|start_header_id|>', 'user', '<|end_header_id|>', 'こんにちは', '。', '<|eot_id|>', '<|start_header_id|>', 'assistant', '<|end_header_id|>', '何かお役に立てることはありますか', '？', '<|eot_id|>', '<|start_header_id|>', 'user', '<|end_header_id|>', 'この画像と似た画像を異なる果物で作成してください', '。']
```

このトークン列への変換は、対話型LLMの場合と同様に行われます。

画像入力のエンコードは、ImageBindのようなモデルを用いて行われます。ImageBindは、画像を固定長のベクトル表現に変換します。このベクトル表現は、さらにプロジェクション層を通して、Transformerが入力できるトークン埋め込みベクトルの列に変換されます。トークン埋め込みベクトルとは、各トークンを高次元の数値ベクトルで表現したものです。

また、画像はテキストのトークン列にも組み込まれます。本例では、入力画像は四つの画像トークン（[IMG0]～[IMG3]）に分割され、次のようなトークン列に組み込まれます。

```
['<Img>', '[IMG0]', '[IMG1]', '[IMG2]', '[IMG3]', '</Img>', '<|eot_id|>']
```

この [IMG0]～[IMG3] は画像のトークンを表す特殊トークンで、画像位置を表すマーカとして使用されます。このトークンは、Transformerの埋め込み層を経た後、画像エンコーダが生成したトークン埋め込みベクトルと置き換えられます。

これらのエンコードされたトークン列は、Transformerへの入力として連結されます。本例ではテキストと画像のトークン列が連結され、次のようなトークン列が生成されます。

```
['<|begin_of_text|>', '<|start_header_id|>', 'user', '<|end_header_id|>', 'こんにちは', '。', '<|eot_id|>', '<|start_header_id|>', 'assistant', '<|end_header_id|>', '何かお役に立てることはありますか', '？', '<|eot_id|>', '<|start_header_id|>', 'user', '<|end_header_id|>', 'この画像と似た画像を異なる果物で作成してください', '。', '<Img>', '[IMG0]', '[IMG1]', '[IMG2]', '[IMG3]', '</Img>', '<|eot_id|>']
```

このトークン列がTransformerの埋め込み層に入力されます。Transformerの埋め込み層については1.3.3で詳しく説明します。また、画像から生成されたトークン埋め込みベクトルは、埋め込み層を通過した後のトークン列に直接統合されます。

本例ではテキストと画像のエンコードを説明しましたが、音声や動画についても同様の手順でエンコードされます。音声入力のエンコードは、AudioLDMのようなモデルを用いて行われます。AudioLDMは、音声信号をメルスペクトログラム（音声特徴量）に変換し、それを離散的な音声トークンに量子化します。これらの音声トークンは、Transformerが入力できるトークン埋め込みベクトルの列に変換されます。また、動画入力のエンコードは、Zeroscopeのようなモデルを用いて行われます。Zeroscopeは動画をフレームに分割し、各フレームを画像として扱います。これらの画像は、ImageBindと同様の方法でトークン埋め込みベクトルの列に変換されます。

Transformerによる次のトークンの予測

Transformerは、エンコードされたトークン列を入力として受け取り、次のトークン列を予測します。この処理は通常のLLMと同様に行われます。Transformerは、入力トークン列の文脈を考慮しながら、次のトークンの確率分布を生成します。

マルチモーダルLLMでは、出力されるトークン列にテキストだけでなく画像、音声、動画などを表す特殊トークンが含まれる可能性があります。図1.2.6の例では、Transformerはテキストと画像の文脈を考慮しながらアシスタントの応答を生成します。生成されたトークン列には、`[IMG0]`～`[IMG3]` のような画像トークンが含まれています。出力に含まれる `[IMG0]`～`[IMG3]` は画像のトークンを表す特殊トークンで、画像の位置を表すマーカとして使用されます。この画像トークンに対応するトークン埋め込みベクトルが、画像デコーダに渡されます。

生成されたトークン列のデコード

生成されたトークン列は、それぞれのデコーダを用いて元のデータ形式に変換されます。テキストのデコードは、トークナイザを用いて行われます。トークナイザは生成されたトークン列から特殊トークンを取り除き、残りのトークンをテキストに変換します。図1.2.6の例では、生成されたトークン列のテキスト部分は、次のようにデコードされます。

```
はい、りんごをオレンジに変更しました。
```

画像のデコードは、生成された画像トークンを用いて行われます。画像トークンは、事前に学習された画像生成モデル（例えば、Stable Diffusion）への入力として使用されます。画像生成モデルは、画像トークンから元の画像を再構成します。図1.2.6の例では、生成された画像トークン（`[IMG0]`～`[IMG3]`）が、画像デコーダによって画像に変換されます。

音声と動画のデコードも、画像と同様の手順でデコードされます。音声のデコードは、生成された音声トークンを用いて行われます。音声トークンは、事前に学習された音声生成モデル（例えば、WaveNet）への入力として使用されます。音声生成モデルは、音声トークンから音声信号を構成します。

動画のデコードは、生成された動画トークンを用いて行われます。動画トークンは、フレームごとに画像生成モデルへの入力として使用されます。生成された一連の画像フレームが、動画を構成します。

1.3

Transformerの仕組み

本節では、Transformerの仕組みについて説明します。TransformerはLLMの中核であり、汎用性の高いモデルです。2017年に発表されたオリジナルのTransformerは、エンコーダ・デコーダアーキテクチャを採用していました。しかし、GPT-3以降の現在主流のLLMでは、デコーダのみのTransformerが使用されることが一般的です。そこで、本節ではデコーダのみのTransformerに焦点を当てて説明します。

Transformerは、ニューラルネットワークを基盤としています。ニューラルネットワークは、複数の層（レイヤ）から構成されるモデルです。深いネットワーク、つまり多くの層を持つネットワークを用いる学習手法を特にディープラーニングと呼びます。Transformerも多層構造を持つため、ディープラーニングモデルの一つとして分類されます。

以下本節では、まずはTransformerの構成について説明し、次にTransformerの各層の役割について説明します。さらに、その役割を実現している技術について詳細に説明します。

1.3.1 Transformer の構成

Transformerの構成を図1.3.1に示します。Transformerの入力はn個のトークンで、出力は後続トークンの確率分布です。より正確には、n要素のベクトル$\mathbf{x}=[x_1, x_2, \cdots, x_n]$（各$x_i$はトークンID）が入力となります。なお、$n$は入力トークン数であり、可変長です。例えばGPT-3の場合、最大トークン数は2048ですので、nは2048以下の自然数となります。

また、出力は$n\times|V|$の行列です。ここで、$|V|$は語彙数（全トークンIDの個数）です。例えばGPT-3の場合、語彙数は50257ですので、出力は最大で2048×50257の行列となります。この行列の各行は、入力トークン列の後続トークンの確率分布を表します。最終行の確率分布を使って、次のトークンをサンプリングします。

図1.3.1の場合、入力はベクトル[2, 4, 1, …, 3]です。また出力の最終の値、つまり[0.192, 0.055, 0.167, …, 0.102]は、次のトークンの確率分布を表しています。n個の入力トークン数に対して、次の$n+1$番目のトークンを予測することになりますので、n番目の行が最終行となります。

一見すると構成が複雑なように見えますが、いくつかのパートに分けることで理解しやすくなります。本書では埋め込み層、デコーダスタック、出力線形層の三つのパートに分けて説明します。以降、これらの役割を説明した後、それぞれの仕組みについて詳細な説明を行います。

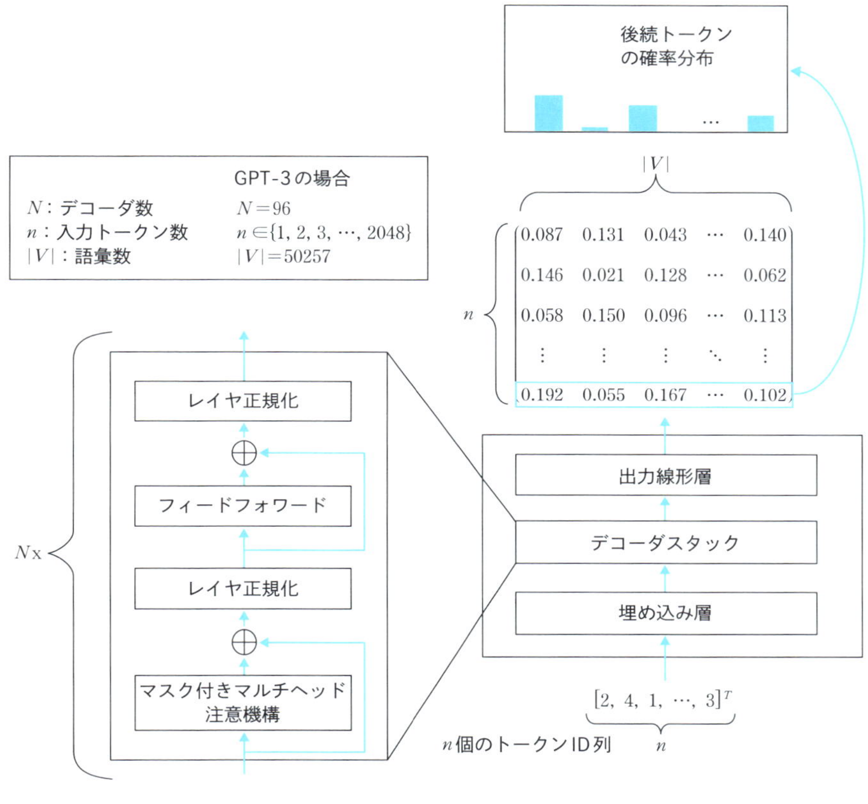

図 1.3.1 Transformerの構成

1.3.2 Transformer各部分の役割

Transformerは埋め込み層、デコーダスタック、出力線形層の三つのパートで構成されています。なお、デコーダスタックはN個の同じデコーダが積み重ねられた（スタックされた）構造を持ちます。

埋め込み層の役割

埋め込み層は個々のトークンIDをベクトルに変換します。トークンIDをベクトルに変換する主な理由は、トークンIDが単なるシンボリックな表現であり、その数値自体には意味がないためです。トークンIDは、語彙の中での位置を指定するためのインデックスに過ぎません。

例えば、トークンIDが「1」の単語と「2」の単語が似た意味を持つとは限りませんし、IDの差が意味の類似性を表すわけでもありません。

一方ベクトル表現を用いると、単語の意味的なニュアンスや文法的特徴を捉えた形でトークンを表すことができます。例えば、文法的に似た意味のトークン同士は、ベクトル空間上で近い位置に配置されるように表現することができます。この様子を**図1.3.2**に示します。**図1.3.2**では「自動車」、「車」、「トラック」などの単語は意味的に近いため、ベクトル表現でも近い位置に配置されています。一方、「りんご」はこれらの単語と意味的には関連がないため、ベクトル表現では遠い位置に配置されています。ここでは、3次元のベクトル表現を用いていますが、実際には数百次元以上のベクトル表現が用いられます。例えば、GPT-3では、12288次元のベクトル表現が用いられています。

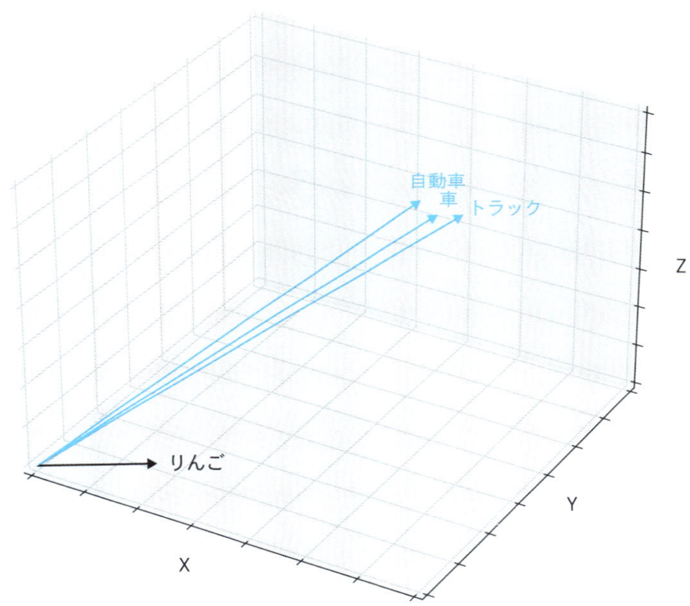

図1.3.2　埋め込みの例1（類似した概念ほど似たベクトルになる）

また、このベクトル空間では、似た単語のベクトル同士が近くに配置されるだけでなく、ベクトル間の位置関係が単語の意味的な関係性を表します。この様子を**図1.3.3**に示します。これは、King（王）－Man（男）＋Woman（女）＝Queen（女王）を表す有名な例です。KingからManを引くと、Kingから性別を取り除いたベクトルが得られます。**図1.3.3**において点線の矢印がこのベクトルを表します。このベクトルは、性別に無関係な王という概念を表します。このベクトルに性別としての女性を表すWomanを加えると、Queen（女王）という概念が得られます。**図1.3.3**では、Womanのベクトルに点線で示したこのベクトル加えて、Queenのベクトルが得られる様子を示しています。

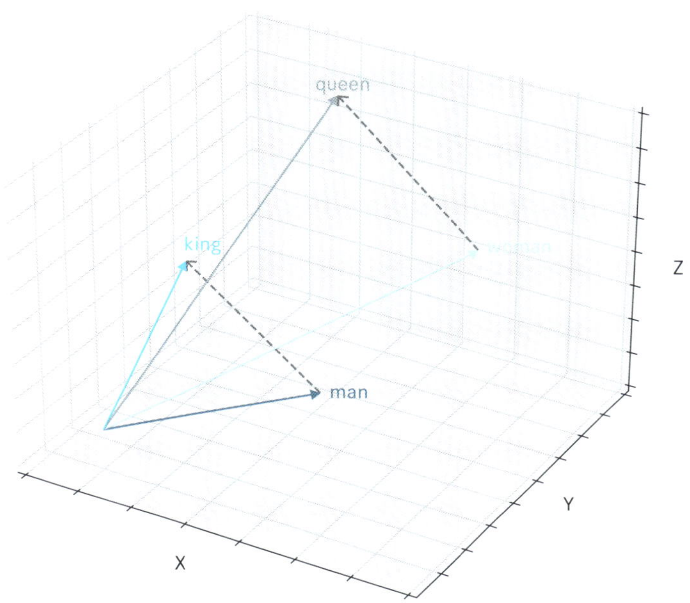

図 1.3.3　埋め込みの例 2（差分が意味的な関係を表す）

このように、ベクトル表現を用いることで単語の意味的な関係性も表すことができます。他にも首都の概念を表す例として、Tokyo（東京）－Japan（日本）＋France（フランス）＝Paris（パリ）といったものや、複数の概念を表す例として、Cats－Cat＋Dog＝Dogs といったものもあります。

また、この埋め込み層では、各トークンが文章のどこに現れているのかを表す位置的な情報もこのトークン埋め込みベクトルの列の情報に付与されます。これは、位置埋め込みと呼ばれ、Transformer が文章の順序関係を理解するために重要な役割を果たします。

デコーダスタックの役割

デコーダスタックは、n 個のトークン埋め込みベクトルを $n \times D_{\mathrm{model}}$ の行列として入力とし、様々な情報を付与した n 個のトークン埋め込みベクトルを出力します。ここで加えられる情報には、トークン間の関連性や文章の文脈などが含まれます。

例として、'彼', 'は', '新しい', '黒い', '車', 'を', '買っ', 'た', '。' というトークン列が入力された場合を考えてみましょう。この場合、'新しい' と '黒い' という形容詞は '車' という名詞を修飾しているため、これらのトークン間には強い関連性があります。このため、'車'というトークンの埋め込みベクトルには、'新しい'と'黒い'という形容詞の情報が付与されることが期待されます。

このイメージを図1.3.4に示します。実際の埋め込みベクトルは、数百次元以上のベクトルで表されますが、ここでは3次元のベクトルで表しています。「車」の埋め込みベクトルに対して、「新しい」や「黒い」といった形容詞の情報が付与されることで、埋め込みベクトルが保持する情報が詳細化されます。ここでは、形容詞と名詞の関係に着目しましたが、実際には文章全体の文脈やトークン間の関連性など、様々な情報が埋め込みベクトルに付与されます。

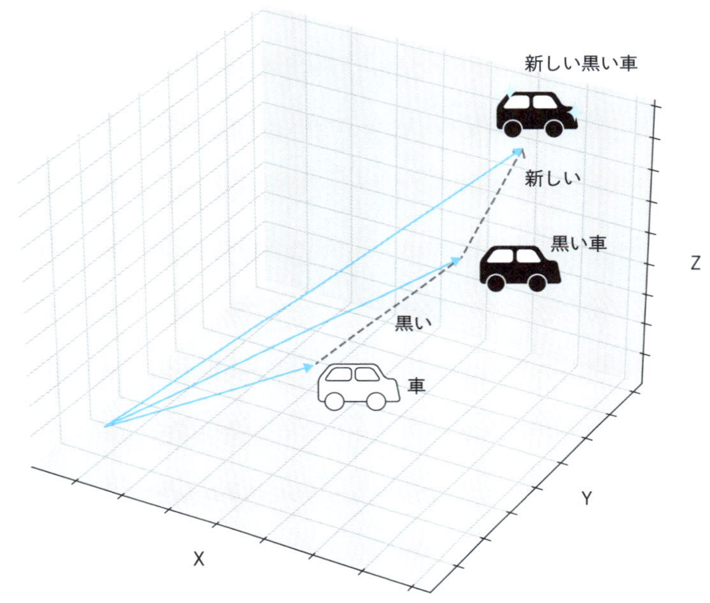

図1.3.4 デコーダスタックで更新されるトークン埋め込みベクトルのイメージ

出力線形層の役割

出力線形層は$n \times D_{\mathrm{model}}$の行列（$n$個のトークン埋め込み）を入力とし、$n \times |V|$の行列を出力します。この行列は各トークンに対する後続トークンの確率分布を保持します。入力となるトークン埋め込みベクトルは、N個のデコーダスタックを通過して更新されたものであり、各トークンには様々な情報が付与されています。この層では、個々のトークン埋め込みベクトルを語彙数の次元のベクトルに変換し、それぞれのトークンに対する確率を計算します。つまり、この層は各トークン埋め込みベクトルを後続トークンの確率分布に変換する役割を果たします。

1.3.3 埋め込み層

埋め込み層では、トークンIDを要素とするn次元ベクトルを入力とし、$n \times D_{\mathrm{model}}$の行列を出力します。出力行列の各行は、入力トークンIDに対応する埋め込みベクトルです。

埋め込み層の処理を詳しく見てみましょう。図1.3.5に埋め込み層を拡大した図を示します。埋め込みの処理は、テキスト埋め込みと位置埋め込みから構成されます。はじめにテキスト埋め込みで、トークンIDをベクトル表現に変換します。次に位置埋め込みで、各トークンの位置情報をベクトル表現に付与します。

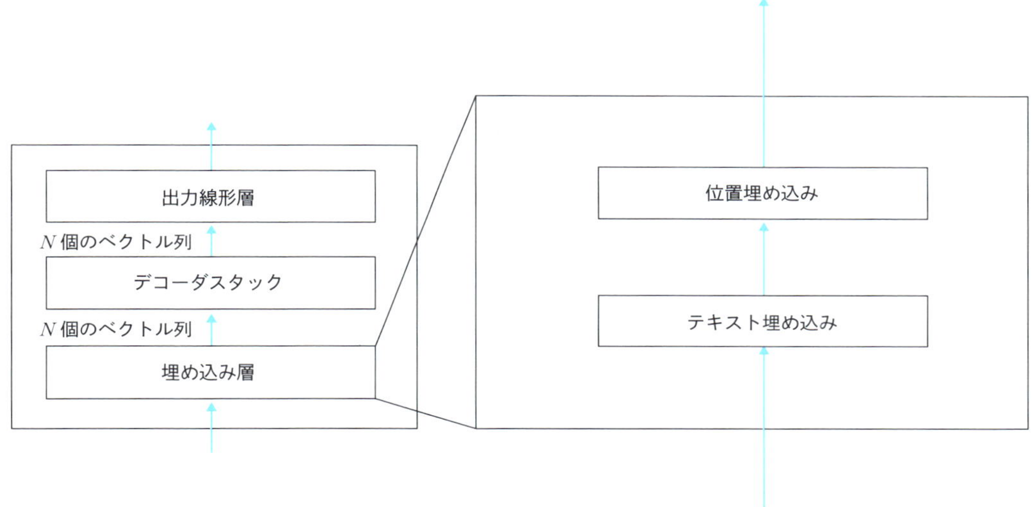

図1.3.5 埋め込み層の構成

テキスト埋め込み

テキスト埋め込みでは、トークンIDを要素とするn次元のベクトル$\mathbf{x} = [x_1, x_2, \cdots, x_n]$（各$\mathbf{x}_i$はトークンID）を入力とし、各要素の埋め込みベクトルを出力します。このベクトル表現はLLMのパラメータとして学習されたもので、トークンIDごとに一つのベクトル表現が対応します。出力は、$n \times D_{\mathrm{model}}$の行列で、各行は入力トークンIDに対応する埋め込みベクトルです。

図1.3.6にテキスト埋め込みの構成を示します。テキスト埋め込みの中身は$|V| \times D_{\mathrm{model}}$の行列$\mathbf{W}_E$で、各行はトークンIDに対応する埋め込みベクトルです。

LLMの実装では、この行列をテーブルとみなすことができます。トークンIDをインデックスとしてこのテーブルをルックアップすることで、トークンIDに対応する埋め込みベクトルを取得できます。図1.3.6では、入力として、トークンIDのベクトル[2, 4, 1, …, 3]が与えられています。例えば、入力ベクトルの0から数えて1番目の要素はトークンIDが4ですが、この埋め込みベクトルは行列$\mathbf{W}_E$の4行目に対応します。$\mathbf{W}_E$の4行目の埋め込みベクトルは、[0.5, −0.6, 0.7, …, −0.8]ですから、出力行列の1行目は[0.5, −0.6, 0.7, …, −0.8]になります。

テーブルのルックアップ操作は、数学的には、トークンIDのワンホットベクトル$\mathbf{e}(x)$とこの行列の積を計算する操作に相当します。ワンホットベクトルとは、語彙数サイズの要素を持つベクトルで、トークンIDと対応する要素のみが1で他がすべて0のベクトルのことです。例えば、トークンIDが2の場合、ワンホットベクトル$\mathbf{e}(2)$は[0, 0, 1, 0, …, 0]となります。このベクトルでは、0から数えて2番目の要素が1で、他の要素は0です。数式を用いるとテキスト埋め込みの出力は次のように表すことができます。

$$\mathbf{E} = \begin{bmatrix} \mathbf{e}(x_1) \\ \mathbf{e}(x_2) \\ \vdots \\ \mathbf{e}(x_n) \end{bmatrix} \mathbf{W}_E$$

このテーブルを表す行列$\mathbf{W}_E$は大規模言語モデルのパラメータであり、トレーニング時に決定されます。このパラメータは、$|V| \times D_{\text{model}}$の数が存在します。テーブルのルックアップ操作がベクトルと行列の積で数学的に表されることは、パラメータを機械学習で決定するためには重要な性質です。ベクトルと行列の積の計算は微分可能です。学習では微分した値を用いてパラメータを調整します（詳細は第2章参照のこと）。

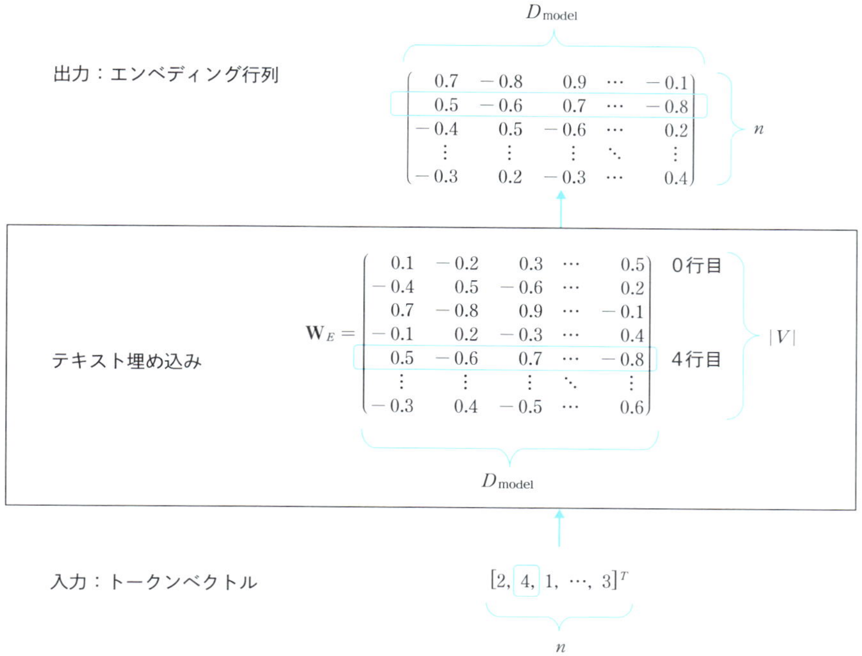

図1.3.6　テキスト埋め込みの構成

位置埋め込み

テキスト埋め込みで各トークンのベクトル表現を得ることができました。しかし、これだけでは後続の処理にとって不十分です。なぜなら、テキスト埋め込みで得たベクトルには、各トークンが入力テキストのどこで現れたかという情報が含まれていないからです。

Transformerの後続の処理では、トークン埋め込みベクトルに対して次々と注意機構を適用し、各トークンが他のトークンとどのように関連しているかを計算します。しかし、位置情報がないと、異なる位置に現れる同じトークンが同じ埋め込みベクトルになってしまい、トークン同士の関連性を正しく計算することができません。例えば、`"A dog bites a man."`というトークン列と`"A man bites a dog."`というトークン列を考えた場合、それぞれの異なる位置に現れる同じトークン（例えば、dogやman）が、後続の処理を経た後も同じ埋め込みベクトルになってしまいます（厳密には、後述のマスク処理の影響で全く同じになるわけではありません）。この問題を解決するために、位置埋め込みが導入されます。つまり、位置埋め込みは、同じトークンでも異なる位置に現れるもの同士が異なる埋め込みベクトルを持つように調整します。

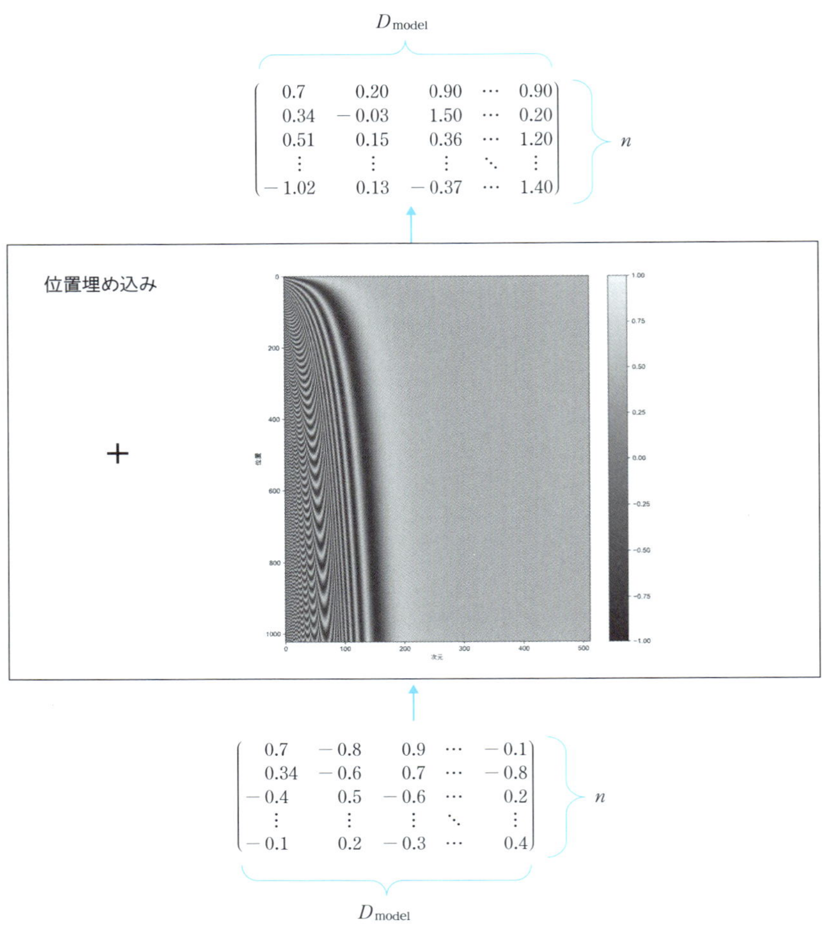

図1.3.7　位置埋め込みの構成

位置埋め込みの構成を**図1.3.7**に示します。$n \times D_{\mathrm{model}}$の埋め込み行列に対して各トークンの位置を表す行列を加算することで、位置情報を埋め込みベクトルに付与します。この加えられる行列を位置埋め込みと呼びます。この位置埋め込みはパラメータではなく固定の行列であり、トークンの位置によって値が変わります。**図1.3.7**では、この行列を視覚化するためヒートマップで表しています。

位置埋め込みでの処理は、各トークンの位置埋め込みを加えるだけです。では、どのような位置埋め込みを選べばよいのでしょうか？ 埋め込みベクトルに加えることを前提とすると、位置埋め込みには次のような条件が必要と考えられます。

- トークン埋め込みベクトルと同じ次元数を持つ

- 異なる位置は、異なる値を持つ
- トークンの相対的な位置関係を表現できる
- 大きすぎる値にならない

まず、トークン埋め込みベクトルに加える位置埋め込みは、トークン埋め込みベクトルと同じ次元数を持つ必要があります。次に、異なる位置であれば、異なる値を持つ必要があります。さらに、トークンの相対的な位置関係を表現できる必要があります。つまり、近くにあるトークン同士は似たような位置埋め込みを持ち、遠くにあるトークン同士はあまり似ていない（大きく異なる）位置埋め込みを持つ必要があります。最後に、位置埋め込みの値が大きすぎるとトークン埋め込みベクトルとの和が大きくなりすぎてしまい、モデルの学習が不安定になる可能性があります。そこで、位置埋め込みの値は一定の範囲に収まるようにする必要があります。

これらを満たす位置コーディングとして、三角関数を用いた位置埋め込みが使われています。まずは視覚的に位置埋め込みがどのようなものか確認してみましょう。**図1.3.7**のヒートマップでは、縦方向がトークンの位置を、横方向が位置埋め込みの次元を表しています。縦方向に見ていくと、トークンの位置が変わるにつれて、位置埋め込みの値が変化している様子がわかります。また、近くのトークン同士は似たような位置埋め込みを持ち、トークン同士が離れるにつれて異なる位置埋め込みを持つことがわかります。一つの列に着目すると、周期的な変化が見られることがわかります。これは、位置埋め込みが三角関数を用いて生成されているためです。三角関数を用いているため、位置埋め込みの各要素の値は -1 から 1 の範囲に収まります。したがって、**図1.3.7**の位置埋め込みは、先ほどの条件を満たしていることがわかります。

では、具体的に位置埋め込みはどのように生成されるのでしょうか？ 位置埋め込みの計算式を次に示します。

$$\mathbf{PE}_{(pos,2i)} = \sin\left(\frac{pos}{10000^{2i/D_{\mathrm{model}}}}\right)$$
$$\mathbf{PE}_{(pos,2i+1)} = \cos\left(\frac{pos}{10000^{2i/D_{\mathrm{model}}}}\right)$$

ここで pos はトークンの位置（シーケンス内のインデックス）、i は次元のインデックス、D_{model} は埋め込みベクトルの次元数です。この関数は、偶数インデックスと奇数インデックスとでそれぞれ正弦波と余弦波を生成し、位置埋め込みを表現します。また、インデックスごとに異なる周波数を持つため、異なる位置が異なる値を持つことができます。なお、この位置埋め込みは、Transformerのパラメータとして学習されるのではなく、固定された値としてモデルに組み込まれます。このため、**固定位置埋め込み**とも呼ばれます。

位置埋め込み層の出力を数式で表すと次のようになります。

$$\mathbf{E}' = \mathbf{E} + \mathbf{PE}$$

ここで、**E**はテキスト埋め込みからの出力行列（各行がトークンの埋め込みベクトルを表す）、**PE**は位置埋め込み行列です。この行列の各行はトークンの位置に対応し、埋め込みベクトルに位置情報を加える役割を持っています。この加算により、Transformerはトークンの位置情報を埋め込みベクトルに組み込むことが可能となります。

この位置埋め込み層の導入により、Transformerはシーケンスの順序を効果的に扱うことができるようになり、シーケンス内の各トークンがその位置に応じた独自の表現を持つことが可能となります。これにより、同じ単語が異なる文脈や位置にある場合でも異なる埋め込みベクトルを持つことができ、より精度の高い言語処理が行えるようになります。さらに、位置埋め込みは線形的に加えられるため、埋め込みベクトルと位置埋め込みの関係性は維持され、Transformerモデルが学習や推論を行う際には、これらの情報が相互に補強しあう形で処理されます。このように、Transformerは埋め込みベクトルと位置埋め込みの使用により、単語の意味とその文脈を同時に捉えられるように工夫がなされています。

1.3.4 デコーダスタック

デコーダスタックの構成を図1.3.8に示します。デコーダスタックは、同じ構成を持つ複数のデコーダ層から構成されています。デコーダ層の数は大規模言語モデルによって異なり、例えばGPT-3には96個のデコーダ層があります。図1.3.8では右端にデコーダ層の詳細を示しています。各デコーダは主に四つの層から構成されています。具体的には、**マスク付きマルチヘッド注意機構**、**フィードフォワード**、二つの**レイヤ正規化**です。

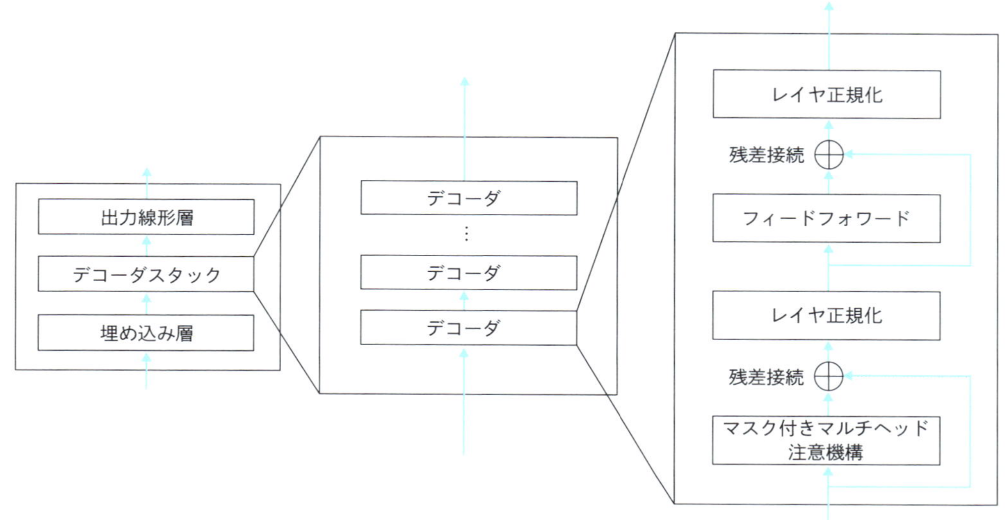

図1.3.8 デコーダスタックの構成

マスク付きマルチヘッド注意機構ではトークン間の関連性を計算し、フィードフォワードでは出力埋め込みベクトルに非線形の計算を適用します。これらが計算した情報は、**残差接続**を通して入力埋め込みベクトルに対して加算されます。加算のたびにレイヤ正規化が適用され、出力埋め込みベクトルが更新されることになります。なお、GPT-3の場合、このレイヤ正規化は、各サブレイヤの後ではなく前に配置されています。デコーダに入力されたトークン埋め込みベクトルは、デコーダスタックを通過するごとに、様々な情報が付与され、最終的に出力埋め込みベクトルが得られます。

デコーダスタックのように同じサブコンポーネントを重ねる構成は、ディープラーニングにおいて一般的な構成です。入力に近い層ほど具体的な情報を扱い、出力に近い層ほどより抽象的な情報を扱うようになっています。デコーダスタックも同様に、入力埋め込みベクトルに対して具体的な情報を付与する処理を繰り返し、最終的に抽象的な情報を持つ出力埋め込みベクトルを得るように設計されています。

以降、本項ではマスク付きマルチヘッド注意機構層とフィードフォワード層について詳しく説明します。

マスク付きマルチヘッド注意機構

マスク付きマルチヘッド注意機構は、その名前の通りマルチヘッドのマスク付き注意機構から構成されます。マルチヘッドとは、複数のマスク付き注意機構が並列に適用されることを意味します。

図1.3.9にマスク付きマルチヘッド注意機構の構成を示します。マスク付きマルチヘッド注意機構は、$n \times D_{\mathrm{model}}$の入力埋め込み行列を入力とし、$n \times D_{\mathrm{model}}$の出力埋め込み行列を出力します。$n \times D_{\mathrm{model}}$の入力埋め込み行列は、$h$個（$h$はヘッド数）のマスク付き注意機構に入力として与えられます。各マスク付き注意機構の出力は、$n \times D_{\mathrm{head}}$の行列となります。ここで、$D_{\mathrm{head}} = D_{\mathrm{model}}/h$です。マスク付き注意機構の出力は再び連結され、$n \times D_{\mathrm{model}}$の行列として出力されます。そして線形変換を行い、$n \times D_{\mathrm{model}}$の出力埋め込み行列を得ます。線形変換は$D_{\mathrm{model}} \times D_{\mathrm{model}}$の重み行列$\mathbf{W}_O$を用いて行われます。

このマルチヘッド注意機構の出力を式で表すと、次のようになります。

$$\mathrm{MultiHead}(\mathbf{X}) = \mathrm{Concat}(\mathbf{head}_1, \mathbf{head}_2, \cdots, \mathbf{head}_h)\mathbf{W}_O$$

ここで、$\mathbf{X}$は入力埋め込み行列、各$\mathbf{head}_i$はマスク付き注意機構の出力、$\mathbf{W}_O$はこれらの出力を結合した後に適用される重み行列、Concatは行列の連結を表します。

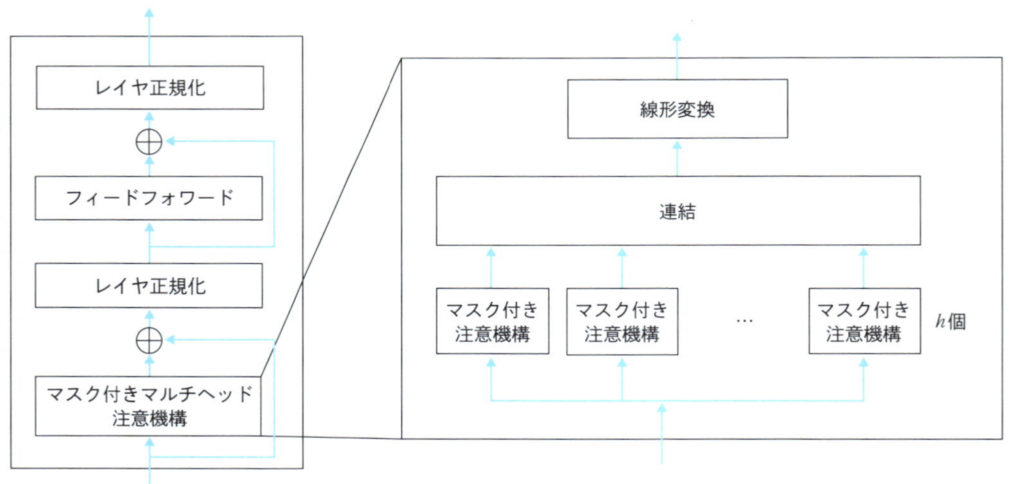

図1.3.9　マスク付きマルチヘッド注意機構の構成

注意機構の意味

注意機構は、Transformerの中で特に重要な機能の一つです。実際、Transformerが提案された論文のタイトル「Attention Is All You Need（必要なのは注意機構だけ）」も注意機構の重要性を示唆しています。注意機構ではトークン間の関連性を計算し、その関連性をもとに埋め込みベクトルを更新します。

ここで、例を用いてトークン間の関連性にどのようなものがあるかを考えてみます。例えば、入力トークン列として、'彼'，'は'，'新しい'，'黒い'，'車'，'を'，'買っ'，'た'，'。'，'それ'，'は'がTransformerに入力された場合を想定します。ここで、次のトークンを予想することを考えてみましょう。このためには、'それ'というトークンが'車'を指していることを理解する必要があります。また、'車'はどのような車かという情報も必要です。この文章では、'新しい'と'黒い'という形容詞が、'車'という名詞を修飾していることも理解する必要があります。このように、'それ'というトークンが'車'を指していることや、'新しい'と'黒い'が'車'を修飾しているというトークン間の関連性を理解することが、次のトークンを予測するためには重要です。言い換えると、トークンごとに「指示代名詞が何を指しているか」や「形容詞は何か」といったことを検索できる機構が必要です。そして、このような検索を実現する仕組みが注意機構です。

注意機構では、「指示代名詞が何を指しているか」や「形容詞は何か」といったことを実現するために、**クエリ**を用います。マルチヘッド注意機構で複数のヘッドを使う理由は、複数のクエリを使って複数の情報を同時に検索できるからです。このクエリをもとに**キー**を検索し、その結果をもとに**バリュー**を取得します。つまり、注意機構はこのクエリ、キー、バリューの三つからトークン間の関連性を計算します。そして、このクエリ、キー、バリューは、それぞれ$n \times D_{\mathrm{head}}$の行列$\mathbf{Q}$、$\mathbf{K}$、$\mathbf{V}$として計算されます。これらの行列の$i$行目は、それぞれ$i$番目のトークンに対応するクエリ、キー、バリューのベクトルを表します。

なお、ここで重要なのは、特定のクエリが「指示代名詞」や「形容詞」といった役割を明示的に指定する必要はない点です。各ヘッドに存在するクエリの役割は、入力データから自動的に学習されます。また、クエリが捉える関連性も文法的な関連性に限定されません。文脈を考慮した様々な観点での関連性が自動的に捉えられると考えられます。

注意機構ではトークンごとのクエリとキーの類似度を計算し、その類似度をもとにバリューを重み付けして合計することで、出力を計算します。注意機構の直感的な説明を図1.3.10に示します。

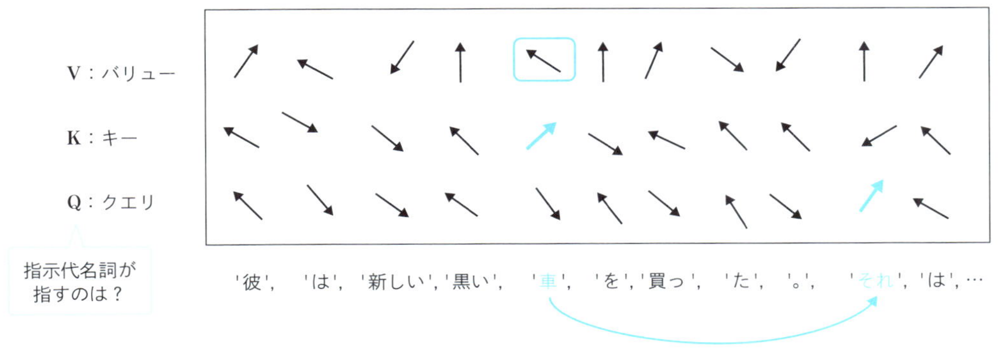

図1.3.10　注意機構におけるベクトルのイメージ1

Transformerでは、$N \times D_{head}$個の注意機構ヘッド（N：レイヤ数、D_{head}：ヘッド数）がありますが、ここではそのうちの一つを想定して説明します。この注意機構ヘッドでは、指示代名詞が何を指しているかを計算することを想定します。また、ここでは、トークン列として、'彼'，'は'，'新しい'，'黒い'，'車'，'を'，'買っ'，'た'，'。'，'それ'，'は'がTransformerに入力された場合を想定します。

埋め込み層以降の層では、各トークンはD_{model}次元のベクトルで表現されているのでした。注意機構層ではこのD_{model}次元のベクトルから先ほどの三つのベクトルを生成します。ただし、説明のために図ではこれらを二次元で表現し、直感的に理解しやすくしています。クエリは現在のトークンを、キーは比較対象のトークンを、バリューは出力に使うトークンの内容を保持します。

注意機構が行う仕事は、クエリをキーと比較し、似ているベクトルを探すことです。例えば、「それ」に対応するトークンを探すには、「それ」のクエリベクトルをキーベクトルと比較し、似ているベクトルを探します。図中では、「それ」と似ているキーベクトルは「車」のベクトルであることがわかります。一方、他のキーベクトルは、「それ」とはあまり似ていません。この似ているベクトルをもとに、バリューベクトルを重み付けして合計することで、出力ベクトルを計算します。

では、違う注意機構ヘッドも考えてみましょう。今回は、形容詞が名詞を修飾している関係を計算することを想定しています。この様子を図1.3.11に示します。この注意機構ヘッドの「車」に対するクエリベクトルに注目してください。このクエリベクトルに似ているキーベクトルが、形容詞のベクトルであることがわかります。ここでは、「新しい」と「黒い」のキーベクトルが、「車」のクエリベクトルに似ていることがわかります。そして、この似ているベクトルをもとに、バリューベクトルを重み付けして合計することで、出力ベクトルを計算します。

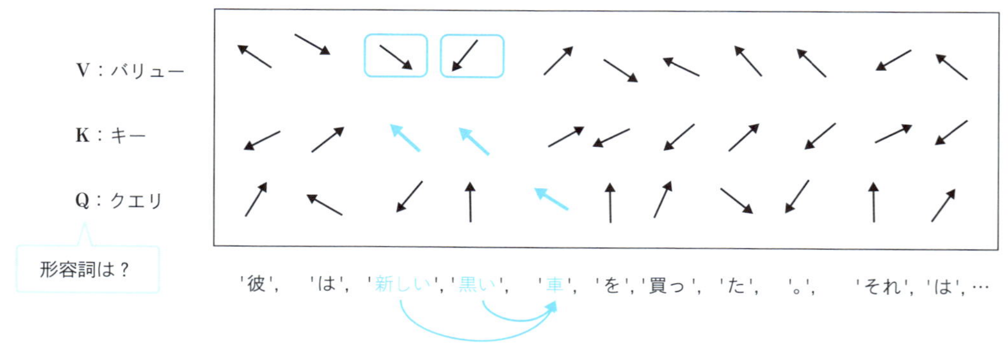

図1.3.11　注意機構におけるベクトルのイメージ2

注意機構の計算

ここまでで、注意機構がトークン間の関連性を計算する仕組みについて直感的な説明を行いました。ここからはマスク付き注意機構の計算方法について、具体的に図と数式で説明します。注意機構の構成は図1.3.12のとおりです。

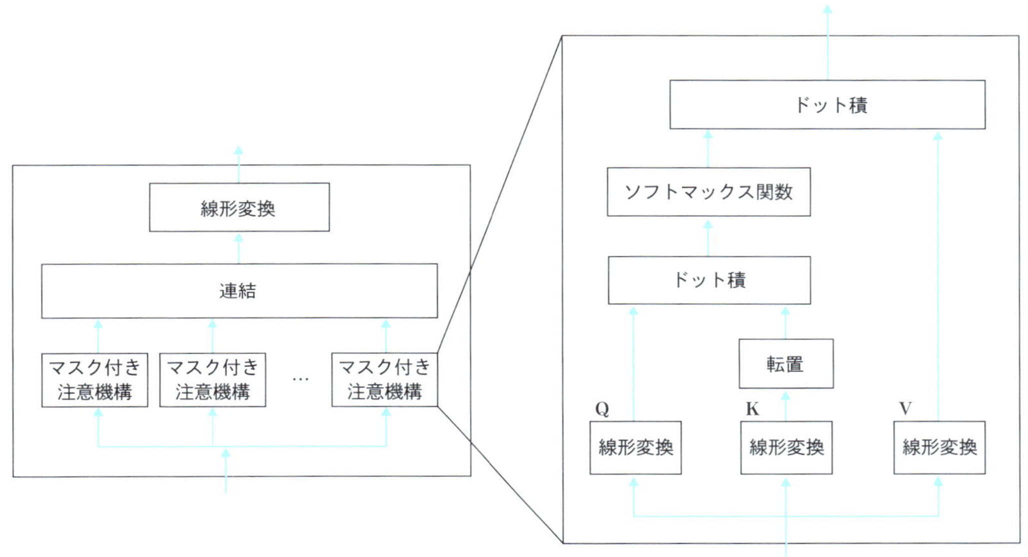

図1.3.12 注意機構の構成

まず、注意機構の計算には、クエリ行列$\mathbf{Q}$、キー行列$\mathbf{K}$、バリュー行列$\mathbf{V}$が必要です。

$$\mathbf{Q} = \mathbf{X}\mathbf{W}_\mathbf{Q}$$
$$\mathbf{K} = \mathbf{X}\mathbf{W}_\mathbf{K}$$
$$\mathbf{V} = \mathbf{X}\mathbf{W}_\mathbf{V}$$

ここで、$\mathbf{X}$は入力埋め込み行列、$\mathbf{W}_\mathbf{Q}$、$\mathbf{W}_\mathbf{K}$、$\mathbf{W}_\mathbf{V}$はそれぞれ$D_{\mathrm{model}} \times D_{\mathrm{head}}$の重み行列です。これらの重み行列は、モデルの学習によって更新されるパラメータです。

次に、クエリベクトルと似ているキーベクトルを探して演算する部分を説明します。似ているベクトルを探す操作は、ベクトル同士の内積で計算されます。ベクトルの内積は、ベクトルの要素同士を掛け合わせて足し合わせる演算です。トークン同士の関連性を取得することが目的のため、すべてのトークンのペアに対してクエリベクトルとキーベクトルの内積を計算します。つまりn個のトークンに対して、$n \times n$の行列を計算します。この行列のi行j列の要素は、i 番目のトークンのクエリベクトルと j 番目のトークンのキーベクトルの内積の結果です。この行列は、トークン間の関連性を表す行列となります。

この行列を得るには、クエリ行列 $\mathbf{Q}$ とキー行列 $\mathbf{K}$ の行列積を利用します。$\mathbf{Q}$ と $\mathbf{K}$ は両方とも $n \times D_{\mathrm{head}}$ の行列ですから、両者をこのまま掛け合わせることはできません。行列の掛け算では、掛ける行列の列数と掛けられる行列の行数が一致している必要があります。ここで求めたい行列は $n \times n$ の行列のため、$n \times D_{\mathrm{head}}$ の行列と $D_{\mathrm{head}} \times n$ の行列を掛け合わせればよいことがわかります。そこで、$\mathbf{Q}$ と $\mathbf{K}$ の積を取る前に、$\mathbf{K}$ の行と列を入れ替えた転置行列 $\mathbf{K}^T$ を用意します。この転置行列 $\mathbf{K}^T$ は、$D_{\mathrm{head}} \times n$ の行列です。これで両者を掛け合わせることができるようになりました。この積を計算すると $n \times n$ の行列が得られます。この行列 $\mathbf{QK}^T$ の i 行 j 列の要素は、$\mathbf{Q}$ の i 行目、すなわち i 番目のトークンのクエリベクトルと、$\mathbf{K}^T$ の j 列目（$\mathbf{K}$ の j 行目）、すなわち j 番目のトークンのキーベクトルの内積の結果です。

次にこの内積を計算した行列 $\mathbf{QK}^T$ をどのように使うかを考えてみます。各要素はクエリベクトルとキーベクトルの内積の結果であり、トークン間の関連性を表しています。内積は値が大きいほど、ベクトル同士の類似度が高いことを意味します。ただし、内積の値はベクトルの大きさに依存するため、内積の値そのままでは、トークン間の関連性を比較することが難しくなります。そこで、ソフトマックス関数（1.3.5参照）を用いてこれらの内積を正規化します。ソフトマックス関数は、入力された行列の各行について、合計が1になるように各要素を調整します。このため、各行の要素は確率として解釈することもできます。ソフトマックス関数を $\mathbf{QK}^T$ に適用した結果が、トークン間の関連性を表す行列となります。この行列にバリュー行列 V を掛け合わせることで、トークンごとに関連するトークンのバリューベクトルの重み付き和を計算します。したがって、注意機構の出力を式で表すと次のようになります。

$$\mathrm{Attention}(\mathbf{Q}, \mathbf{K}, \mathbf{V}) = \mathrm{softmax}(\mathbf{QK}^T)\mathbf{V} \qquad \text{(式 1.3.1)}$$

なお、ソフトマックス関数では、行列が行ごとに正規化されるだけですから、その形状は変わらず $n \times n$ のままです。この行列に $n \times D_{\mathrm{head}}$ のバリュー行列 $\mathbf{V}$ を掛け合わせることで、$n \times D_{\mathrm{head}}$ の出力行列が得られます。すなわち、出力の $\mathrm{Attention}(\mathbf{Q}, \mathbf{K}, \mathbf{V})$ は、$n \times D_{\mathrm{head}}$ の行列となります。

この注意機構は、トークンごとの関連性を反映した重み付き和としては正しいのですが、まだ二つの問題が残っています。それは、内積の値が大きくなりすぎることと、未来の情報を参照してしまうことです。次に、これらの問題について一つずつ解決策を見ていきましょう。

内積の正規化

式1.3.1の計算では内積 $\mathbf{QK}^T$ をそのままソフトマックス関数に入力しました。しかし、内積が大きくなりすぎると、学習が困難になることが問題となります。そこで、$\mathbf{QK}^T$をソフトマックス関数に入力する前に、$\sqrt{D_{\text{head}}}$で割ることで、大きすぎる値の入力を防ぎます。内積はD_{head}個のベクトル同士の積の和でした。$\mathbf{Q}$と$\mathbf{K}$の要素が平均0、分散1であると仮定すると、各要素の積の分散は1、その積和の分散はD_{head}になります。分散は二乗和の平均で計算されるため、その平方根の$\sqrt{D_{\text{head}}}$で割ることで、内積の分散が1となるようにします。したがって、ソフトマックス関数への入力は、$\frac{\mathbf{QK}^T}{\sqrt{D_{\text{head}}}}$を用います。この結果にバリュー行列$\mathbf{V}$を掛け合わせることで、注意機構の出力が得られます。

以上の計算を式で表すと、次のようになります。

$$\text{Attention}(\mathbf{Q},\ \mathbf{K},\ \mathbf{V}) = \text{softmax}\left(\frac{\mathbf{QK}^T}{\sqrt{D_{\text{head}}}}\right)\mathbf{V} \qquad \text{(式 1.3.2)}$$

残る問題は、未来の情報を参照してしまうことです。次にこれを解決するためのマスクについて説明します。

マスク付き注意機構

式1.3.2の注意機構計算では、未来の情報を参照してしまうことが問題になります。この問題のイメージを図1.3.13に示します。ここでは、4番目のトークンである「車」に関連するトークンを検索する際に、その先にあるトークンまで参照してしまっていることが問題です。学習の際には、5番目のトークンである「を」や6番目のトークンである「買っ」などの情報を参照することができますが、推論の際には未来の情報を使用することはできません。このため、学習時および推論時の両方で4番目のトークンに関連するトークンを計算する際には、5番目以降のトークンを無視する必要があります。

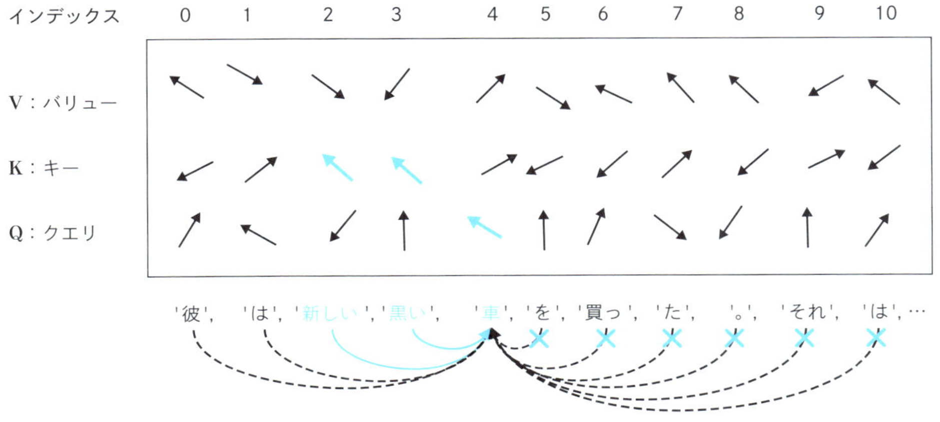

図1.3.13　未来の情報を参照する問題のイメージ

この問題を解決するために、マスクを導入します。マスクは、あるトークンと関連するトークンの重みが0になるように設定されます。このイメージを図1.3.14に示します。ここでは、4番目以降のトークンのバリューはマスクされて無効化されていることがわかります。

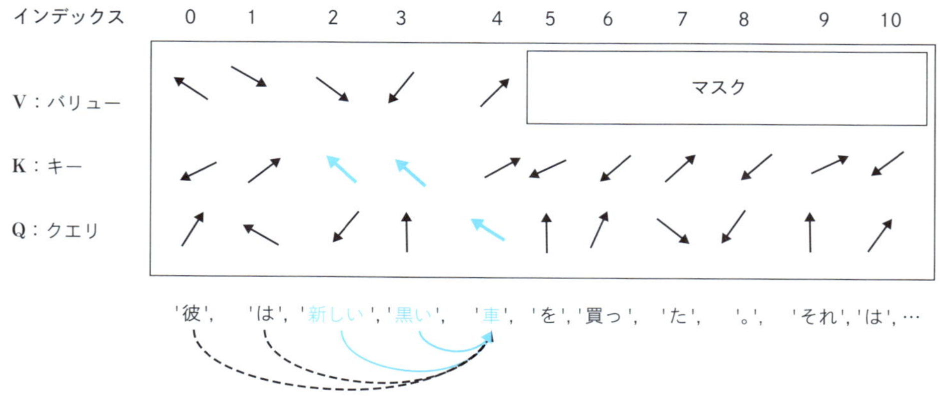

図1.3.14　マスクによる解決策のイメージ

i番目トークンについて$i+1$番目以降のトークンを無視するということは、ソフトマックス関数で得られる行列のi行目では、$i+1$列目以降の要素を0にすることに相当します。すなわち、行列の対角成分よりも上の要素を0にすることで、未来の情報を無視することができます。

ソフトマックス関数は、行列の要素を0から1の範囲に変換する関数でした。元の要素が大きいほど、変換後の要素も大きくなります。逆に、元の要素が小さいほど、変換後の要素も小さくなります。そこで、対角成分よりも上の要素を負の無限大（または非常に大きな負の値）に置き換えることで、ソフトマックス関数の出力をほぼ0としてマスクできます。これは、未来の情報に対応する要素に負の無限大を加えることを意味します。そして、この操作は、ソフトマックス関数に入力する前の行列にi行目の$i+1$列目以降が負の無限大になるようなマスク行列$\mathbf{M}$を加えることで実現されます。

これを数式で表すと、マスク付きの注意機構は次のようになります。

$$\mathrm{Attention}(\mathbf{Q},\ \mathbf{K},\ \mathbf{V}) = \mathrm{soft\,max}\left(\frac{\mathbf{QK}^T}{\sqrt{D_{\mathrm{head}}}} + \mathbf{M}\right)\mathbf{V}$$

ここで、$\mathbf{M}$はマスク行列です。マスク行列は対角成分より上にある要素（上三角部分）が負の無限大でそれ以外の要素が0の行列です。マスクを適用して得られた注意機構の行列は、トークンごとにそのトークン以前にある関連トークンの情報を集約したものを保持しています。一つの注意機構はなんらかの観点でのトークン間の関連性を表しています。本節では、「指示代名詞が何を指しているか」や「形容詞は何か」といった観点を例として挙げましたが、デコーダの位置、注意機構ヘッドの位置ごとに異なる観点で様々なトークン間の関連性が計算されることになります。

レイヤ正規化（Layer Normalization）

レイヤ正規化は、ニューラルネットワークの学習を安定化させるために、各層の出力を正規化する手法です。具体的には、各トークン埋め込みベクトルの要素ごとに平均と分散を計算し、それを用いて正規化を行います。これにより、勾配の消失や爆発を防ぎ、学習効率を向上させます。

入力となる埋め込みベクトル$\mathbf{x} \in \mathbb{R}^d$に対して、レイヤ正規化は次のように計算されます。

$$\mu = \frac{1}{d}\sum_i x_i \quad \text{（平均）}$$

$$\sigma^2 = \frac{1}{d}\sum_i (x_i - \mu)^2 \quad \text{（分散）}$$

$$\widehat{\mathbf{x}}_i = \frac{x_i - \mu}{\sqrt{\sigma^2 + \epsilon}} \quad \text{（正規化）}$$

$$LayerNorm(\mathbf{x}) = \gamma \odot \widehat{\mathbf{x}} + \beta$$

ここで、ϵは分母がゼロになることを防ぐための小さな値、$\gamma \in \mathbb{R}^d$はスケーリングのための学習可能なパラメータ、$\beta \in \mathbb{R}^d$はバイアスのための学習可能なパラメータ、$\odot$は要素ごとの積を表します。

フィードフォワードニューラルネットワーク

フィードフォワードニューラルネットワーク（FFNN）は、マスク付きマルチヘッド注意機構で情報を追加したトークン埋め込みベクトルを入力とし、新たに加えるべき情報を作成します。したがって、入力は$n \times D_{\mathrm{model}}$の行列であり、出力も$n \times D_{\mathrm{model}}$の行列です。このFFNNは、全結合層を二つ持つ比較的シンプルな構造をしています。これは典型的なニューラルネットワークで、MLP（Multi-Layer Perceptron）とも呼ばれます。FFNNの構成を**図1.3.15**に示します。この図では典型的なニューラルネットワークの記法に倣って入力を左側に出力を右側に配置しています。**図1.3.15**では、各円はニューロンまたはノードを表し、各矢印はニューロン間の重み付き接続を表しています。このニューラルネットワークは入力層、隠れ層、出力層の三つの層から構成されています。入力層のノード数はD_{model}、隠れ層のノード数はD_{ff}、出力層のノード数はD_{model}です。なお、D_{ff}はD_{model}の4倍程度の値が一般的です。このうちパラメータを持つのは、隠れ層と出力層の二つの層です。このため、このニューラルネットワークは2層のニューラルネットワークと呼ばれます。

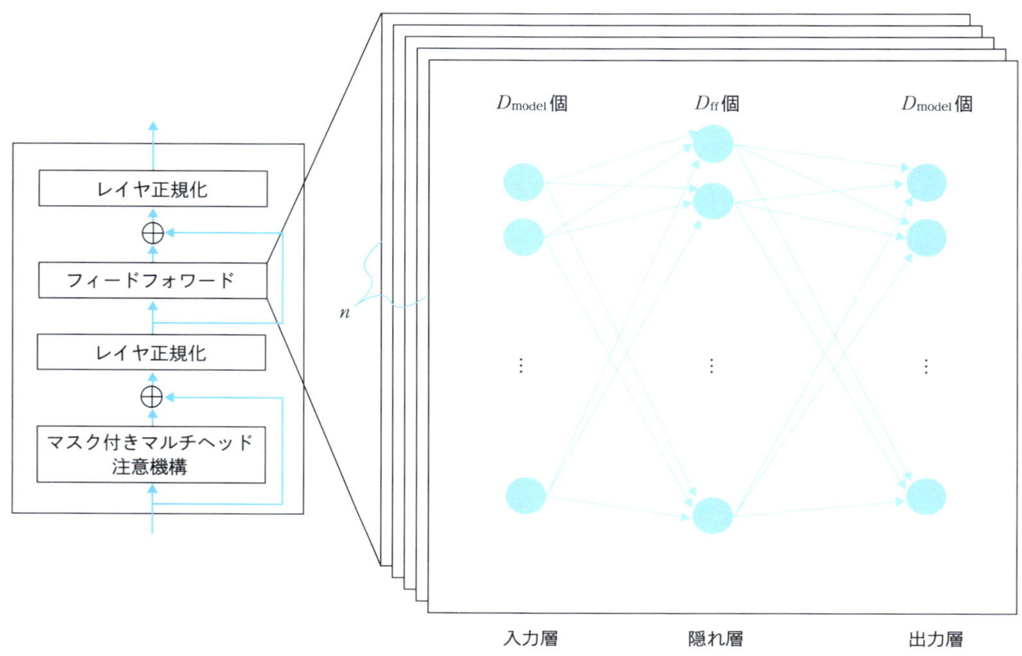

図1.3.15　フィードフォワードニューラルネットワークの構成

隠れ層

第1層の計算は、次の数式で表すことができます。

$$\mathbf{H} = \max(0, \mathbf{X}\mathbf{W}_1 + \mathbf{B}_1)$$

ここで、$\mathbf{X}$は入力トークン埋め込み行列（$n \times D_{model}$の行列）、$\mathbf{W}_1$は重み行列（$D_{model} \times D_{ff}$の行列）、$\mathbf{B}_1$はバイアス項（$n \times D_{ff}$の行列）、$\max(0, \cdot)$はReLU活性化関数を表しています。

ReLU活性化関数は、ニューラルネットワークに非線形性を導入する役割を果たしています。線形変換だけでは、入力と出力の関係が単純な線形結合に限られてしまいます。しかし、ReLUのような非線形関数を導入することで、ネットワークはより複雑な関数を表現できるようになります。具体的には、ReLUは入力が0以上の場合はそのまま出力し、0未満の場合は0を出力します。この単純な処理によって、ネットワークは必要な情報を選択的に通過させ、不要な情報を遮断することができます。これにより、ネットワークはデータ内の複雑なパターンを学習し、より精度の高い予測を行うことが可能になります。

出力層

出力層の計算は、次の数式で表すことができます。

$$\mathbf{Y} = \mathbf{H}\mathbf{W}_2 + \mathbf{B}_2$$

ここで、$\mathbf{H}$は第1層の出力（$n \times D_{\mathrm{ff}}$の行列）、$\mathbf{W}_2$は重み行列（$D_{\mathrm{ff}} \times D_{\mathrm{model}}$の行列）、$\mathbf{B}_2$はバイアス項（$n \times D_{\mathrm{model}}$ の行列）を表しています。

また、FFNNにはドロップアウト層も含まれています。**ドロップアウト**は、過学習を防ぐための正則化技術です。学習時にニューロンをランダムに無効化することで、モデルが特定の特徴に過度に依存することを防ぎます。

n個のトークンからなる入力行列$\mathbf{X}$（$n \times D_{\mathrm{model}}$の行列）が与えられ、FFNNを通過することで、同じ次元の出力行列$\mathbf{Y}$（$n \times D_{\mathrm{model}}$の行列）が得られます。

1.3.5 出力線形層（Output Linear Layer）

この層は、モデルの最終的な出力を生成します。n個の入力トークンそれぞれに対して、次のトークンの確率分布が出力されます。確率分布は語彙数$|V|$のベクトルですから、この層の出力は$n \times |V|$の行列です。一方、入力はn個のD_{model}次元ベクトル、すなわち$n \times D_{\mathrm{model}}$の行列です。各行はトークン埋め込みを保持します。

図1.3.16に、出力線形層の構成を示します。出力線形層は、線形変換層とソフトマックス関数の二つの部分から構成されています。以降、本項ではこれらを順に説明します。

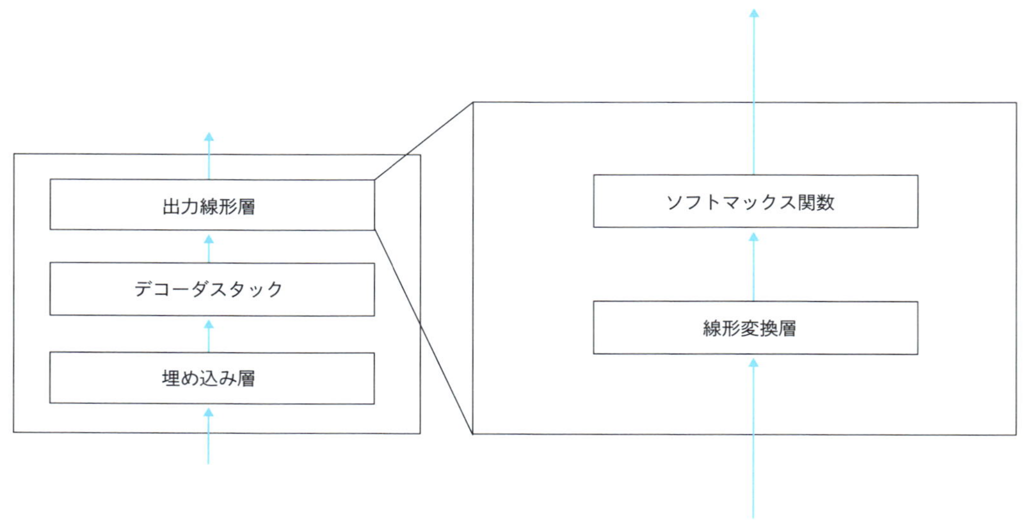

図1.3.16　出力線形層の構成

線形変換層

線形変換層は、デコーダスタックの出力（$n \times D_{\mathrm{model}}$の行列）を語彙サイズの次元（$n \times |V|$の行列）に写像します。この変換は、次の数式で表すことができます。

$$\mathbf{Z} = \mathbf{Y}\mathbf{W}_{\mathrm{out}} + \mathbf{B}_{\mathrm{out}}$$

ここで、$\mathbf{Y}$はデコーダスタックの出力（$n \times D_{\mathrm{model}}$の行列）、$\mathbf{W}_{\mathrm{out}}$は重み行列（$D_{\mathrm{model}} \times |V|$の行列）、$\mathbf{B}_{\mathrm{out}}$はバイアス項（$n \times |V|$ の行列）を表しています。線形変換の出力は、語彙サイズの次元を持つ行列です。この行列の各行は、対応するトークンのスコアを表しています。ただし、これらのスコアは確率分布ではありません。確率分布を得るために、線形変換の出力にソフトマックス関数が適用されます。

ソフトマックス関数（Softmax Function）

ソフトマックス関数は、実数値のベクトルを確率分布に変換する関数です。この関数は、ベクトルの各要素を0から1の範囲の値に変換し、それらの合計が1になるように正規化します。

$n \times |V|$の行列$\mathbf{Z}$が与えられたとき、ソフトマックス関数は次の数式で表すことができます。

$$\mathbf{P}_{ij} = \frac{e^{Z_{ij}}}{\sum_{k=1}^{|V|} e^{Z_{ik}}}$$

ここで、$\mathbf{P}_{ij}$は出力確率分布$\mathbf{P}$のi行j列の要素、$\mathbf{Z}_{ij}$は入力行列$\mathbf{Z}$のi行j列の要素を表しています。

この関数は、次のステップで計算されます。

1. 行列$\mathbf{Z}$の各要素に対して、指数関数$e^{Z_{ij}}$を適用します。これにより、各要素が正の値になります。
2. 各行について、指数関数を適用した値の合計$\sum_{k=1}^{|V|} e^{Z_{ik}}$を計算します。この合計値は、その行の正規化定数になります。
3. 行列$\mathbf{Z}$の各要素について、指数関数を適用した値を正規化定数で割ります。これにより、各行の要素の合計が1になります。

ソフトマックス関数は、行列の各行に対して独立に適用されます。つまり、各行が独立した確率分布になります。

1.3.6 パラメーター一覧

ここまででTransformerの仕組みを詳しく説明してきました。埋め込み層、デコーダスタック、出力線形層の各層には、それぞれ多くのパラメータが含まれています。これらのパラメータをまとめたものを**表1.3.1**に示します。公開されている情報をもとに、**表1.3.1**にはGPT-3のパラメータ数の推定値を記載しています。合計した値は約1750億個 [Brown et al. 2020]のパラメータとなり、これは公表されているパラメータ数とほぼ同じです。したがって、本章で説明したTransformerの仕組みは、GPT-3などの大規模なモデルでも概ね一致しているとも考えられます。

表1.3.1　Transformerのパラメーター一覧（GPT-3の推定）

レイヤ名	パラメータ名	計算式	個数
テキスト埋め込み	$\mathbf{W}_E$	$\|V\| \times D_{model}$	50257×12288
マスク付きマルチヘッド注意機構	$\mathbf{W}_Q$	$N \times h \times D_{model} \times D_{head}$	96×96×12288×128
マスク付きマルチヘッド注意機構	$\mathbf{W}_K$	$N \times h \times D_{model} \times D_{head}$	96×96×12288×128
マスク付きマルチヘッド注意機構	$\mathbf{W}_V$	$N \times h \times D_{model} \times D_{head}$	96×96×12288×128
マスク付きマルチヘッド注意機構	$\mathbf{W}_O$	$N \times h \times D_{model} \times D_{head}$	96×96×12288×128
FFNN 第一層	$\mathbf{W}_1$, $\mathbf{B}_1$	$N \times (D_{model} \times D_{ff} + D_{ff})$	96×(12288×49152+49152)
FFNN 第二層	$\mathbf{W}_2$, $\mathbf{B}_2$	$N \times (D_{ff} \times D_{model} + D_{model})$	96×(49152×12288+12288)
線形変換層	$\mathbf{W}_{out}$, $\mathbf{B}_{out}$	$D_{model} \times \|V\| + \|V\|$	12288×50257+50257
合計			**175,187,240,017**

1.3.7 派生系の例：Llama 3

本節では、Transformerの原論文をベースにしたアーキテクチャを紹介しました。商用の最新のモデルでも、基本的にはTransformerのアーキテクチャを踏襲していると言われています。本節の最後では、オープンソースで公開されているLLMであるLlama 3のアーキテクチャについて、本節で説明したTransformerのアーキテクチャとの違いを紹介します。本書執筆時点の最新のモデルでも細部に改良が加えられているものの、基本的なアーキテクチャは同じであることがわかります。

主な相違点は次のとおりです。

1. 位置エンコーディングの方法
2. 正規化手法
3. 活性化関数
4. 注意機構のキーとバリューのヘッド数
5. 線形層におけるバイアス項の削除

以降では、これらの相違について順に説明します。

位置エンコーディングの方法の変更

元のTransformerでは、位置情報を埋め込みベクトルに加算する位置埋め込み（Positional Encoding）を使用していました。具体的には、三角関数を用いて位置ごとのベクトルを生成し、それをトークンの埋め込みベクトルに加算していました。

一方、Llama 3では、**RoPE（Rotary Positional Embeddings）**[Su et al. 2023]と呼ばれる手法を採用しています。RoPEでは、位置情報を埋め込みベクトルに加算するのではなく、注意機構内でクエリベクトルとキーベクトルの要素に回転操作を適用します。計算の性質によって回転後のクエリベクトルとキーベクトルの内積の値は距離が離れていても減衰しにくくなります。このため、注意機構は入力が長いトークン列の場合でもトークン間の関係を捉えやすくなります。

RoPEの計算手順は次のようになります。

1. 入力ベクトルを偶数次元と奇数次元で分割し、複素数表現（複素平面上の点）に変換します。

$$\mathbf{x}=[\mathbf{x}_1, \mathbf{x}_2, \mathbf{x}_3, \mathbf{x}_4, \cdots] \rightarrow \mathbf{x}_{\text{complex}}=[\mathbf{x}_1+i\mathbf{x}_2, \mathbf{x}_3+i\mathbf{x}_4, \cdots]$$

2. 各位置posに対して、$\mathbf{x}_{\text{complex}}$の要素ごとに異なる周波数に基づいた回転角度を計算します。

$$\theta_{pos} = pos \cdot \frac{1}{\theta^{2k/D_{\text{head}}}}$$

ここで、θは定数で、大きな値（通常は10000）を取ります。kは$\mathbf{x}_{\text{complex}}$における次元インデックス、$D_{\text{head}}$は1ヘッドあたりの次元数です。

3. 複素数の乗算として、$\mathbf{x}_{\text{complex}}$の各要素（複素平面上の点）を原点を中心に$\theta_{pos}$だけ回転させ、入力ベクトルに位置情報を付与します。

$$\mathbf{x}_{\text{rotated}} = \mathbf{x}_{\text{complex}} \times e^{i\theta_{pos}}$$

4. 最後に、1と逆の操作で複素数ベクトルを元の実数ベクトルの形式に戻します。

これにより入力ベクトルが位置に応じて回転され、位置情報が効果的に組み込まれます。

正規化手法の変更

元のTransformer では、レイヤ正規化（Layer Normalization）を入れることで各層の出力を正規化していました。Llama 3では、**RMSNorm（Root Mean Square Layer Normalization）**[Zhang et al. 2019]を採用しています。RMSNormは平均と分散を使うのではなく、二乗平均平方根（RMS）を使って正規化を行います。RMSNormは少ない計算量でレイヤ正規化と同等の精度を実現可能とされています。

RMSNormの計算式は次のとおりです。

$$\text{RMSNorm}(\mathbf{x}) = \boldsymbol{\gamma} \odot \left(\frac{\mathbf{x}}{\sqrt{\frac{1}{d} \sum_{i=1}^{d} x_i^2 + \epsilon}} \right)$$

ここで、dはベクトルの次元数、ϵは安定性のための微小値、$\boldsymbol{\gamma}$は学習可能なスケーリングパラメータです。

活性化関数の変更

元のTransformerでは、フィードフォワードネットワークの活性化関数としてReLU（Rectified Linear Unit）を使用していました。Llama 3では、**SwiGLU（Switchable Gated Linear Unit）**という活性化関数を採用しています。SwiGLUは次の計算を行います。

$$\mathrm{SwiGLU}(\mathbf{x}) = \mathrm{SiLU}(\mathbf{x}\mathbf{W}_1) \odot (\mathbf{x}\mathbf{W}_2)$$

ここで、$\mathbf{W}_1$と$\mathbf{W}_2$は学習可能な重み行列、$\odot$は要素ごとの積です。また、SiLU関数は次のように定義され、$\mathbf{x}$の個々の要素に適用されます。

$$\mathrm{SiLU}(x) = x \cdot \sigma(x)$$

$\sigma(x)$はsigmoid関数であり、次のように定義されます。

$$\sigma(x) = \frac{1}{1+e^{-x}}$$

なお、sigmoid関数は機械学習の分野における命名で、統計学の分野ではロジスティック関数と呼ばれています。

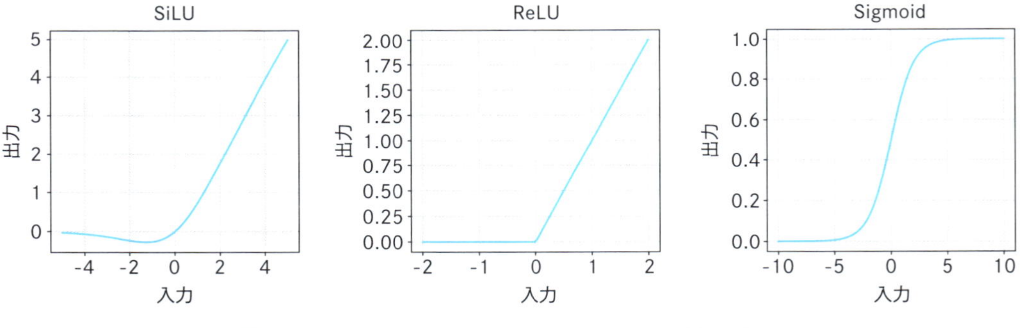

図1.3.17　SiLU関数、ReLU関数、sigmoid関数のグラフ

図1.3.17にSiLU関数、ReLU関数、sigmoid関数のグラフを示します。SiLUはReLUと比べて次のような特徴を持っています。

- 負の値に対して0にならず、わずかに負の値を出力する。これにより、勾配が0にならず、勾配消失問題を緩和できる。
- sigmoid関数を掛けることで、入力が大きくなると出力が飽和し、勾配爆発問題を防ぐ。
- ReLUは入力が負のときに必ず勾配が0になるが、SiLUは負の領域でも勾配を持つため、より多様な表現力を持つ。

SwiGLUは、SiLUとゲート機構を組み合わせることで、Transformerの表現力をさらに高めています。$\mathbf{W}_1$によって入力xに変換を加えSiLUに通した後、$\mathbf{W}_2$による線形変換を掛け合わせることで入力に応じてゲートを開閉し、重要な情報を選択的に通過させることができます。

注意機構のキーとバリューのヘッド数の変更

元のTransformerでは、クエリ、キー、バリューすべてが同じ数のヘッド数hを持っていました。Llama3では、**キーとバリューのヘッド数（h_{kv}）をクエリのヘッド数（h）よりも少なく設定**しています。これは、**GQA（Grouped Query Attention）**[Ainslie et al. 2023]と呼ばれる手法です。

GQAでは、クエリをグループ化し、同じグループに属するクエリに対して、同じキーとバリューを使用します。キーとバリューのパラメータを複数のクエリヘッドで共有することで、計算量とメモリ使用量を削減できます。クエリに対してキーとバリューの数が少なくても推論性能を維持できることが知られています。

線形層におけるバイアス項の削除

元のTransformerでは、線形層にバイアス項が含まれていました。通常の線形変換は以下のように計算されます。

$$\mathbf{Y}=\mathbf{XW}+\mathbf{B}$$

ここで、$\mathbf{X}$は入力行列、$\mathbf{W}$は重み行列、$\mathbf{B}$はバイアス項です。

Llama 3では、**バイアス項を削除**し、線形変換を次のように計算します。

$$\mathbf{Y}=\mathbf{XW}$$

バイアス項を削除することでパラメータ数が減少し、計算効率が向上します。特に大規模なモデルでは、バイアス項の影響が相対的に小さく性能への影響は限定的と考えられます。

1.4

トークナイザ

トークナイザは、テキストとトークンID列を相互変換するソフトウェアモジュールです。テキストをトークンID列に変換する処理をトークン化(tokenization)やエンコード処理(encoding)と呼びます。一方、逆にトークンID列をテキストに変換することをデコード処理(decoding)と呼びます。

本書執筆時点の主要なLLMにおけるトークナイザでは、サブワードをトークンとして使用します。サブワードとは単語を細かく分解した単位です。このサブワード分割には、Byte Pair Encoding(BPE)やその派生形が用いられます。これらのトークン化アルゴリズムは、テキストを一連のトークンに分割するために、多言語コーパスで事前に学習された共通の語彙を使用します。ここでの語彙はすべてのトークンの集合を意味します。また、コーパスとは、モデルの訓練に使用するテキストデータの集合のことです。多言語コーパスには単一の言語だけでなく英語や日本語など様々な言語のテキストデータが含まれます。

本書では、基本となるBPEについて解説します。BPEでは語彙表を用いてエンコード/デコード処理を行います。この語彙表はTransformerの学習とは独立して行われます。本節では、以降、デコード処理、エンコード処理、語彙表の学習について順に説明します。語彙表の役割を理解するために、まずはデコード処理から見てみましょう。

1.4.1 デコード

デコードは、トークンIDのリストをテキストに変換する処理です。トークナイザは、事前学習によって得た語彙表を用いて、トークンIDをサブワード単位のテキストに変換します。語彙表では、各サブワードに対して一意なトークンIDが割り当てられます。表1.4.1に、デコードで使用される語彙表の例を示します。

表1.4.1 デコードに用いる語彙表の例

サブワード	トークンID
<|endoftext|>	0
こん	1
にち	2
は	3
世	4
界	5
!	6
He	7
llo	8
wor	9
ld	10
.	11
<space>	12

表1.4.1では、各サブワードに一意なトークンIDが割り当てられていることを確認できるはずです。トークンIDは、語彙表（配列）のインデックスに対応しています。例えば、トークンID1には"こん"というサブワードが、トークンID2には"にち"というサブワードが対応しています。デコード処理は、入力トークンごとに語彙表を参照することで、トークン列をテキストに変換します。

例えば、`[1, 2, 3, 4, 5, 6, 7, 8, 9, 10, 11, 0]`というトークン列が与えられた場合を考えてみます。先頭のトークンIDは1ですから、**表1.4.1**から「こん」が対応することがわかります。次のトークンIDは2ですから、同様に「にち」が対応することがわかります。これを繰り返すと、「こんにちは世界!Hello world.<|endoftext|>」というテキストが得られます。

リスト1.4.1は、デコードの手順をPythonプログラムで示したものです。**リスト1.4.1**では、語彙表をサブワードのリスト（配列）であるvocabで実装しています。トークンIDはvocabのインデックスに対応します。したがって、`vocab[id]`を使用することで、トークンIDに対応するサブワードを直接取得できます。

リスト1.4.1 デコードの手順（配列版）

```
def decode(token_ids: List[int], vocab: List[str]) -> str:
    tokens = [vocab[id] for id in token_ids]
    decoded_text = "".join(tokens)
    return decoded_text
```

1.4.2 エンコード

エンコードは、テキストをトークンIDのリストに変換する処理です。つまり、デコードの逆の操作となります。BPE方式のトークナイザは、事前学習によって得た語彙表を用いて入力テキストをサブワード単位のトークンに分割し、それぞれのトークンに対応するIDを出力します。この時、トークナイザは、テキストの先頭から順に最長一致のサブワードをトークンIDに変換していきます。

ここでは簡素化した例として**表1.4.2**の語彙表を想定し、「こんにちは世界!」が入力テキストとして与えられた場合のエンコード処理を考えてみましょう。入力テキストの先頭にマッチするサブワードとして、**表1.4.2**には「こんにちは」と「こん」が存在します。この時の最長一致は「こんにちは」ですから、トークナイザは「こんにちは」を語彙表にしたがって1に変換します。残りは「世界!」ですが、同様に語彙表を用いた最長一致による変換により「世界」は2に、「!」は3に変換されます。最後にテキストの終わり（<|endoftext|>）を示す0を加えます。この結果、トークン列[1, 2, 3, 0]が得られます。

表1.4.2 エンコードに用いる語彙表の例

サブワード	トークンID
<|endoftext|>	0
こんにちは	1
世界	2
!	3
こん	4
にちは	5
ばんは	6
こんばんは	7

このような最長一致による変換を効率よく行うために、トークナイザの実装では語彙表にトライツリーというデータ構造を使うことができます。トライツリーの各ノードは、文字を表し、ルートノードからリーフへのパスがサブワードを表します。例えば、**表1.4.2**の語彙表は、**図1.4.1**で表されます。「こんにちは世界!」が入力の場合、ツリーのルートから順に「こ」、「ん」、「に」、「ち」、「は」と辿り、リーフである「は」のIDを確認することで、「こんにちは」のIDが1であることがわかります。

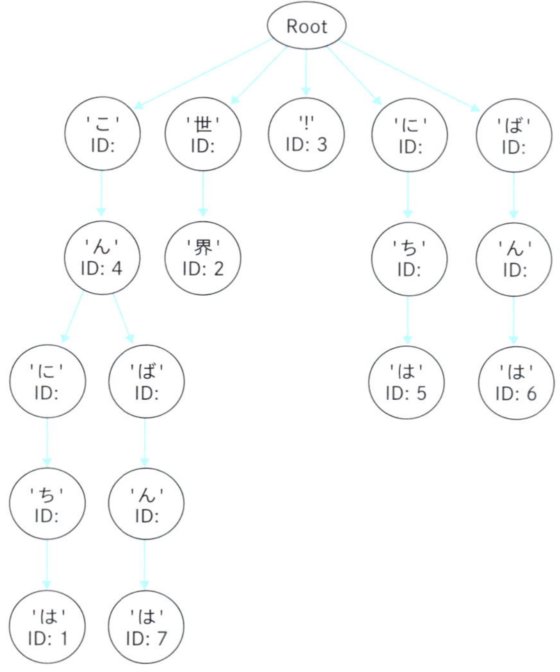

図1.4.1　トライツリーによる語彙表の例

トライツリーの作成

トライツリーを作成するには、語彙表のサブワードを一つずつ走査し、各文字をノードとしてツリーに追加していきます。この処理をPythonプログラムで表すと、**リスト1.4.2**のようになります。

リスト1.4.2　トライツリーの作成

```
class TrieNode:
    def __init__(self):
        self.children = {}
        self.is_end = False
        self.token_id = None

def create_trie_tree(vocab: List[str]) -> TrieNode:
    root = TrieNode()
    for token_id, subword in enumerate(vocab):
        current_node = root
        for char in subword:
```

```
            if char not in current_node.children:
                current_node.children[char] = TrieNode()
            current_node = current_node.children[char]
        current_node.is_end = True
        current_node.token_id = token_id
    return root
```

TriNodeはノードを表すクラスです。childrenフィールドは子ノードを保持します。また、is_endはサブワードの末尾に対応するノードか否かを表します。token_idは、対応するサブワードのトークンIDを保持します。

create_trie_tree関数では、まずルートノードを作成します。次に、語彙表の各サブワードに対して次の処理を行います。

1. サブワードの各文字について、現在のノードの子ノードに追加します。子ノードが存在しない場合は、新しいノードを作成します。
2. サブワードの最後の文字に到達したら、現在のノードのis_endフラグをTrueにし、token_idにサブワードに対応するトークンIDを設定します。

この処理をすべてのサブワードに対して行うことで、トライツリーが完成します。

トライツリーを用いたエンコード

トライツリーを用いたエンコード処理をPythonプログラムで表すと、**リスト1.4.3**のようになります。

リスト1.4.3 トライツリーを用いたエンコード

```
token_ids = []
start_index = 0
while start_index < len(text):
    current_node = root
    longest_match = None
    for i in range(start_index, len(text)):
        char = text[i]
        if char in current_node.children:
            current_node = current_node.children[char]
            if current_node.is_end:
                longest_match = (current_node.token_id, i + 1)
        else:
```

```
            break
    if longest_match:
        token_ids.append(longest_match[0])
        start_index = longest_match[1]
    else:
        start_index += 1
return token_ids
```

この関数では、次の処理を行います。

1. テキストの各文字に対して、現在のノードの子ノードに存在するかを確認します。
2. 子ノードに存在する場合は、現在のノードを子ノードに更新します。
3. 現在のノードがサブワードの末尾を表す場合(is_endがTrue)、そのサブワードに対応するトークンIDをtoken_idsに追加し、start_indexを更新します。そして、現在のノードをルートノードに戻します。
4. 子ノードに存在しない場合、現在のノードがルートノードでなければ、そのノードのトークンIDをtoken_idsに追加し、start_indexを更新します。その後、現在のノードをルートノードに戻します。
5. テキストの最後まで処理した後、現在のノードがルートノードでない場合、そのノードのトークンIDをtoken_idsに追加します。

この処理により、テキストを最長一致のサブワードに分割し、対応するトークンIDのリストを取得することができます。

語彙表の事前学習

BPEの語彙表は、大規模なコーパスに対して事前学習によって作成されます。この学習は、Transformerの学習とは独立して行われます。ここでは、Sennrichらの論文[Sennrich et al. 2016]に基づいて、BPEの語彙表の学習手順について説明します。

この語彙作成では、単語や文をスペースで区切ったものをキー、その単語や文の発生頻度を値とする辞書を入力とします。この辞書は、前処理によってコーパスから作られることを想定します。例えば、入力は次のような辞書になります。

```
{'こ ん に ち は 世 界 。': 1, 'こ ん ば ん は 世 界 。': 1}
```

ここでは、この辞書が「こんにちは世界。こんばんは世界。」というコーパスから作成されたものとして想定しますが、実際には巨大なコーパスが使用されます。

語彙表を作成するアルゴリズムのPythonによる実装は**リスト1.4.4**のとおりです。語彙表の作成はbpe関数で行われます。

リスト1.4.4 BPEの語彙表の学習（src/bpe/bpe.py）

```
from collections import defaultdict
import re
from typing import Dict, List, Tuple


def get_stats(vocab: Dict[str, int]) -> Dict[Tuple[str, str], int]:
    pairs = defaultdict(int)
    for word, freq in vocab.items():
        symbols = word.split()
        for i in range(len(symbols) - 1):
            pairs[(symbols[i], symbols[i + 1])] += freq
    return pairs


def merge_vocab(pair: Tuple[str, str], vocab: Dict[str, int]) -> Dict[str, int]:
    v_out = defaultdict(int)
    bigram = " ".join(pair)
    p = re.compile(r"(?<!\S)" + re.escape(bigram) + r"(?!\S)")
    for word in vocab:
        w_out = p.sub("".join(pair), word)
        v_out[w_out] += vocab[word]
    return v_out


def bpe(vocab: Dict[str, int], num_merges: int) -> List[str]:
    for i in range(num_merges):
        pairs = get_stats(vocab)
        if not pairs:
            print(".")
            break
        best = max(pairs, key=pairs.get)
        vocab = merge_vocab(best, vocab)
    subwords = set()
    for word in vocab:
        for subword in word.split():
            subwords.add(subword)
    return list(subwords)
```

```
vocab = {"こ ん に ち は 世 界 。": 1, "こ ん ば ん は 世 界 。": 1}

for i in range(11):
    table = bpe(vocab, i)
    print(table)
```

このコードは、Byte Pair Encoding (BPE) アルゴリズムを使用して語彙表を学習するプロセスを実装しています。このアルゴリズムの入力である語彙辞書vocabは、スペースで区切られたサブワード（文字のシーケンス）とそれらの出現頻度を保持しています。初期状態では、語彙辞書にはスペースで区切られた文字列が格納されています。例えば、次のような形です。

```
vocab = {"こ ん に ち は 世 界 。": 1, "こ ん ば ん は 世 界 。": 1}
```

ここで、各キーはスペースで区切られたサブワードから構成された文字列であり、値はその文字列の出現頻度です。

get_stats関数は、語彙辞書vocabを入力とし、サブワードのペアとその出現回数を格納した辞書を返します。merge_vocab関数は、マージするサブワードのペアpairと現在の語彙辞書vocabを入力とします。出力は、マージされたサブワードとその出現回数を格納した新しい語彙辞書です。語彙辞書内の各エントリ（スペースで区切られたサブワード列）に対して指定されたペアを正規表現で検索し、マージされたサブワードに置き換えます。

bpe関数は、初期の語彙辞書vocabとマージ回数num_mergesを入力とし、語彙表を返します。bpe関数はnum_merges回のマージを実行し、再頻出のペアをマージして語彙辞書を更新します。最終的に、語彙辞書内のサブワードを収集してリストとして返します。

リスト1.4.4の末尾には動作確認用のコードを配置しています。先述の初期辞書から開始し、0～10回のマージを行い、マージ回数ごとの語彙表を出力しています（この部分は、繰り返しごとに最初から処理をするため、性能面では改善の余地があります）。

このプログラムを実行すると、次のような出力が得られます。

OUT

```
['ち', 'ん', 'に', 'こ', 'は', '界', '。', '世', 'ば']
['ち', 'ん', 'に', 'は', '界', 'こん', '世', 'ば', '。']
['ち', 'は世', 'ん', 'に', '界', 'こん', 'ば', '。']
['ち', 'は世界', 'ん', 'に', '。', 'ば', 'こん']
['ち', 'ん', 'は世界。', 'に', 'こん', 'ば']
['ち', 'ん', 'は世界。', 'こんに', 'こん', 'ば']
```

```
['ん', 'は世界。', 'こんにち', 'こん', 'ば']
['ん', 'は世界。', 'こんにちは世界。', 'こん', 'ば']
['こんば', 'ん', 'こんにちは世界。', 'は世界。']
['は世界。', 'こんにちは世界。', 'こんばん']
['こんばんは世界。', 'こんにちは世界。']
```

各行はマージ回数0回から10回まででそれぞれ得られる語彙表です。徐々にサブワード同士がマージされている様子を確認できるはずです。

マージされる順番は出現頻度の高いサブワードから行われます。例えば、「こん」は「こんにちは」および「こんばんは」の両方のプレフィックスで2回現れるので、1回目（2行目）でマージされています。2回目のマージでは、「は世」がマージされています。ここで、「は世」と同様に2回共起している「世界」がマージされてもよいように思えますが、「は世」の方が先に現れるのでこのような結果となっています。より現実的なコーパスでは、おそらく「世界」の方が先にマージされるはずです。

1.5 トークンのサンプリング手法

1.2ではTransformerが入力されたトークンIDの列から次のトークンIDを予測し、選択されたトークンIDを現在の入力に追加しながら、終了トークンが生成されるまで応答メッセージを生成する過程を説明しました。この過程では、確率分布を調整するためのパラメータを用いることで、生成される応答メッセージの多様性や確定性を調整することができます。特に現在主流のLLMでは、次のパラメータがよく用いられます。

- temperature
- top-k
- top-p

temperatureは、実質的にどのLLMでもサポートされているパラメータです。一方、top-kとtop-pはそれぞれLLMが採用しているサンプリング手法に依存します。よく使われるサンプリング手法として**top-kサンプリング**と**top-pサンプリング**（**nucleus sampling**）があり、それぞれtop-kとtop-pが使用されます。

本節では、これらのパラメータがどのように使われるかについて説明します。

1.5.1 temperature

temperatureは、確率分布を調整するためのパラメータです。まずは、temperatureが確率分布をどのように調整するかを確認した後、その計算を説明します。

確率分布の調整

temperatureに低い値を設定すると確率分布が尖り、確率の高いトークンが選択されやすくなります。一方、temperatureに高い値を設定すると、確率分布が平坦になり、確率の低いトークンも選択されやすくなります。temperatureの値が1の場合、元の確率分布がそのまま使用されます。

ここで、言語モデルが「私が好きな果物は……」という文章の続きを生成していると想定してみましょう。トークンとその確率分布は、次のようになっているとします。

- りんご: 0.4
- いちご: 0.3
- バナナ: 0.2
- みかん: 0.1

これにtemperatureとして1、0.5、2を適用した場合の確率分布は**図1.5.1**のようになります。

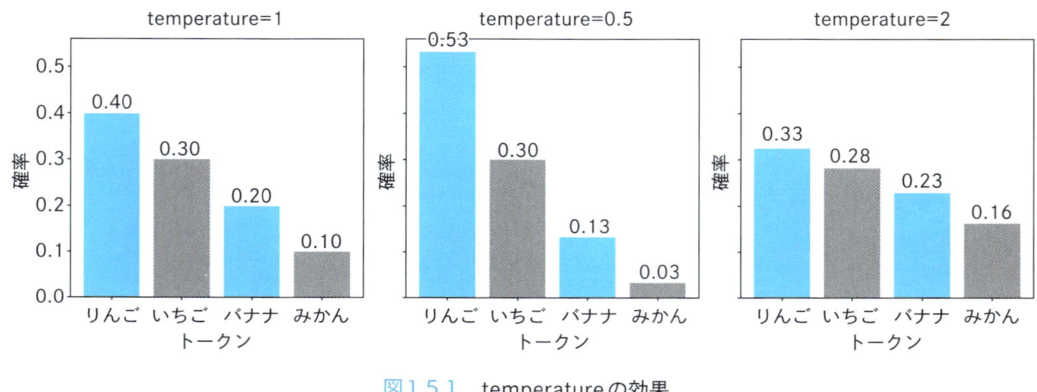

図1.5.1 temperatureの効果

図1.5.1の左端は、temperatureが1の場合の確率分布を示しています。この場合、確率分布はそのまま使用されます。中央はtemperatureが0.5の場合の確率分布です。確率分布が尖り、確率の高いトークンが選択されやすくなることがわかります。右端はtemperatureが2の場合の確率分布です。確率分布が平坦になり、確率の低いトークンも選択されやすくなることがわかります。

このようにtemperatureを調整することで、生成されるテキストの確定性（毎回同じような結果が得られる性質）や多様性を調整することができます。低いtemperatureでは確定性のある出力が得られ、高いtemperatureでは多様性のある出力が得られます。

計算方法

LLM APIの内部では、与えられた文脈に基づいて次のトークンの確率分布 $P(x_i|x_{1:i-1})$ を計算します。ここで、x_iはi番目のトークン、$x_{1:i-1}$はそれ以前のトークン列を表します。この確率分布は、各トークンが次に来る可能性を示しています。言語モデルのAPI内部では、この確率分布を調整するためにtemperatureパラメータTを使用します。Tは正の実数で、通常は0から1の範囲の値が使用されます。

各トークンx_iの調整された確率$\widetilde{P}(x_i \mid x_{1:i-1})$を次の式で計算します。

$$\widetilde{P}(x_i \mid x_{1:i-1}) = \frac{P(x_i \mid x_{1:i-1})^{1/T}}{\sum_{j=1}^{|V|} P(x_j \mid x_{1:i-1})^{1/T}}$$

ここで、$|V|$は語彙数です。言語モデルAPIの内部では、調整された確率分布$\widetilde{P}(x_i \mid x_{1:i-1})$に基づいて、ランダムに次のトークンをサンプリングします。

まず、Tの値に1を代入してみましょう。すると、上記の式は次のようになります。

$$\widetilde{P}(x_i \mid x_{1:i-1}) = \frac{P(x_i \mid x_{1:i-1})}{\sum_{j=1}^{|V|} P(x_j \mid x_{1:i-1})}$$

ここで、分母は確率分布$P(x_i | x_{1:i-1})$の総和ですから1になります。したがって、$\widetilde{P}(x_i \mid x_{1:i-1})$は、次のように元の確率$P(x_i | x_{1:i-1})$と等しくなります。

$$\widetilde{P}(x_i \mid x_{1:i-1}) = P(x_i \mid x_{1:i-1})$$

すなわち、$T=1$の場合、元の確率分布がそのまま使用されます。

計算例

次の確率分布を用いて、temperatureの計算を具体的な例で説明します。

- りんご: 0.4
- いちご: 0.3
- バナナ: 0.2
- みかん: 0.1

temperatureが1の場合、言語モデルはこの確率分布をそのまま使用して次のトークンを選択します。

では、temperatureが0.5の場合はどうでしょうか。この場合、確率分布は次のようにスケーリングされます。

- りんご: $0.4^{(1/0.5)} = 0.16$
- いちご: $0.3^{(1/0.5)} = 0.09$

- バナナ: $0.2^{(1/0.5)}=0.04$
- みかん: $0.1^{(1/0.5)}=0.01$

スケーリングされた確率分布は、次のように正規化されます。

- りんご：0.16/(0.16+0.09+0.04+0.01)=0.53
- いちご：0.09/(0.16+0.09+0.04+0.01)=0.30
- バナナ：0.04/(0.16+0.09+0.04+0.01)=0.13
- みかん：0.01/(0.16+0.09+0.04+0.01)=0.03

temperatureが0.5の場合、「りんご」が選ばれる可能性がさらに高くなります。つまり、低いtemperatureでは、確率の高いトークンがさらに強調されます。

逆に、temperatureの値が大きい場合も見てみましょう。2の場合、確率分布は次のようにスケーリングされます。

- りんご：$0.4^{(1/2)}=0.63$
- いちご：$0.3^{(1/2)}=0.55$
- バナナ：$0.2^{(1/2)}=0.45$
- みかん：$0.1^{(1/2)}=0.32$

スケーリングされた確率分布は、次のように正規化されます。

- りんご：0.63/(0.63+0.55+0.45+0.32)=0.32
- いちご：0.55/(0.63+0.55+0.45+0.32)=0.28
- バナナ：0.45/(0.63+0.55+0.45+0.32)=0.23
- みかん：0.32/(0.63+0.55+0.45+0.32)=0.16

1.5.2 top-k（トップk）

top-kは、**top-kサンプリング**[Fan et al. 2018]で使用されるパラメータです。top-kサンプリングでは、確率が高い上位top-k個のトークンの中から次のトークンを選択します。

top-kサンプリングでは、高い値を設定することで多様性が増します。例えば、多様な返答を返したいユーザとの対話を実現したい場合には、高めに設定します。一方、低い値を設定することで多様性が減少します。例えば、一貫性のある指示書や手順書などを生成する場合には、低めを設定することが推奨されます。

それでは、言語モデルAPIの内部で次のトークンが選ばれるときにどのようにtop-kが使われるかを先ほどの例を使って説明します。言語モデルが「私が好きな果物は……」という文章を生成しており、トークンとその確率分布が次のようになっている場合を考えましょう。

- りんご：0.4
- いちご：0.3
- バナナ：0.2
- みかん：0.1

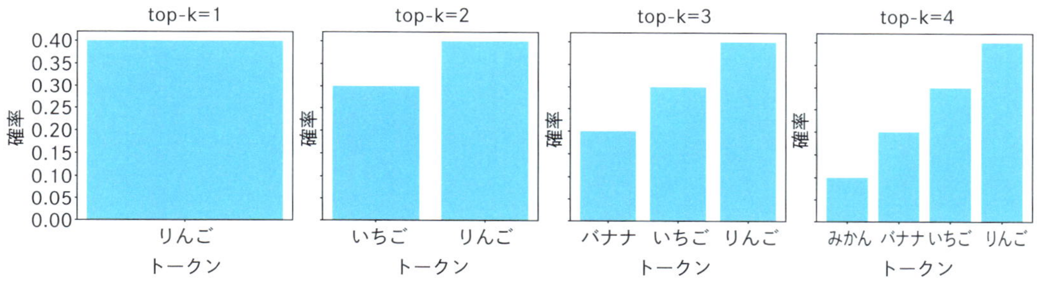

図1.5.2　top-kの効果

図1.5.2にtop-kの効果を示します。top-kが2に設定されている場合、言語モデルは確率が高い上位2個のトークン（「りんご」と「いちご」）の中から次のトークンを選択します。つまり、「バナナ」と「みかん」は選ばれる可能性がなくなります。

次に、top-kが3に設定されている場合、言語モデルは確率が高い上位3個のトークン（「りんご」、「いちご」、「バナナ」）の中から次のトークンを選択します。この場合、「みかん」は選ばれる可能性がなくなります。また、top-kが4に設定されている場合、元々の選択肢が四つのため、すべてのトークンが選ばれる可能性があります。

top-kを適切に設定することで、生成されるテキストの品質を制御できます。top-kを小さく設定すると確率の高いトークンのみが選ばれるため、一貫性のあるテキストが生成されます。一方、top-kを大きく設定すると、より多様なトークンが選ばれる可能性があるため、創造性のあるテキストが生成されます。

例えば、top-kを1のように小さな値に設定してニュース記事を生成する場合、言語モデルは常に最も確率の高いトークンを選択するため、事実に基づいた一貫性のある記事が生成されます。逆に、top-kを50のように大きな値に設定して創造的な物語を生成する場合、言語モデルは確率が高い上位50個のトークンの中から選択するため、予測不可能で多様性のある物語が生成されます。

1.5.3 top-p（トップp）

top-pは**top-pサンプリング**（Nucleus Sampling）[Holtzman et al. 2020] で用いられるパラメータです。top-pサンプリングでは、確率の累積値が閾値top-p以上になるまでのトークンを選択します。

例えば、言語モデルが「私が好きな果物は……」という文章の続きを生成しており、次トークンの確率分布が次のようになっている場合を考えましょう。

- りんご：0.4
- いちご：0.3
- バナナ：0.2
- みかん：0.1

仮にtop-pが0.7に設定されている場合、言語モデルは確率の累積値が0.7以上になるまでのトークンを選択肢とします。この例では、言語モデルAPI内部では、まず「りんご」を選択肢に加えます。この結果、累積確率は0.4となります。次に、「いちご」を選択肢に加えます。累積確率は、0.4＋0.3＝0.7です。この時点で、累積確率が0.7以上になったため、「りんご」と「いちご」が次のトークンの選択肢となります。そして、「バナナ」と「みかん」は選ばれる可能性がなくなります。

top-pを小さく設定すると確率の高いトークンのみが選択肢になるため、一貫性のあるテキストが生成されます。逆に、top-pを大きく設定すると、より多様なトークンが選択肢になるため、創造性のあるテキストが生成されます。

例えば、top-pを0.5のように小さな値に設定してニュース記事を生成する場合、言語モデルは累積確率が0.5以上になるまでのトークンを選択肢とするため、事実に基づいた一貫性のある記事が生成されることが期待されます。逆に、top-pを0.95のように大きな値に設定して創造的な物語を生成する場合、言語モデルは累積確率が0.95以上になるまでのトークンを選択肢とするため、予測不可能で多様性のある物語の生成が期待されます。

第 2 章

学習

大規模言語モデルが性能を発揮するためには、そのパラメータが適切に設定されている必要があります。このパラメータを決定するプロセスが学習です。本章では、大規模言語モデルの学習方法について学びます。

2.1

LLMの学習の概要

LLMに性能を発揮させるためには、適切なパラメータを設定することが不可欠です。LLMのパラメータを決めるのは、**学習（Training）**と呼ばれるプロセスです。LLMのパラメータは複数の学習手法を経て最終的な値が決まります。本節では個々の学習手法にはどのようなものがあるか、またそれらの違いと共通点について説明します。

2.1.1 学習手法の種類

LLMの最終的なパラメータの値は、様々な学習手法を順番に適用することで決定されます。大まかなLLMの学習の流れを図2.1.1に示します。図2.1.1中では四角形の箱が学習手法を表します。

事前学習（Pre-training）では、大規模なテキストデータを用いてモデルが一般的な言語を理解する能力を獲得します。**指示チューニング（Instruction Tuning）**では、モデルに特定の指示や命令に従って応答する能力を与えます。**RLHF（Reinforcement Learning from Human Feedback）**では人間のフィードバックを活用し、人間の好みに合う応答を生成できるようにモデルのパラメータを調整します。指示チューニングとRLHFは、LLMの性能をさらに向上させるためのファインチューニング手法です。ファインチューニングとは、事前学習済みモデルのパラメータを特定のタスクに合わせて追加学習により微調整することです。一方、事前学習では、ランダムに初期化されたパラメータから学習を始めます。

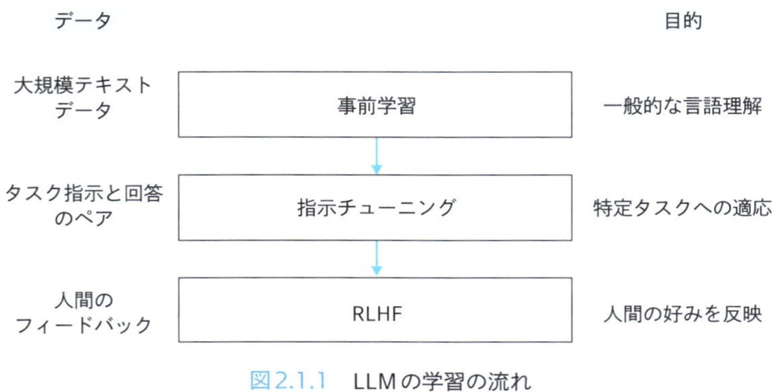

図2.1.1　LLMの学習の流れ

2.1.2 パラメータ更新の仕組み

個々の学習手法で用いるデータセットや学習の目的は異なりますが、LLMのパラメータを調整するという点では共通しています。事前学習から始まり徐々にパラメータを調整していくことで、LLMは高い性能を発揮できるようになります。パラメータの調整では、訓練用のデータセット全体に対する損失関数を最小化することを目指します。

図2.1.2に、**損失関数（Loss Function）**の最小化による学習の様子を示します。損失関数はモデルの予測と実際の値の差を数値化したもので、この差が小さいほどモデルの予測が正確であることを示します。個々の学習手法では、異なるデータセットや損失関数を使用します。例えば、指示チューニングでは、タスク指示と回答のペアから構成されるデータセットを使用し、損失関数には交差エントロピー損失関数を使用します。しかし、損失関数が異なってもパラメータを更新する仕組み自体は学習手法間で共通です。

パラメータ更新は、**勾配降下法（Gradient Descent）**をベースとするアルゴリズムによって実現されます。勾配降下法では損失関数の勾配を計算し、その勾配に従って個々のパラメータを更新します。さらに、勾配を効率よく計算するために、**誤差逆伝播法（Backpropagation）**と呼ばれるアルゴリズムが用いられます。誤差逆伝播法は、損失（誤差）を逆伝播させることで、各層の勾配を計算します。

次節以降では、個々の学習手法について詳しく説明し、その後、パラメータ更新の共通の仕組みである勾配降下法と誤差逆伝播法について説明します。

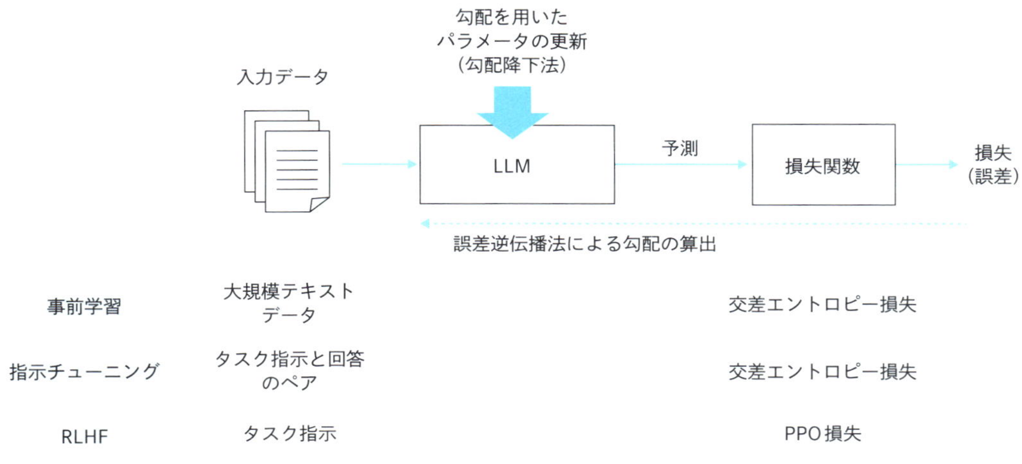

図2.1.2 損失関数の最小化による学習の様子

2.1.3 データセットの分割と役割

機械学習の目的は、モデルがデータセットから学習した知識を用いて、未知のデータに対しても良好な性能を発揮できるようにパラメータを調整することです。この能力を**汎化性能**と呼びます。機械学習では、汎化性能を評価するためにデータセットを**訓練データ**、**検証データ**、**テストデータ**の三つに分割します。

それぞれのデータセットの役割は次のとおりです。

- 訓練データ：モデルのパラメータを学習するために使用されるデータです。モデルは訓練データを用いて、損失関数を最小化するようにパラメータを更新します。
- 検証データ：ハイパーパラメータの調整や、モデルの選択に使用されるデータです。複数のモデルや、ハイパーパラメータの組み合わせを試し、検証データに対する性能が最も高いモデルやハイパーパラメータを選択します。
- テストデータ：モデルの汎化性能を評価するために使用されるデータです。モデルの学習や選択には一切使用されません。

ハイパーパラメータとは、モデルの構造や学習アルゴリズムを制御するパラメータで、通常は手動で設定されます。これらのパラメータは、訓練データから学習されるパラメータ（重みとバイアス）と区別してハイパーパラメータと呼ばれています。例えば、Transformerのデコーダスタックの数、マルチヘッド注意機構のヘッド数、埋め込みベクトルの次元数など（1.3参照）に加えて、本章で扱う学習率やバッチサイズなど、学習時の設定もハイパーパラメータに含まれます。ハイパーパラメータの評価は、モデルを訓練データで学習させた後に、検証データを用いて行われます。

データセットの分割は、モデルの汎化性能を正しく評価するために重要です。モデルが訓練データで良い性能を発揮していても未知のデータに対して良い性能を発揮できるとは限りません。訓練データでのみ良い性能を発揮するようなモデルの状態を**過学習（Overfitting）**と呼びます。過学習を起こさずに未知のデータに対しても良好な性能を発揮できるかを確認するために、学習には使用していないテストデータを使用します。

なお、データセットの分割比率は、タスクやデータセットのサイズによって異なります。一般的には、訓練データ：検証データ：テストデータ ＝ 6：2：2や、8：1：1などの分割比率が使われます。ただし、データセットのサイズが非常に大きい場合は、検証データとテストデータの割合を少なくすることもあります。

2.2 LLMの事前学習

事前学習は、はじめに行われるLLMの学習です。この段階では、モデルは大規模なテキストデータを用いて、言語の一般的な特徴や構造を学習します。事前学習の主な目的は、モデルに様々な汎用的な能力を与えることです。例えば、LLMの事前学習では、Webページから収集された大量のテキストデータで学習させることで、質問応答、翻訳、言語理解、要約のタスクができるようになるとされています[Radford et al. 2019]。

2.2.1 事前学習用データ

事前学習には、主にインターネット上のWebページ、書籍、論文など、多様的かつ大規模な**コーパス**が使用されます。コーパスとは、言語学習のために収集されたテキストデータのことです。**表2.2.1**に、いくつかのLLMの事前学習に使用されるコーパスの例を示します。

表2.2.1 事前学習用コーパスの例

モデル名	コーパス
GPT-3	約4,500億トークン（インターネット上のWebページ、書籍、記事など）[Brown et al. 2020]
GPT-4	約58兆トークン（インターネット上のWebページ、書籍、記事など）[OpenAI et al. 2024]
BERT	約33億単語（BookCorpusと英語版Wikipedia）[Devlin et al. 2019]
T5	約7,500億トークン（Webページ、書籍、記事、その他のデータセット）[Raffel et al. 2023]

2.2.2 自己教師あり学習

LLMの学習では、**自己教師あり学習（Self-supervised Learning）**と呼ばれる手法が用いられます。自己教師あり学習では、大量のラベルなしデータから自動的に教師信号を生成します。LLMの場合、次のトークンを予測するタスクを学習することで言語の知識を獲得します。次のトークンを予測するタスクは、自己回帰言語モデリングやNTP（Next Token Prediction）とも呼ばれます。LLMのTransfomerでは各i番目のトークンについて$i+1$番目のトークンの確率分布を生成します。実際の$i+1$番目のトークンが教師信号となります。**自己回帰言語モデリング**については**1.1.3**も参照してください。

2.2.3 交差エントロピー損失

教師信号に基づいて次のトークンが正しく予測できているかどうかの評価には、損失関数を使用します。LLMの事前学習では、主に**交差エントロピー損失（Cross-entropy Loss）関数**を使用します。

本節では、以降、基礎となる情報量、エントロピー、交差エントロピーについて説明した後、交差エントロピー損失関数を紹介します。

情報量

情報量（Information Content）とは、ある事象が発生した際に得られる情報の量を表す指標です。情報量は、**その事象がどれほど予測しにくいか（意外度）**を表し、事象が発生する確率が低いほど大きくなります。

情報量は次の式で表されます。

$$I(x) = -\log p(x)$$

ここで、$p(x)$は事象xが発生する確率です。

例として、サイコロの目が2であるという事象と、サイコロの目が偶数であるという事象を比べてみましょう。サイコロの目が2である事象の情報量は、

$$I(2) = -\log\left(\frac{1}{6}\right) \approx 1.79$$

となります。一方、サイコロの目が偶数である事象の情報量は、

$$I(\text{偶数}) = -\log\left(\frac{1}{2}\right) \approx 0.69$$

となります。このように、事象の確率が低いほど情報量は大きくなります。

エントロピー

エントロピーとは、確率変数の予測可能性を表す指標で、情報量の期待値として定義されます。エントロピーは、確率分布がどの程度不確実性を含んでいるかを表します。エントロピーは次の式で表されます。

$$H(p) = -\sum p(x) \log p(x)$$

ここで、$p(x)$は事象xが発生する確率です。エントロピーが高いほど、事象の発生が予測しづらく、情報の不確実性が大きいことを意味します。例えば、サイコロの目が全て等確率(1/6)である場合、出る目の予測が最も難しくなるためエントロピーは最大になります。直感的には、その確率分布全体がどれくらい意外な事象を多く含んでいるかを表す指標がエントロピーと考えてもよいでしょう。

交差エントロピー

交差エントロピーとは、二つの確率分布pとqの間の違いを表す指標です。交差エントロピーが小さいほど、二つの確率分布が似ていることを示します。交差エントロピー$H(p, q)$は、予測した確率分布qの情報量(その事象がどれほど予想しにくいかという意外度)を実際の確率分布pで平均したもの(期待値)です。式で表すと次のようになります。

$$H(p, q) = -\sum p(x) \log q(x)$$

$p(x)$と$q(x)$は、それぞれ事象xの確率ですから、それぞれ0から1の値を取ります。また、$\log q(x)$の範囲は、$-\infty$から0までとなります。直感的に、よく起こる事象の意外度が低く、あまり起こらない事象の意外度が高いほど交差エントロピーは小さくなると理解してもよいでしょう。

図2.2.1に、$-p(x)\log q(x)$のグラフを示します。このグラフは3軸で、$p(x)$と$q(x)$がそれぞれの確率分布の値を表し、$-p(x)\log q(x)$がその値を表します。図を用いて交差エントロピーの特徴を確認しておきましょう。

まず、$p(x)$が大きく、$q(x)$が小さい場合を考えます。つまり、よく発生する事象がモデルによって予測されにくい場合です。この場合、$-p(x)\log q(x)$は大きな値になることがわかります。一方、よく発生する事象に対してモデルが正確に予測できる場合、logの値が0に近づくため、$-p(x)\log q(x)$は小さくなります。

次に、$p(x)$が小さい場合を考えます。その場合、$q(x)$がどのような値であっても、$-p(x)\log q(x)$はそれほど大きくならないことがわかります。起こりにくい事象がモデルによって起こりやすいと予測されても、$-p(x)\log q(x)$は小さくなります。例えば、$p(x)=0$の場合、$q(x)=1$であったとしても、$-p(x)\log q(x)=0$となります。このため、この事象は直接的には損失に寄与しません。

しかし、確率の合計は1になる必要があるため、起こらない事象に高い確率を割り当てると、他の（実際に起こる）事象の予測確率が下がります。結果として、実際に起こる事象の予測確率が下がることで、それらの事象に対する $-p(x)\log q(x)$ の値が大きくなり、全体の損失は増加します。

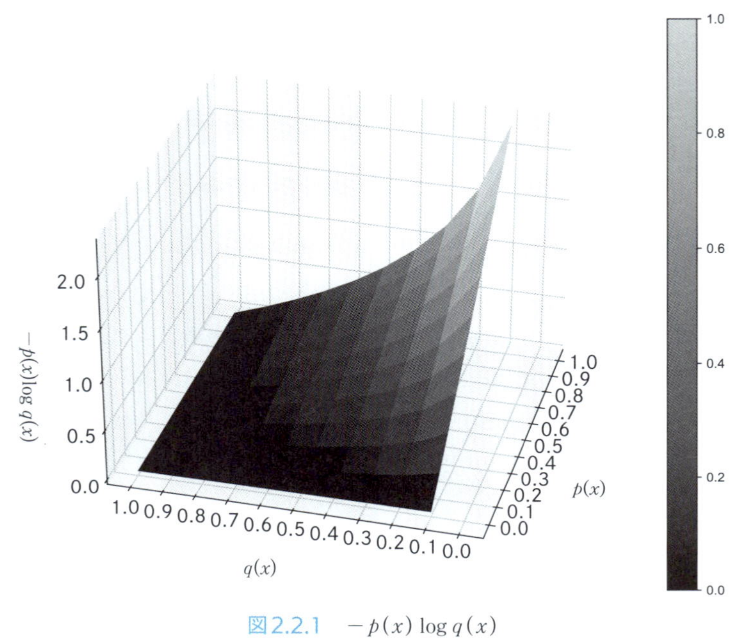

図2.2.1　$-p(x)\log q(x)$

交差エントロピーの例

例として、言語モデルが「私が好きな果物はリンゴです。」という学習データに対して、「私が好きな果物は」の次のトークンの予測を行う場合を考えます。正解は「リンゴ」であるため、実際の確率分布は $p(x=\text{リンゴ})=1$ と考えます。ここで、モデルによる予測が $p(x=\text{リンゴ})=0.9$、$q(x=\text{ミカン})=0.1$、という確率分布だったとします。この例では、交差エントロピーの計算は次のようになります。

$$
\begin{aligned}
H(p,\ q) &= -\sum_{x} p(x)\log q(x) \\
&= -p(\text{リンゴ})\log q(\text{リンゴ}) - p(\text{ミカン})\log q(\text{ミカン}) \\
&= -1\cdot\log 0.9 - 0\cdot\log 0.1 \\
&= -\log 0.9 \\
&\approx 0.105
\end{aligned}
$$

ここで、$p(\text{ミカン})=0$ ですから、$p(\text{ミカン})\log q(\text{ミカン})$ の項は0になります。一方で、

$q(x=$リンゴ$)$が1に近づくほど、$\log q($リンゴ$)$の絶対値は小さくなり、損失は小さくなります。このように、交差エントロピーは、モデルの予測確率分布が実際の確率分布に近づくほど小さくなります。

言語モデルにおける交差エントロピー損失

言語モデルの事前学習では、実際の確率分布$p(x)$は、正解のトークンで1、それ以外のトークンで0という特殊な分布になります。これを一般的な交差エントロピーの式に適用すると、次のように簡略化できます。

$$
\begin{aligned}
H(p,\ q) &= -\sum_x p(x)\log q(x) \\
&= -(1\cdot\log q(\text{正解トークン}) + 0\cdot\log q(\text{その他のトークン})) \\
&= -\log q(\text{正解トークン})
\end{aligned}
$$

ここで、$q($正解トークン$)$はモデルが予測した正解トークンの確率を表します。0との乗算は0になるため、正解トークン以外の項は全て消えます。このため、結局、トークンごとの交差エントロピーは、次の式で表されます。

$$
H(p,\ q) = -\log q(x)
$$

言語モデルの**交差エントロピー損失**は、全てのトークンについて交差エントロピーの平均を取ったものです。式で表すと次のようになります。

$$
L = -\frac{1}{N}\sum_{i=1}^{N}\log P(t_i \mid t_1,\ \cdots,\ t_{i-1})
$$

ここで、Nは系列長（トークン数）、t_iは正解の第i番目のトークン、$P(t_i \mid t_1, \cdots, t_{i-1})$は言語モデルが過去のトークン$(t_1, \cdots, t_{i-1})$からなる系列の次に$t_i$が来る確率を予測した値です。なお、$P(t_i \mid t_1, \cdots, t_{i-1})$が$q(x)$に対応している点に注意してください。

2.3

指示チューニング（Instruction Tuning）

指示チューニング[Wei, Bosma, et al. 2022]は、特定の指示や命令に従って応答する能力を言語モデルに与えるためのファインチューニング手法です。指示チューニングは、多様な指示と応答ペアを用いてモデルを追加学習することで実現されます。指示チューニングでは、構造化されたデータセットを用いてモデルの学習を行います。例えば、指示、付加的な入力、期待される出力から構成された次のようなデータがデータセットに含まれます。

```
指示：「この文章を日本語に翻訳してください。」
入力：「The weather is nice today.」
出力：「今日は良い天気です。」
```

```
指示：「次の数列の次の数を予測してください。」
入力：「2, 4, 6, 8, ...」
出力：「次の数は10です。この数列は2ずつ増加しているため、8の次は10になります。」
```

指示チューニングで使用する損失関数は、通常の事前学習と同様の**交差エントロピー損失関数**です。モデルは、与えられた指示と入力（存在する場合）に基づいて適切な応答を生成することを学習します。交差エントロピー損失関数を用いることで、モデルの生成した応答と期待される出力との差異を最小化するように学習します。

指示チューニングは、会話型AIの基本的な指示追従能力を向上させる重要な手法です。しかし、より複雑な人間の好みや倫理的考慮を組み込むためには、別の手法も必要です。次節では、そのような高度なファインチューニング手法の一つであるRLHF（Reinforcement Learning from Human Feedback）について説明します。

2.4 RLHF（Reinforcement Learning from Human Feedback）

RLHF（Reinforcement Learning from Human Feedback）［Ouyang et al. 2022］は、人間のフィードバックを活用して言語モデルの振る舞いを最適化するファインチューニング手法です。RLHFでは、指示チューニングである程度の指示追従能力を獲得したモデルを、さらに改善します。指示チューニングのみでは、人間の選考に正確に反映することには限界があります。これは、固定された訓練データセットに基づく学習では、複雑で文脈依存的な人間の好みや、長い対話の質を完全に捉えることが難しいためです。そこで、RLHFでは、強化学習を用いることで、報酬モデルを通して人間のフィードバックを取り入れ、モデルの振る舞いを改善します。

2.4.1 強化学習の基本概念

RLHFのベースとなる強化学習の基本概念について簡単に説明します。**強化学習（Reinforcement Learning）**とは、エージェントが環境と相互作用しながら、試行錯誤を通じて最適な行動を学習するプロセスです。

強化学習の主な要素を示します。

- エージェント：学習し、決定を行う主体
- 環境：エージェントが相互作用する外部世界
- 状態：環境の現在の状況
- 行動：エージェントが取ることのできる選択肢
- 報酬：エージェントの行動に対するフィードバック
- 方策：エージェントの行動選択戦略

強化学習の基本的なステップは次のとおりです。

1. 観察：エージェントが環境の状態を観察する
2. 行動選択：現在の方策に基づいて行動を選択する
3. 行動実行：選択した行動を環境に対して実行する
4. 結果観察：環境が変化し、新しい状態と報酬を得る

5. 学習：得られた経験をもとに方策を更新する

強化学習では1から5を繰り返すことでより良い方策を学習します。

2.4.2 強化学習のLLMへの適用

RLHFでは、強化学習の枠組みにLLMを次のように適用します。

- エージェント：LLM
- 環境：テキスト生成タスク
- 状態：現在のテキスト文脈
- 行動：次のトークンの選択
- 報酬：報酬モデルの出力
- 方策：LLMのパラメータ

また、強化学習の基本的なステップをRLHFに当てはめると次のようになります。

1. 観察：LLMが現在のテキスト文脈（プロンプトと生成済みのテキスト）を観察
2. 行動選択：LLMが次のトークンを生成
3. 行動実行：LLMが次のトークンを生成し、テキストに追加
4. 結果観察：生成されたテキスト全体に対して、報酬モデルがスコアを計算
5. 学習：報酬モデルのスコアを最大化するようにLLMのパラメータを更新

RLHFでは1から5を繰り返すことで、人間の好みにより適合する出力を得られるようにLLMのパラメータを調整します。

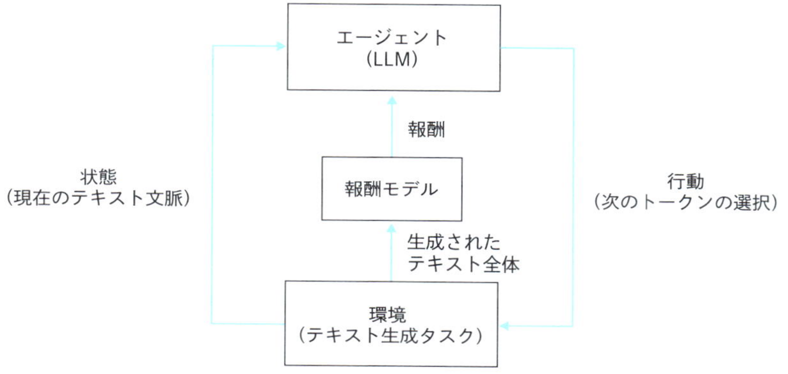

図2.4.1　RLHFにおけるエージェントと環境の相互作用

図2.4.1に、RLHFにおけるエージェントと環境の相互作用を示します。選択された行動に対して環境は報酬を与え、エージェントはその報酬を最大化するように学習します。RLHFでは、**報酬モデル**を用いて人間のフィードバックを数値化したスコアを報酬として使用します。このため、強化学習を行う事前準備として、報酬モデルの構築とその事前学習が必要となります。

以降、本節では報酬モデルについて説明した後、RLHFの学習プロセスについて詳しく説明します。

2.4.3 報酬モデル

強化学習では、**報酬**を最大化することが目的となります。LLMの場合、人間の好みにより適合した出力が得られるほど報酬が高くなります。しかし、人間の好みに適合しているか否かを毎回人手でチェックすることは現実的ではありません。そこで、自動的に報酬を計算するための報酬モデルを事前に準備し、使用します。

報酬モデルは、プロンプトとLLMの生成したテキストを入力とし、そのテキストの質や適切さを評価するスコアを出力します。出力するスコアは高いほど人間の好みに適合していることを示し、低いほど適合していないことを示します。RLHFでは、強化学習の前に報酬モデルを事前学習させ、そのスコアを用いてLLMの学習を行います。

報酬モデルは、通常、事前学習済みの言語モデルをベースとし、最後に回帰層を追加して訓練されます。回帰層（Regression Layer）とは、スコアなどの連続値を出力するために設計された層のことです。通常、ここで報酬モデルとして用いられる言語モデルは、RLHFで訓練されるLLMとは異なります。モデルのアーキテクチャも同じである必要はなく、通常はより小さなモデルを使用します。ただし、Transformerがベースとなる点では共通しています。

回帰層の出力は、0から1の範囲に正規化されたスコアです。回帰層は、出力が一つで`sigmoid`関数を活性化関数とするFFNN（Feed-Forward Neural Network）で構成されることが一般的です。また、回帰層の入力として、特定のトークンの埋め込みベクトル、またはトークン列全体の平均、またはプーリングされた埋め込みベクトルが使用されることがあります。なお、**プーリング**とは、複数のトークンの埋め込みベクトルから重要な情報を抽出し、固定長のベクトルに集約する手法です。主なプーリング手法には、**平均プーリング**と**最大値プーリング**があります。FFNNに関しては1.3.4の説明も参考にしてください。

報酬モデルの学習の手順は次のとおりです。

1. データ収集：同じプロンプトに対する複数の応答を生成し、人間の評価者がランク付け
2. ペアワイズランキング学習：ランク付けされたデータを使用して学習

以降、本項では、データの収集とペアワイズランキング学習について詳しく説明します。

データ収集

報酬モデルの学習では、人間の評価者によるランク付けされたデータを使用します。ここでは、ChatGPTの基盤技術となったInstructGPT[Ouyang et al. 2022]のデータ収集プロセスを例に説明します。

InstructGPTでは、LLM APIを介してユーザが与えたプロンプトを収集し、そのプロンプトに対する複数の応答を生成します。使用されたプロンプトを引用すると、例えば、次のようなものが挙げられます。

IN

```
"List five ideas for how to regain enthusiasm for my career"
「私のキャリアへの熱意を取り戻すためのアイデアを5つ挙げてください」
```

これに対して、4から9個の応答が生成されます。

次に、これらの応答を人間の評価者に提示し、ランク付けを行ってもらいます。例えば、応答としてA, B, C, Dの四つがある場合、評価者はそれらを順位付けし、最も適切だと思われるものに1位、次に適切だと思われるものに2位、というように順位を付けます。

ペアワイズランキング学習

報酬モデルの学習はペアワイズランキング学習[Burges et al. 2005]に基づいて行われます。ペアワイズランキング学習を通して、報酬モデルが応答の良し悪しを数値として評価できるよ

うにします。この数値をスコアと呼び、良い応答には高いスコアを、悪い応答には低いスコアを与えるものとします。また、このスコアはsigmoid関数で0から1の範囲に正規化され、強化学習の報酬として使用されます。

ペアワイズランキング学習では、**ペアワイズランキング損失関数**を用いてモデルを学習します。RLHFの場合、ペアワイズランキング損失関数は次のように定義されます。

$$L_{\mathrm{RM}} = -\mathbb{E}_{(x_w,\, x_l)\sim D}[\log(\sigma(r_\theta(x_w) - r_\theta(x_l)))]$$

ここで、Dは人手でランク付けされたデータセット、x_wは良い（より高くランク付けされた）応答（winner）、x_lは悪い（より低くランク付けされた）応答（loser）、r_θは報酬モデル、σはsigmoid関数、$\mathbb{E}_{(x_w,\, x_l)\sim D}$はデータセット$D$からサンプリングされたペアに対する平均（期待値）を表します。

直感的に解釈すると、ペアワイズ損失関数は、平均的に見たとき、良い応答のスコアが悪い応答のスコアよりも高くなっていれば小さくなり、逆の場合は大きくなるような関数です。

では、具体例で考えてみましょう。あるプロンプトxに対して三つの応答$A,\ B,\ C$が生成され、人間の評価者によって$A > B > C$という順位が付けられたとします。この結果から得られるデータセットは、$(A,\ B), (A,\ C), (B,\ C)$となります。ここで、左側に良い応答、右側に悪い応答が配置されていることに注意してください。

報酬モデルr_θが学習前に、これらのペアに対して次のようなスコアを出力したとします。

$$r_\theta(A) = 0.6$$
$$r_\theta(B) = 0.7$$
$$r_\theta(C) = 0.8$$

このスコアは$C > B > A$という順位を意味しており、人間の好みと一致していません。このとき、各ペアに対するペアワイズランキング損失は次のように計算されます。

- $L(A,\ B) = -\log(\sigma(r_\theta(A) - r_\theta(B))) = -\log(\sigma(0.6 - 0.7)) = -\log(\sigma(-0.1)) \approx 0.74$
- $L(A,\ C) = -\log(\sigma(r_\theta(A) - r_\theta(C))) = -\log(\sigma(0.6 - 0.8)) = -\log(\sigma(-0.2)) \approx 0.80$
- $L(B,\ C) = -\log(\sigma(r_\theta(B) - r_\theta(C))) = -\log(\sigma(0.7 - 0.8)) = -\log(\sigma(-0.1)) \approx 0.74$

損失関数の値は、これらの損失の平均（期待値）として計算されます。

$$L_{RM} = \frac{0.74+0.80+0.74}{3} = 0.76$$

この損失が大きいほど、報酬モデルが人間の好みから乖離していることを示します。

それでは、報酬モデルが学習によって正しく人間の好みを反映するようになると、損失関数の値が小さくなることも確認しておきましょう。ここでは、報酬モデルのパラメータを更新した結果、次のようなスコアを出力するようになったものとします。

$$r_\theta(A)=0.9$$
$$r_\theta(B)=0.7$$
$$r_\theta(C)=0.2$$

このスコアは人間の好みと一致しています。各ペアに対する損失は次のように計算されます。

$$L(A, B)=-\log(\sigma(r_\theta(A)-r_\theta(B)))=-\log(\sigma(0.9-0.7))=-\log(\sigma(0.2))\fallingdotseq 0.60$$
$$L(A, C)=-\log(\sigma(r_\theta(A)-r_\theta(C)))=-\log(\sigma(0.9-0.2))=-\log(\sigma(0.7))\fallingdotseq 0.40$$
$$L(B, C)=-\log(\sigma(r_\theta(B)-r_\theta(C)))=-\log(\sigma(0.7-0.2))=-\log(\sigma(0.5))\fallingdotseq 0.47$$

損失の平均を取ると、次のようになります。

$$L_{RM} = \frac{0.60+0.40+0.47}{3} = 0.49$$

損失が 0.76から0.49に減少しており、報酬モデルが人間の好みをより正確に反映するようになったことがわかります。

2.4.4 強化学習

報酬モデルが学習によって人間の好みを適切に反映できるようになったら、次はその報酬モデルを用いて言語モデル自体を強化学習によって最適化します。RLHFでは、**Proximal Policy Optimization(PPO)**[Schulman et al. 2017]と呼ばれるアルゴリズムを使用します。

PPOは、次の目的関数を最大化するように言語モデルのパラメータϕを更新します。

$$J(\phi)=\mathbb{E}_{(x,y)\sim D_\pi}[\underbrace{r_\theta(x,y)}_{\text{第1項：報酬項}}-\underbrace{\beta D_{KL}(\pi_\phi(y|x)||\pi_{SFT}(y|x))}_{\text{第2項：正則化項}}]$$

ここで、D_πは方策π_ϕによって生成されたデータの分布、xはプロンプト、yは生成されたテキスト、r_θは報酬モデル、π_ϕは現在の言語モデル（方策）、π_{SFT}は指示学習済み（教師あり学習済み）モデル（Supervised Fine-Tuned）、βはKLダイバージェンスの重み付けパラメータ、D_{KL}はKLダイバージェンス（二つの確率分布間の差異を測る指標）です。

この目的関数は二つの項から構成されています。報酬項は報酬モデルのスコアであり、これを最大化することで人間の好みにより適合した出力が得られるようになります。正則化項は以降に示すKLダイバージェンスを構成要素とします。正則化項は報酬モデルのスコアを最大化しつつも元の教師あり学習済みモデルとの乖離が大きくなることを防ぐ役割を持ちます。

KLダイバージェンス

KL（Kullback-Leibler）ダイバージェンスは、二つの確率分布の違いを測る指標です。その名前は、Solomon KullbackとRichard Leiblerという二人の統計学者に由来します。KLダイバージェンス$D_{KL}(P||Q)$は、2.2.3でも説明した交差エントロピーと情報量の差として定義されます。

$$\begin{aligned}D_{KL}(P\|Q)&=H(P,Q)-H(P)\\&=-\sum_x P(x)\log Q(x)-\left(-\sum_x P(x)\log P(x)\right)\\&=\sum_x(P(x)\log P(x)-P(x)\log Q(x))\\&=\sum_x P(x)\log\frac{P(x)}{Q(x)}\end{aligned}$$

ここで、PとQは二つの確率分布を表し、xは確率変数を表します。直感的にはQがPにどれだけ近いかを表す指標として理解できます。実際にQがPと完全に一致する場合、KLダイバージェンスが0になることは上記の式から確認できるでしょう。

言語モデルの文脈では、ある入力xに対して、現在のモデルの方策π_ϕと教師あり学習済みモデルの方策π_{SFT}が生成する出力の確率分布の違いを表します。数式で表すと、次のようになります。

$$D_{KL}(\pi_\phi(y|x)\|\pi_{SFT}(y|x))=\sum_y\pi_\phi(y|x)\log\left(\frac{\pi_\phi(y|x)}{\pi_{SFT}(y|x)}\right)$$

KLダイバージェンスは非負の値を取り、二つの分布が完全に一致する場合のみ0になります。値が大きいほど、二つの分布の違いが大きいことを示します。

目的関数におけるKLダイバージェンス

目的関数$J(\phi)$の第2項では、このKLダイバージェンスにマイナスをかけることで、現在の方策が教師あり学習済みモデル、すなわちRLHF学習前の方策から大きく乖離することを防いでいます。これにより、言語モデルとしての基本的な能力を保持しながら、人間の好みに適合するように最適化を行うことができます。

βは、この第2項の重みを制御するハイパーパラメータです。βの値を大きくすると、教師あり学習済みモデルの方策からの乖離に対するペナルティが強くなり、現在の方策は教師あり学習済みモデルの方策に近づくように学習されます。逆に、βの値を小さくすると、事前学習済みの方策からの乖離に対するペナルティが弱くなり、現在の方策は報酬モデルのスコアを最大化することを優先するようになります。

βの値は、タスクや目的に応じて適切に設定する必要があります。βの値を適切に設定することで、人間の好みに適合しつつ、言語モデルとしての性能を維持した方策を学習できると考えられています。

PPO損失関数

RLHFでは、報酬モデルから得られた報酬と、現在の方策と教師あり学習済みモデルの方策とのKLダイバージェンスを用いて、次のような目的関数$J(\phi)$を定義しました。

$$J(\phi)=\mathbb{E}_{(x,y)\sim D_\pi}[r_\theta(x,y)-\beta D_{\mathrm{KL}}(\pi_\phi(y|x)||\pi_{\mathrm{SFT}}(y|x))]$$

ここで、D_πは方策π_ϕによって生成されたデータの分布、$r_\theta(x,y)$は報酬モデルから得られた報酬、βはKLダイバージェンスの重み係数です。

学習の目的は、この目的関数$J(\phi)$を最大化することです。しかし、多くの機械学習フレームワークでは、損失関数の最小化を目的とすることが一般的です。そこで、目的関数$J(\phi)$の符号を反転させることで、損失関数$L(\phi)$を定義します。

$$L(\phi)=-J(\phi)=-\mathbb{E}_{(x,y)\sim D_x}[r_\theta(x,y)-\beta D_{\mathrm{KL}}(\pi_\phi(y|x)||\pi_{\mathrm{SFT}}(y|x)]$$

この損失関数$L(\phi)$を最小化することが、目的関数$J(\phi)$を最大化することと等価になります。直感的には、報酬モデルから得られる報酬を最大化しつつ、現在の方策が事前学習済みの方策から大きく逸脱しないようにすることを目指しています。

2.5 勾配降下法

損失関数はモデルの性能を評価する指標であり、小さいほどモデルが正確に予測できることを示します。損失関数の値が小さくなるようにモデルのパラメータを調整することが、学習の目的です。損失関数も含めたモデル全体はパラメータを入力とし、損失関数の値を出力する巨大な関数とみなすことができます。この関数を数式で表すと、$L=f(\theta)$となります。ここで、Lは損失関数の値、θはモデルに含まれる全てのパラメータの集合を表します。例えば、Transformerの場合、θには埋め込み層、注意機構、FFNNの重みなどが含まれます。学習では、この関数fを最小化するように、パラメータを調整します。

では、この関数fの最小値となるパラメータをどのように求めるのでしょうか。関数fは複雑な非線形関数であり、解析的に最小値を求めることは困難です。そこで用いるのが、**勾配降下法（Gradient Descent）**です。

2.5.1 勾配降下法の考え方

勾配降下法は、関数の勾配を計算し、その勾配を使ってパラメータを更新することで関数の最小値を求める最適化アルゴリズムです。勾配は、関数の各点における傾きが集まったものです。傾きが正の場合、関数は増加していることを示し、傾きが負の場合、関数は減少していることを示します。ですので、傾きが負の方向にパラメータを更新することで、関数の最小値に近づくことができます。これは、私たち人間が山道に立っているときに、坂道を下る方向を選びながら歩き続けることで谷底に辿り着くのと似ています。

まずは、勾配降下法を視覚的に確認してみましょう。ここでは、一例として図2.5.1のグラフで示すようなパラメータが二つの関数の最小値となるパラメータを求める例を考えます。後で計算を確認できるように、この関数の定義を次に示しておきます。

$$f(x,\ y)=2x^2-1.05x^4+\frac{1}{6}x^6+xy+y^2$$

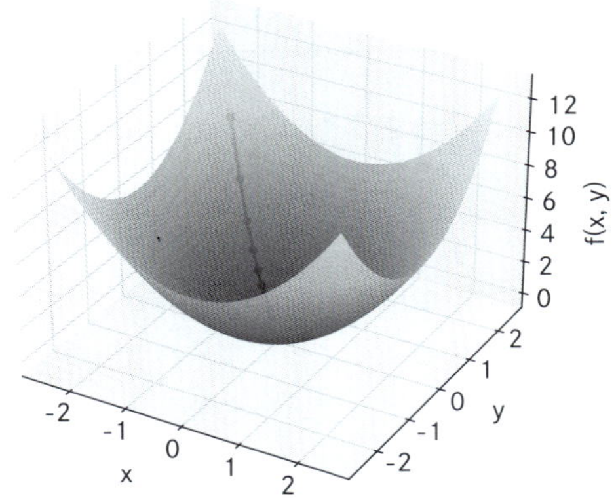

図 2.5.1　パラメータが二つの関数の 3D プロット例

この関数の最小値は、$(x,\ y)=(0,\ 0)$ のとき、$f(0,\ 0)=0$ ですが、これを勾配降下法で求める様子を**図 2.5.2** に示します。

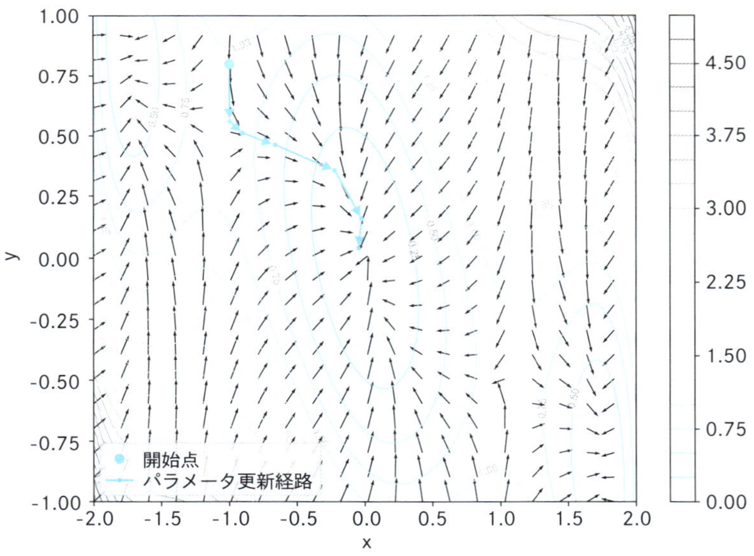

図 2.5.2　勾配降下法によるパラメータ更新の様子

図 2.5.2 は関数の等高線プロットと、勾配降下法によるパラメータ更新の様子を示しています。また、グラフ中の多数の矢印がグラフの最小値や極小値に向かっていることを確認できるはずです。この矢印は勾配ベクトルの逆向き方向を示しており、勾配降下法によるパラメータ

更新の方向を表しています。図中でプロットした経路は、初期値$(x, y)=(-1, 0.8)$からスタートし、勾配降下法によって、パラメータが最小値に近づく様子を示しています。矢印の向きに少しずつパラメータを更新することで、最終的に最小値に収束することがわかります。

この動作は、式に置き換えると、次のようになります。

$$x_{t+1}=x_t-\alpha\frac{\partial f}{\partial x}$$
$$y_{t+1}=y_t-\alpha\frac{\partial f}{\partial y}$$

ここで、x_tとy_tは、t回目の更新時点におけるパラメータの値を表し、αは学習率を表します。学習率は、パラメータの更新の大きさを調整するハイパーパラメータであり、適切な値を設定することが重要です。また、$\frac{\partial f}{\partial x}$と$\frac{\partial f}{\partial y}$は、それぞれ$x$と$y$に関する損失関数$f$の偏微分を表します。偏微分は、変数$x$と$y$それぞれについて、他の変数を定数として微分することです。

関数の勾配は、xに関する$ax^n(n\neq 0)$の微分がanx^{n-1}、cの微分が0となることから、次のように求められます。

$$\begin{aligned}\frac{\partial f}{\partial x}&=2\cdot 2x-4\cdot 1.05x^3+\frac{1}{6}\cdot 6x^5+y\\&=4x-4.2x^3+x^5+y\\\frac{\partial f}{\partial y}&=x+2y\end{aligned}$$

ここで、$(x, y)=(-1, 0.8)$の場合の勾配を確認してみましょう。これは、

$$\frac{\partial f}{\partial x}=4\cdot(-1)-4.2\cdot(-1)^3+(-1)^5+0.8=-4+4.2-1+0.8=0$$
$$\frac{\partial f}{\partial y}=-1+2\cdot 0.8=0.6$$

となります。学習率αを0.4としてパラメータを更新すると、次の値が得られます。

$$x_{t+1}=-1-0.4\cdot 0=-1$$
$$y_{t+1}=0.8-0.4\cdot 0.6=0.56$$

図2.5.2のグラフを見ると、開始点からの移動で上記の$x_{t+1}=-1$、$y_{t+1}=0.56$の位置に移動

していることを確認できるはずです。また、同様の手順をあと数回繰り返すことで、最終的に最小値付近に収束していることがわかります。

2.5.2 学習率の役割と影響

学習率は、パラメータ更新の大きさを調整するハイパーパラメータです。学習率が大きいほど、1回の更新で大きくパラメータが変化します。逆に、学習率が小さいほど1回の更新でのパラメータの変化は小さくなります。

先ほどの**2.5.1**の例では学習率を0.4としてパラメータを更新しましたが、学習率を変更すると更新の速さが変わることがわかります。例として、学習率を1にした結果を**図2.5.3**に示します。この場合、学習率が大きすぎるため、損失関数の最小値を飛び越してしまい、収束していません。一方、学習率が小さすぎると、収束に時間がかかってしまいます。適切な学習率を設定することが、効果的な学習のために重要です。一般的には、学習の初期段階では大きな学習率を設定し、徐々に学習率を減少させていくという手法がよく用いられます。**2.5.4**ではそれらの手法についても言及します。

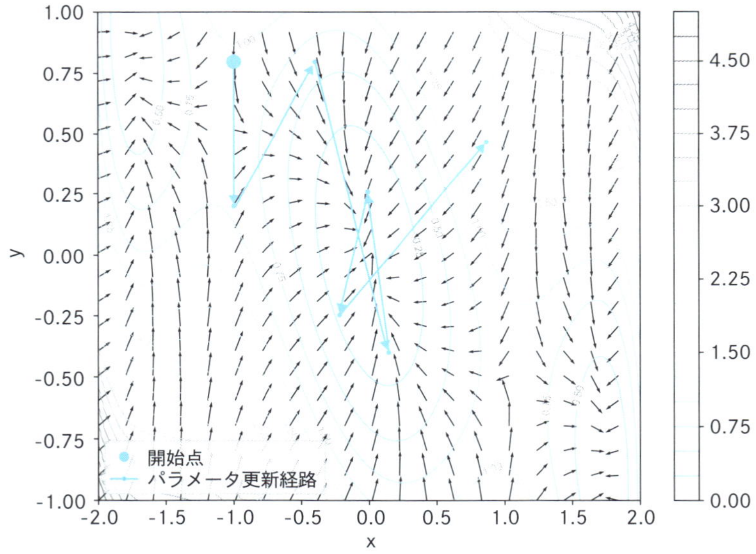

図2.5.3 学習率が1の場合の勾配降下法によるパラメータ更新の様子（値が大きすぎる）

2.5.3 勾配降下法によるパラメータ更新

勾配降下法によるパラメータ更新の手順をまとめると、次のようになります。

1. 現在のパラメータにおける損失関数の勾配を計算する
2. 勾配の反対方向にパラメータを更新する
3. ステップ1～2を、全ての訓練データを使い切るまで（1エポック）繰り返す
4. 複数のエポックにわたって学習を行い、損失関数が収束するまでステップ1～3を繰り返す

この手順を繰り返すことで、損失関数の値が徐々に小さくなり、最終的に最小値に到達します。ここで、**エポック（epoch）**とは、訓練データセット全体を1回使用することを指します。多くの場合、訓練データは複数のエポックにわたって繰り返し使用されます。 各エポックでは、訓練データはランダムに並べ替えられ、**ミニバッチ**と呼ばれる小さなデータの塊に分割されます。勾配降下法は各ミニバッチに対して適用され、パラメータが更新されます。1エポック終了後、再び最初からデータを使用し、次のエポックの学習を行います。

一般的に、エポック数が多いほどモデルは訓練データにより適合しますが、エポック数が多すぎると過学習を引き起こす可能性があります。適切なエポック数は、訓練データと検証データの損失関数の値を監視しながら決定されます。

勾配は、損失関数をパラメータで偏微分することで計算されます。モデル中の全てのパラメータを要素とするベクトルをθとおくと、θにおける損失関数Lの勾配は、次の式で表されます。

$$\nabla_\theta L = \left(\frac{\partial L}{\partial \theta_1}, \frac{\partial L}{\partial \theta_2}, \cdots, \frac{\partial L}{\partial \theta_n} \right)$$

ここで、$\theta_1, \theta_2, \cdots, \theta_n$はパラメータの各要素を表します。

勾配降下法には、**バッチ勾配降下法、確率的勾配降下法（SGD）、ミニバッチSGD**の3種類があります。これらの手法の違いは更新に用いるミニバッチのサイズです。

バッチ勾配降下法、確率的勾配降下法（SGD）、およびミニバッチSGDを表す更新式を統一的に表すと次のようになります。

$$\theta := \theta - \alpha \frac{1}{m} \sum_{i=1}^{m} \nabla_\theta L_i(\theta)$$

ここで、mはミニバッチのサイズ、$L_i(\theta)$はi番目のデータサンプルに対する損失関数、$\sum_{i=1}^{m}$はミニバッチ内の各サンプルに対する損失の勾配の合計、αは学習率を表すハイパーパラメータを表します。

この更新式において、mは次のように設定されます。

- バッチ勾配降下法の場合：$m=N$（データセット全体）
- SGDの場合：$m=1$
- ミニバッチSGDの場合：$1<m<N$

バッチ勾配降下法は、各更新ステップでデータセット全体を用いて勾配を計算します。データセット全体を用いることで勾配の推定が正確になりますが、大規模なデータセットでは計算コストが高くなります。

SGDは、各更新ステップで一つのデータサンプルを用いて勾配を計算します。更新が高速になりますが、勾配の推定が不安定になる可能性があります。

ミニバッチSGDは、バッチ勾配降下法とSGDの中間的な手法で、各更新ステップで一部のデータサンプル（ミニバッチ）を用いて勾配を計算します。これにより勾配の推定が比較的安定しつつ、更新も高速になります。実際の学習では、ミニバッチSGDがよく使われています。これは、学習環境で用いられるGPUによる並列処理とミニバッチSGDとの相性が良いためです。なお、ミニバッチのサイズmは、GPUのコア数やメモリ容量に基づいて適切な値が設定されます。

2.5.4 勾配降下法の派生系

勾配降下法の派生系として、**Adam（Adaptive Moment Estimation）** [Kingma et al. 2017]、RMSProp [Hinton et al. 2012]、AdaGrad[Duchi et al. 2011]などの手法があります。これらの手法は、**学習率を適応的に調整**することで最適化の効率を改善します。特にAdamはモーメンタム [Polyak 1964] とRMSPropの利点を組み合わせた手法で、多くの深層学習タスクで良好な性能を示すことが知られています。

Adamは、パラメータごとに適応的な学習率を計算し、勾配の一次モーメント（平均）と二次モーメント（分散）を用いて更新量を調整します。これにより勾配の変動が大きい場合でも、安定した学習が可能になります。ミニバッチ単位で Adamを適用する更新式は次のようになります。

$$
\begin{aligned}
g_t &:= \frac{1}{m}\sum_{i=1}^{m} \nabla_\theta L_i(\theta) \\
m_t &:= \beta_1 m_{t-1} + (1-\beta_1) g_t \\
v_t &:= \beta_2 v_{t-1} + (1-\beta_2) g_t^2 \\
\widehat{m}_t &:= \frac{m_t}{1-\beta_1^t} \\
\widehat{v}_t &:= \frac{v_t}{1-\beta_2^t} \\
\theta_t &:= \theta t - 1 - \alpha \frac{\widehat{m}_t}{\sqrt{\widehat{v}_t} + \epsilon}
\end{aligned}
$$

ここで、mはミニバッチのサイズ、g_tはミニバッチ内の勾配の平均、m_tは勾配の一次モーメント（平均）の推定値、v_tは勾配の二次モーメント（分散）の推定値、β_1は一次モーメントの減衰率を制御するハイパーパラメータ、β_2は二次モーメントの減衰率を制御するハイパーパラメータ、$\widehat{m}_t$はバイアス補正後の一次モーメントの推定値、$\widehat{v}_t$はバイアス補正後の二次モーメントの推定値、ϵはゼロ除算を防ぐための小さな定数、αは学習率を表すハイパーパラメータを表します。

Adamは現在、深層学習の分野で最もよく使われている最適化手法の一つです。

2.5.5 パラメータの初期化

指示チューニングやRLHFでは、前のステップで学習したパラメータを初期値として使用します。一方、事前学習では、パラメータに初期値を設定する必要があります。学習の初期段階でパラメータがどのように初期化されるかは、学習の効率や性能に大きな影響を与えます。適切な初期化は、2.7で紹介する勾配消失や勾配爆発を防ぎ、効率的な学習を促進します。

主な初期化方法を紹介します。

Xavier初期化（Glorot初期化）

Xavier初期化 [Glorot et al. 2010] は、活性化関数がtanhやsigmoidの場合に適しています。この方法では、重みを次のように初期化します。

$$
\mathbf{W} \sim U\left(-\sqrt{\frac{6}{n_{\text{in}}+n_{\text{out}}}}, \sqrt{\frac{6}{n_{\text{in}}+n_{\text{out}}}}\right)
$$

ここで、$\mathbf{W}$は重み行列、Uは一様分布、n_{in}は入力ユニット数、n_{out}は出力ユニット数を表します。この初期化方法により各層の出力の分散が一定に保たれ、勾配消失や勾配爆発を防ぐことができます。

He初期化

He初期化 [He et al. 2015b] は、活性化関数がReLUやその派生系 (LeakyReLU、PReLUなど) の場合に適しています。この方法では、重みを次のように初期化します。

$$\mathbf{W} \sim N\left(0, \sqrt{\frac{2}{n_{\mathrm{in}}}}\right)$$

ここで、$\mathbf{W}$は重み行列、Nは正規分布、n_{in}は入力ユニット数を表します。He初期化はReLU関数の特性を考慮して設計されており、深いニューラルネットワークの学習を安定化させます。

現在、Transformerを含む多くの深層学習モデルでは活性化関数にReLUまたはその派生系が使用されています。このため、He初期化が一般的に用いられています。

ゼロ初期化

バイアス項については、通常ゼロで初期化します。これは対称性を保ち、学習の初期段階で各ニューロンが同じように振る舞うようにするためです。ただし、出力層のバイアス項は、問題に応じて適切な値に初期化することがあります。

2.6 誤差逆伝播法 (Backpropagation)

勾配降下法は、モデルに含まれる全てのパラメータについて損失関数の勾配を計算する必要があります。しかし、ニューラルネットワークのように多数のパラメータを持つモデルでは、効率的な計算が求められます。例えば、GPT-3では、1750億 (175B) 個のパラメータがあります。これら全てのパラメータについて個別に勾配を計算するのは現実的ではありません。そこで使用するアルゴリズムが、**誤差逆伝播法 (Backpropagation)** です。

誤差逆伝播法の考え方は、問題をサブ問題に分解し、サブ問題間の依存関係を利用して問題を解くというものです。何度も必要となる計算は、一度だけ計算して結果を保存しておきます。そして、その結果を再利用することで、計算量を削減します。動的計画法をご存知の方は、その考え方に似ていると思われるかもしれません。動的計画法についての理解は不要ですが、同じアプローチで問題を考えてみましょう。まずは、どのように問題を分割するか、依存関係を利用してどのように解くかについて説明します。

2.6.1 問題の整理

ここで解くべき問題は、モデルに含まれる全てのパラメータについて損失関数の微分を計算することです。Transformerに含まれる膨大な数のパラメータについて全ての微分を計算するのは大変そうに思えますが、一つのブロックに注目して整理すると簡単に考えることができます。

複雑なモデルでも簡単に整理できることを示す例として、1.3.4でも紹介したTransformerの注意機構に存在するパラメータ$\mathbf{W_Q}$について勾配を計算することを考えてみましょう。パラメータ$\mathbf{W_Q}$を使った式は次のようなものでした。

$$\mathbf{Q} = \mathbf{X}\mathbf{W_Q}$$

ここでは、この$\mathbf{W_Q}$の損失関数に対する勾配を計算することを考えます。この時、$F(\mathbf{W_Q}) = L$として、$\mathbf{W_Q}$についての勾配を求めることが目標です。

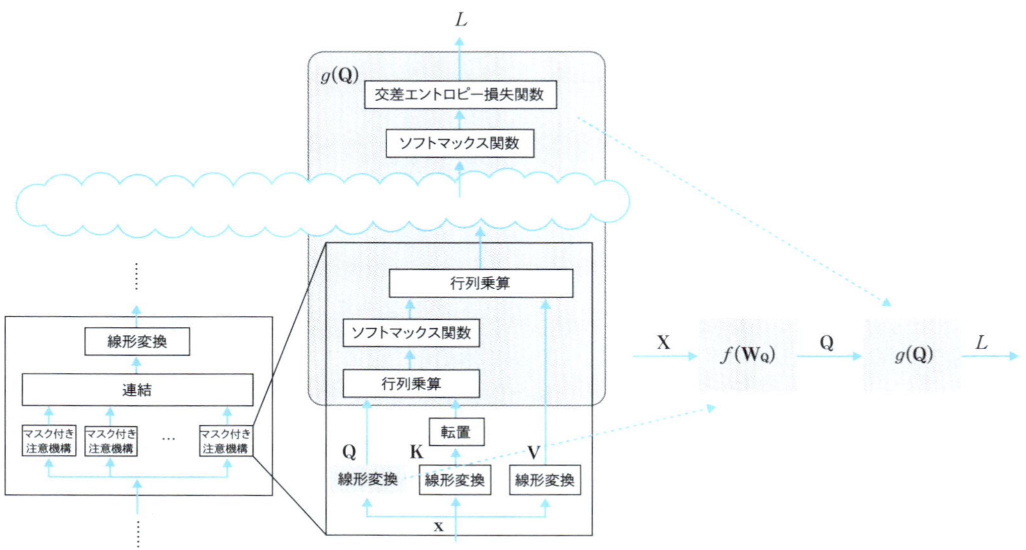

図2.6.1　注意機構の$\mathbf{W_Q}$に着目した関数の分割

この様子を図2.6.1に示します。$F(\mathbf{W_Q})$は$\mathbf{W_Q}$以降のブロックを全て含む巨大な関数ですが、二つの関数に分解することができます。一つ目の関数は、$\mathbf{W_Q}$を含む部分だけを抜き出した関数$f(\mathbf{W_Q})$とそれ以降の部分を含む関数$g(\mathbf{Q})$です。

ここでは$\mathbf{Q}=\mathbf{XW_Q}$の計算に着目しましたが、他の計算であっても同様にその計算とそれ以降の計算に分解することができます。このように、どのように複雑なモデルであっても、一つのブロックに注目すると、そのブロックとそれ以降のブロックから構成された関数に分解することができます。

2.6.2　依存関係の抽出

関数を分割したところで、次に問題を考えてみましょう。求めたいのは、$\mathbf{W_Q}$についての$F(\mathbf{W_Q})$の勾配です。$F(\mathbf{W_Q})$は$f(\mathbf{W_Q})$と$g(\mathbf{Q})$の合成関数なので、連鎖律を使って次のように計算することができます。

$$\frac{\partial L}{\partial \mathbf{W_Q}} = \frac{\partial \mathbf{Q}}{\partial \mathbf{W_Q}} \cdot \frac{\partial L}{\partial \mathbf{Q}} = \frac{\partial (\mathbf{XW_Q})}{\partial \mathbf{W_Q}} \cdot \frac{\partial L}{\partial \mathbf{Q}} = X \cdot \frac{\partial L}{\partial \mathbf{Q}}$$

ここで、$\frac{\partial \mathbf{Q}}{\partial \mathbf{W_Q}}$は$f(\mathbf{W_Q})$の勾配、$\frac{\partial L}{\partial \mathbf{Q}}$は$g(\mathbf{Q})$の勾配です。また、$\mathbf{XW_Q}$の$\mathbf{W_Q}$についての微

分は$\mathbf{X}$です。ここで、この問題を解くために必要なのは、Xと$\frac{\partial L}{\partial \mathbf{Q}}$です。つまり、この問題は$\mathbf{X}$を計算するというサブ問題と、$\frac{\partial L}{\partial \mathbf{Q}}$を計算するというサブ問題に分解されます。

2.6.3 サブ問題の解く順序

ここまでで、依存関係が明らかになりました。$f(\mathbf{W_Q})$の勾配を計算するためには、$\mathbf{X}$と$\frac{\partial L}{\partial \mathbf{Q}}$を先に計算する必要があります。

ここでまず、$\mathbf{X}$について考えましょう。この値は損失関数の計算時に必要な値です。損失関数を計算するときに$\mathbf{X}$をどこかに保存しておけば、$\mathbf{X}$を再利用することができます。これは**メモ化（Memoization）**に相当する考え方です。

次に、$\frac{\partial L}{\partial \mathbf{Q}}$について考えましょう。冒頭では$F(\mathbf{W_Q})$の勾配を計算するために、$F(\mathbf{W_Q})$を分解して$f(\mathbf{W_Q})$と$g(\mathbf{Q})$に分けました。今度は、$g(\mathbf{Q})$の勾配を計算するために、$g(\mathbf{Q})$をさらに分解して$g(\mathbf{Q})$を構成する各ブロックの勾配を計算する必要があります。これを繰り返すと、最終的には最後のブロックの勾配を計算することになります。つまり、最後のブロックを最初に計算する必要があるということです。最後のブロックの微分を解析的に計算することができれば、それを使ってその一つ前のブロックの勾配を計算できます。同様にしてさらにその一つ前のブロックの勾配を計算し……というように、最初のブロックまで計算を進めていくことで、全体の勾配を計算することができます。

2.6.4 誤差逆伝播法のアルゴリズム

計算の依存関係を**図2.6.2**に示します。この図ではモデルが複数のブロックに分かれており、それぞれのブロックが他のブロックに依存していることを表しています。各ブロックは入力を受け取り、出力を生成します。そして、損失関数の各ブロックの偏微分は、その出力による偏微分とその入力を使って計算されます。入力側から出力側に向かって、損失関数の計算を行うことを**順伝播**（Forward Propagation）と呼びます。この時、計算結果を保存しておくことで、後で再利用することができます。逆に、出力側から入力側に向かって、勾配を計算することを**逆伝播**（Backward Propagation）と呼びます。逆伝播で各ブロックの勾配を計算するときには、順伝播のときに保存した計算結果と、計算済みの出力側の勾配を使って計算します。

各ブロックの勾配を計算するときには、各ブロックが表す関数の微分を計算する必要があります。**表2.6.1**に、Transformerに含まれる基本的な演算の微分をまとめました。

例えば、バイアス加算の偏微分は、$\frac{\partial L}{\partial \mathbf{X}} = \frac{\partial L}{\partial \mathbf{Z}}$、$\frac{\partial L}{\partial \mathbf{b}} = \sum \frac{\partial L}{\partial \mathbf{Z}}$となります。逆伝播のと

きには、$\dfrac{\partial L}{\partial \mathbf{Z}}$は既に計算されているので、その値を用いて$\dfrac{\partial L}{\partial \mathbf{X}}$と$\dfrac{\partial L}{\partial \mathbf{b}}$をそれぞれ計算することができます。

表2.6.1には、ソフトマックスと交差エントロピーそれぞれの順伝播と逆伝播の式を示しています。しかし、実際には多くの場合に交差エントロピーはソフトマックスと組み合わせて使用されます。この合成関数であるソフトマックス付き交差エントロピー（最終行）の逆伝播式は正解ラベルのワンホットベクトルを行とする行列$\mathbf{Y}$とソフトマックス関数の出力$\mathbf{P}$の差となる点に注目してください。このように逆伝播の計算が簡素化されることが、損失関数として交差エントロピーが使用される理由の一つでもあります。

なお、各演算の逆伝播式は、連鎖律と行列・ベクトル微分の基本公式を組み合わせることで導けます。また、自動微分（AutoGrad）ライブラリ（例：PyTorchやTensorFlow）を使用することで、逆伝播の計算を自動化できます。

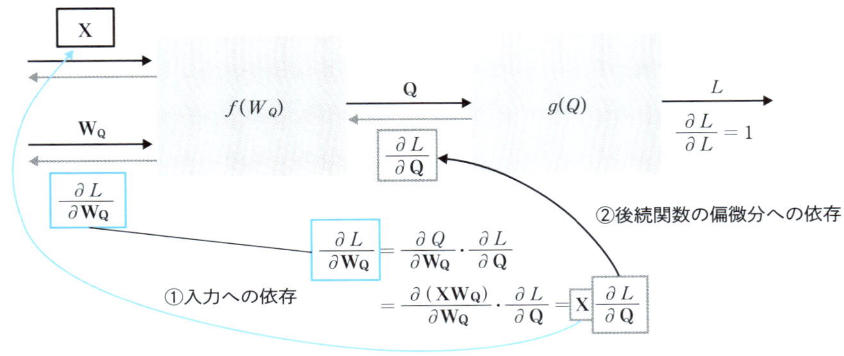

図2.6.2　計算の依存関係

表2.6.1　基本演算の一覧

演算	順伝播式	逆伝播式	コンポーネント名
行列乗算	$\mathbf{Z}=\mathbf{XY}$	$\frac{\partial L}{\partial \mathbf{X}}=\frac{\partial L}{\partial \mathbf{Z}}\mathbf{Y}^T,\ \frac{\partial L}{\partial \mathbf{Y}}=\mathbf{X}^T\frac{\partial L}{\partial \mathbf{Z}}$	埋め込み層、FFNN、出力線形層、注意機構計算
バイアス加算	$\mathbf{Z}=\mathbf{X}+\mathbf{b}$	$\frac{\partial L}{\partial \mathbf{X}}=\frac{\partial L}{\partial \mathbf{Z}},\ \frac{\partial L}{\partial \mathbf{b}}=\sum\frac{\partial L}{\partial \mathbf{Z}}$	埋め込み層、FFNN、出力線形層
ソフトマックス関数	$\mathbf{P}=\mathrm{softmax}(\mathbf{Z})$	$\frac{\partial L}{\partial \mathbf{Z}}=\frac{\partial L}{\partial \mathbf{P}}\odot\mathbf{P}-\sum_i\left(\frac{\partial L}{\partial \mathbf{P}_i}\mathbf{P}_i\right)$	出力線形層
ReLU	$\mathbf{H}=\max(0,\ \mathbf{X})$	$\frac{\partial L}{\partial \mathbf{X}}=\frac{\partial L}{\partial \mathbf{H}}\odot(\mathbf{X}>0)$	FFNNの活性化関数
行列転置	$\mathbf{Y}^T$	$\frac{\partial L}{\partial \mathbf{Y}}=\left(\frac{\partial L}{\partial \mathbf{Y}^T}\right)^T$	マスク付きマルチヘッド注意機構
Concat	$\mathbf{Z}=\mathrm{Concat}(\mathbf{X}_1,\ \cdots,\ \mathbf{X}_n)$	$\frac{\partial L}{\partial \mathbf{X}_i}=\frac{\partial L}{\partial \mathbf{Z}}$	マルチヘッド注意機構
交差エントロピー	$L=-\frac{1}{N}\sum_{i=1}^{N}\sum_{v=1}^{\|V\|}Y_{i,v}\log P_{i,v}$	$\frac{\partial L}{\partial \mathbf{P}}=-\frac{1}{N}\frac{\mathbf{Y}}{\mathbf{P}}$（要素ごとに$-\frac{Y_{i,v}}{P_{i,v}}$）	出力線形層の後
ソフトマックス付き交差エントロピー	$L=-\frac{1}{N}\sum_{i=1}^{N}\sum_{v=1}^{\|V\|}Y_{i,v}\log(\mathrm{softmax}(\mathbf{Z})_{i,v})$	$\frac{\partial L}{\partial \mathbf{Z}}=\mathbf{P}-\mathbf{Y}\ (\mathbf{P}=\mathrm{softmax}(\mathbf{Z}))$	出力線形層の後

2.7

学習における問題と対策

ニューラルネットワークの学習では、様々な問題が発生することがあります。LLMでも同様であり、学習では次のような問題を避けるための対策が必要です。

- **過学習(Overfitting)**
- **勾配消失(Vanishing Gradient)**
- **勾配爆発(Exploding Gradient)**

本節ではこれらの問題について説明し、対策について簡単に紹介します。

2.7.1 過学習(Overfitting)

過学習[Srivastava et al. 2014]とは、モデルが訓練データに過剰に適合し、未知のデータに対する汎化性能が低下する現象です。過学習が起きるとモデルは訓練データには高い精度を示しますが、テストデータや実際の応用場面では性能が低下してしまいます。

例えば、Zhangらによる実験[H. Zhang et al. 2024]では、LLMの評価によく使われるデータセットであるGSM8Kに対して過学習が起きていることを示唆しています。過学習が起きているモデルでは、GSM8Kと同じ難易度で新たに作成したGSM1Kというデータセットに対して、GSM1Kに対して最大で13%の性能低下が報告されています。

一般に過学習を防ぐための対策としては、次のような手法が用いられます。

- **正則化(Regularization)** [Ng 2004]:モデルの複雑さにペナルティを与えることで、過剰な適合を防ぐ手法です。L1正則化や、L2正則化がよく用いられます。
- **ドロップアウト(Dropout)** [Srivastava et al. 2014]:学習時に、ニューロンをランダムに無効化することで、過剰な適合を防ぐ手法です。
- **アーリーストッピング(Early Stopping)** [Prechelt 2002]:検証データでの予測性能が向上しなくなった時点で学習を打ち切る手法です。

2.7.2 勾配消失（Vanishing Gradient）

勾配消失[Hochreiter 1998]とは、誤差逆伝播法において勾配が層を経るごとに指数関数的に小さくなる現象です。勾配消失が起きると深い層のパラメータが更新されにくくなり、学習が進まなくなります。LLMでは、多数の層を持つため、勾配消失への対策が重要となります。

勾配消失を防ぐために、次のような手法が用いられます。

- **ReLU活性化関数** [Nair et al. 2010]：勾配消失を起こしにくい活性化関数です。
- **残差接続（Residual Connection）** [He et al. 2015a]：層の入力を出力に直接加算する接続です。勾配が直接伝播されるため、勾配消失を防ぐことができます。
- **Layer Normalization** [Ba et al. 2016]：各層の入力を正規化する手法です。勾配消失を防ぐことができます。

これらの手法は1.3で紹介したTransformerにも適用されており、勾配消失を防ぐために効果的とされています。

2.7.3 勾配爆発（Exploding Gradient）

勾配爆発[Pascanu et al. 2013]とは、誤差逆伝播法において、勾配が層を経るごとに指数関数的に大きくなる現象です。勾配爆発が起きるとパラメータが不安定になり、学習が進まなくなります。LLMでは、多数の層を持つため、勾配爆発への対策が重要です。

勾配爆発を防ぐための対策としては、次のような手法が用いられます。

- **勾配クリッピング（Gradient Clipping）** [Pascanu et al. 2013]：勾配のノルム（ベクトルの大きさ）が閾値を超えた場合、勾配を正規化する手法です。
- **Layer Normalization**[Ba et al. 2016]：各層の入力を正規化する手法です。勾配爆発を防ぐことができます。

第 3 章

プロンプトエンジニアリング

プロンプトエンジニアリングは、LLMの性能を引き出すための重要な技術です。この章では、主要なプロンプトエンジニアリングの手法を紹介し、LLMを用いて複雑な問題を解決するための知識とスキルを身につけます。

3.1

プロンプトエンジニアリングの重要性

プロンプトは、大規模言語モデル（LLM：Large Language Model）に対する入力です。LLMは、プロンプトに基づいてテキスト生成や質問応答などのタスクを実行します。なお、プロンプトは単なる指示だけでなく、LLMからの応答を含む会話履歴や音声、画像、動画などを含むこともあります。

プロンプトは、LLMが生成する応答の質に大きな影響を与えます。プロンプトの良し悪しによってLLMが期待通りに応答することもあれば、誤った情報を生成することもあります。このため、LLMを効果的に活用するためには、適切なプロンプトの設計が不可欠です。

例として、GSM8K [Cobbe et al. 2021] というベンチマークに含まれる次の数学の問題をLLMに解かせる場合を考えてみましょう。

```
Billy sells DVDs. He has 8 customers on Tuesday. His first 3 customers buy one DVD each.
His next 2 customers buy 2 DVDs each. His last 3 customers don't buy any DVDs. How many
DVDs did Billy sell on Tuesday?
```

なお、本書では問題を機械翻訳で日本語にしたものを扱います。

どのようなプロンプトを設計すればよいでしょうか。悪いプロンプトと良いプロンプトを比べてみましょう。

まずは悪いプロンプトの例を次に示します。

IN　悪いプロンプトの例

```
以下の問題に数字のみで答えてください。

ビリーはDVDを売っています。火曜日には8人の顧客がいます。最初の3人の顧客はそれぞれ1枚の
DVDを買います。次の2人の顧客はそれぞれ2枚のDVDを買います。最後の3人の顧客はDVDを買いませ
ん。ビリーは火曜日に何枚のDVDを売りましたか？
```

このプロンプトでは、問題に数字のみで答えるように促しています。しかし、この指定が正しい答えの導出を妨げる可能性があります。この問題に対して、ChatGPT-4oは次のような回答を生成することがあります。

OUT

```
5
```

正しい答えは7ですから、この回答は正解ではありません。

次に、良いプロンプトの例を示します。

IN　良いプロンプトの例

次の問題を解いてください。
ステップバイステップで推論の過程を示してください。

ビリーはDVDを売っています。火曜日には8人の顧客がいます。最初の3人の顧客はそれぞれ1枚のDVDを買います。次の2人の顧客はそれぞれ2枚のDVDを買います。最後の3人の顧客はDVDを買いません。ビリーは火曜日に何枚のDVDを売りましたか？

このプロンプトでは、単に答えのみを求めるのではなく**ステップバイステップ**で推論の過程を示すように促しています。このプロンプトに対するChatGPT-4oによる回答は次のとおりです。

OUT

ビリーが火曜日に売ったDVDの枚数を計算するために、以下のステップバイステップの推論を示します。

1. **顧客数の確認:**
合計で8人の顧客がいます。

2. **最初の3人の顧客:**
最初の3人の顧客はそれぞれ1枚のDVDを買います。
計算: 1枚 x 3人 = 3枚

3. **次の2人の顧客:**
次の2人の顧客はそれぞれ2枚のDVDを買います。
計算: 2枚 x 2人 = 4枚

4. **最後の 3 人の顧客:**
最後の3人の顧客はDVDを買いません。
計算: 0枚 x 3人 = 0枚

5. **合計:**
全ての顧客が買ったDVDの枚数を合計します。
計算: 3枚 + 4枚 + 0枚 = 7枚

ビリーは火曜日に合計で**7枚**のDVDを売りました。

今度は答えが7になりました。これは正解です。

悪いプロンプトの例と良いプロンプトの例を比べると、悪いプロンプトでは答えだけを求めているのに対して、良いプロンプトではステップバイステップで推論の過程を示すように促しています。結果、良いプロンプトでは正しい回答を生成することができました。

この結果は、人間が問題に対して取り組む場合と似ているとも言えます。人間も即座に答えだけを求められた場合、誤ることがあります。一方、人間もステップバイステップで問題を整理しながら考えた方が、正しい答えを導き出せることが多いはずです。

この結果は、Transformerの仕組みから考えても妥当と言えるでしょう。**自己回帰言語モデリング**では自身の出力を再帰的に入力として利用するため、ステップバイステップで行った推論はそのままモデル自身の推論プロセスに反映されます。単に答えだけを求めるよりも、推論の過程を出力してから答えた方が、より整理された情報を使って正しい回答を導き出すことができると考えられます。

なお、ここでの良いプロンプトの例は、この後の3.4.2で説明するZero-Shot Chain-of-Thought（CoT）プロンプティングの一例です。他にも、LLMからより良い回答を引き出すための様々な手法がこれまでに提案されています。これらの手法は**プロンプトエンジニアリング**と呼ばれ、LLMの性能を引き出すための重要な技術となっています。

プロンプトエンジニアリングのテクニックは、ユーザがプロンプトを書くときに使えるようなものから、フレームワークの内部で使われているようなものもあります。また、先ほどのCoTのようなテクニックは、LLMをファインチューニングすることで、ユーザが明示的にCoTを促さなくても同様の結果を得られるようにもなりつつあります。それでもプロンプトエンジニアリングを学んでおくことで、なぜLLMがそのような回答を出したのかを理解することに役立つはずです。

3.2 Zero-Shotプロンプティング

Zero-Shotプロンプティング [Brown et al. 2020]は、モデルに例を示すことなく**タスクの指示のみ**を与える手法です。この手法では、LLMの汎用性と言語理解力を活用することで、新しいタスクを例示なしで遂行することができます。Zero-Shotプロンプティングでは、タスクを明確に記述するプロンプトを設計することが重要です。プロンプトには、次のような情報を含めることが一般的です。

- タスクの目的や期待される出力
- 入力データの形式や特徴
- 出力データの形式や特徴
- タスクに関連する制約条件や注意点

例えば、映画レビューの感情を分類するタスクでは、次のようなプロンプトを使用することができます。

IN

```
次の映画レビューの感情を分類してください。
レビューはユーザが投稿した自然言語のテキストです。
感情は、ポジティブ、ネガティブ、ニュートラルの三つのカテゴリーに分類してください。分類の際は、レビューの内容を詳細に分析し、客観的な判断を心がけてください。

レビュー: この映画は素晴らしかった！俳優の演技は素晴らしく、ストーリーは感動的でした。映像と音楽も印象的で、見終わった後に満足感でいっぱいです。この映画を見て本当に良かったです。
```

このプロンプトではタスクの目的（映画レビューの感情分類）、入力データの形式（自然言語のテキスト）、出力データの形式（三つのカテゴリー）、注意点（客観的な判断）を明示しています。これによりLLMはタスクを明確に理解し、適切な応答を生成することができます。

ChatGPT-4oにこのプロンプトを与えた結果を次のとおり引用します。

OUT

このレビューは非常に肯定的な感情を表しています。感動的なストーリーや素晴らしい演技、印象的な映像と音楽に触れたのち、見終わった後に満足感を持ったと述べています。感情の分類としては「ポジティブ」に該当するでしょう。

与えられたレビューは「ポジティブ」に分類されています。

Zero-Shotプロンプティングの主な利点は、例示なしでタスクを遂行できる点です。これにより例示データを用意する必要がなく、新しいタスクにも柔軟に対応することができます。また、LLMの汎用性を活用することで幅広い分野のタスクに適用可能です。ただし、Zero-Shotプロンプティングはモデルの汎用的な言語理解能力に依存するため、タスクが複雑な場合やドメイン固有の知識が必要な場合には十分な性能を発揮できない可能性があります。このような場合には、Few-Shotプロンプティングを用いることで性能を向上できる可能性があります。

3.3

Few-Shotプロンプティング

Few-Shotプロンプティング [Brown et al. 2020]は、モデルにタスク遂行のための**少数の例示**を与えることで、Zero-Shotプロンプティングの限界を補う手法です。この手法では、少数の例示を使ってLLMをタスクに適応させることで、特定のタスクに特化した性能を引き出すことができます。

Few-Shotプロンプティングは、LLMの**文脈内学習（In-context learning）**と呼ばれる能力を活用しています。文脈内学習とは、LLMが与えられた文脈（context）から新しいタスクを学習する能力のことを指します。Few-Shotプロンプティングでは、例示を通じてLLMにタスクの文脈を提供し、文脈内学習を促進することで、タスクに特化した性能を引き出します。

3.2と同じ映画レビューの感情分類タスクを例に、Few-Shotプロンプティングを説明します。今回も感情分類タスクで、レビューを「ポジティブ」「ネガティブ」「ニュートラル」の 三つに分類することを期待する場合を考えます。Few-Shotプロンプティングでは、次のようなプロンプトを使用することで、LLMをこのタスクに適用させることができます。

IN

```
次の例を参考に、映画レビューの感情を分類してください。
例 1:
レビュー: この映画は期待以上の出来でした。独創的な脚本、巧みな演出、俳優陣の熱演が見事に調和していました。ストーリーに引き込まれ、あっという間に時間が過ぎました。この映画を見ていろいろ考えさせられました。傑作だと思います。
感情: ポジティブ
例 2:
レビュー: この映画は最悪でした。つまらないストーリー、下手な演技、安っぽい特殊効果。観客を楽しませる要素が全くありません。二度と見たくありません。
感情: ネガティブ
例 3:
レビュー: この映画は悪くなかったけど、特に印象に残るものはなかった。俳優の演技は良かったが、ストーリーはありきたりで予測可能だった。一度は見る価値はあるが、二回目はないかな。
感情: ニュートラル
分類するレビュー:
レビュー: この映画は素晴らしかった！俳優の演技は素晴らしく、ストーリーは感動的でした。映像と音楽も印象的で、見終わった後に満足感でいっぱいです。この映画を見て本当に良かったです。
```

ここでは、ポジティブ、ネガティブ、ニュートラルの例を一つずつ提示しています。これらの例示を参考にすることで、LLMは感情分類のタスクにより適応することができます。

このプロンプトをChatGPT-4oに与えた結果を次のとおり引用します。

OUT

```
感情: ポジティブ
```

期待通り、与えた例と同じように「感情:」の後に「ポジティブ」と出力されています。

3.2の結果と比べてみましょう。Zero-Shotプロンプティングでは文章として感情を説明しているのに対して、Few-Shotプロンプティングでは感情のラベルだけを出力しています。これは、与えた例示を参考にして、感情を分類するタスクに適応した結果と言えるでしょう。

Few-Shotプロンプティングでは、例示の選択と設計が重要です。例示はタスクを正しく表現し、LLMが学習するのに十分な情報を含んでいる必要があります。また、例示の数や多様性も、LLMの性能に影響を与える可能性があります。

一般的に、例示の数が増えるほど、LLMのタスクに対する適応力が向上します。ただし、例示の数が多すぎると過適合を引き起こし、未知のデータに対する汎化性能が低下する可能性もあります。したがって、タスクの難易度や複雑さに応じて、適切な数の例示を選択することが重要です。

また、例示の多様性も重要な要素です。例示が特定のパターンに偏っているとLLMはそのパターンに過度に適応してしまい、他のパターンに対する性能が低下する可能性があります。したがって、例示はタスクの様々な側面を偏りなくカバーする必要があります。

3.4

Chain-of-Thought (CoT) プロンプティング

Chain-of-Thought (CoT) プロンプティングは、複雑な推論タスクにおいてLLMの性能を向上させるための手法です。CoTの基本的なアイデアは、問題を解決する際の中間的な推論ステップの出力をLLMに促すことです。答えに至るまでの論理的な思考の流れは、そのままLLM自身の推論プロセスに反映されるため、より正確で論理的な回答を得ることができます。これは、Transformerが自身の出力を再帰的に入力し、次の出力の計算に利用するためです。

LLMに推論ステップを出力させる方法には、例示を用いる**Few-Shot CoT**と、指示のみを用いる**Zero-Shot CoT**があります。以降、本節ではそれぞれの手法の詳細を示します。

3.4.1 Few-Shot CoTプロンプティング

Few-Shot CoTプロンプティング [Wei, Wang, et al. 2022]は、ユーザが問題文と共にその問題を解決するための段階的な解決プロセスの例を数個提示する手法です。これにより、LLMは提示された解決プロセスを参考にして新しい問題に対する解決プロセスを生成することができます。

例えば、算術文章問題の場合、ユーザは次のようなプロンプトをLLMに与えます。

IN

```
例1:
問題: もしあなたが毎日3本のペンを使い、1箱には50本のペンが入っているとします。6箱のペン
を使い切るまでに何日かかりますか？
解決プロセス:
ステップ1: 1箱のペンの本数を確認する。1箱 = 50本
ステップ2: 6箱のペンの合計本数を計算する。6箱 x 50本 = 300本
ステップ3: 1日に使うペンの本数を確認する。1日 = 3本
ステップ4: 300本のペンを使い切るのに必要な日数を計算する。300本 ÷ 3本/日 = 100日
答え: 6箱のペンを使い切るまでに100日かかります。

例2:
問題: あるクラスには男子が15人、女子が20人います。このクラスの生徒を6人ずつのグループに
分けると、何グループできますか？
解決プロセス:
```

```
ステップ1: 全生徒数を計算する。男子15人 + 女子20人 = 35人
ステップ2: 1グループの人数を確認する。1グループ = 6人
ステップ3: 全生徒数をグループの人数で割って、グループの数を計算する。35人 ÷ 6人/グループ
= 5.833...
ステップ4: グループの数を切り上げる。5.833... ≒ 6グループ
答え: 6グループできます。

問題: あるクラスには男子が20人、女子が15人います。このクラスの生徒を8人ずつのグループに
分けると、何グループできますか？
```

このプロンプトでは、ユーザは二つの算術文章問題とその解決プロセスを例として提示し、新しい問題の解決プロセスをLLMに生成させようとしています。LLMは提示された例を参考にして、新しい問題に対する解決プロセスを生成します。

このプロンプトをChatGPT-4oに与えた結果を次のとおり引用します。

OUT

```
解決プロセス:
ステップ1: 全生徒数を計算する。男子20人 + 女子15人 = 35人
ステップ2: 1グループの人数を確認する。1グループ = 8人
ステップ3: 全生徒数をグループの人数で割って、グループの数を計算する。35人 ÷ 8人/グループ
= 4.375グループ
ステップ4: グループの数を切り上げる。4.375グループ ≒ 5グループ
答え: 5グループできます。
```

「解決プロセス:」の後に、例示と同じようにステップバイステップで推論の過程が示されています。「答え:」以降が生成される際、推論の過程もTransformerの入力に利用されるため、正答率が向上します。

3.4.2 Zero-Shot CoT プロンプティング

Zero-Shot CoT プロンプティング [Kojima et al. 2022]は、ユーザが問題文のみを提供し、「ステップバイステップで考えてみましょう」や「論理的に考えてみましょう」などの指示をプロンプトに加えることでLLMに段階的な解決プロセスを生成させる手法です。なお、Kojimaらの論文 [Kojima et al. 2022]では「**Let's think step-by-step**」という文言が使用されています。

例えば、Zero-Shot CoTでは次のようなプロンプトを使用します。

IN

あるクラスには男子が20人、女子が15人います。このクラスの生徒を8人ずつのグループに分けると、何グループできますか？
ステップバイステップで考えてみましょう。

このプロンプトでは、ユーザは問題文のみを提示し、LLMに段階的な解決プロセスを生成させるための指示を与えています。このプロンプトに対してLLMは段階的な解決プロセスを生成し、最終的な回答を導出します。

ChatGPT-4oによる回答を次のとおり引用します。

OUT

このクラスの生徒を8人ずつのグループに分ける問題をステップバイステップで解いてみましょう。

1. **クラスの生徒の合計数を計算する**
男子の人数: 20人
女子の人数: 15人
合計人数: 20 + 15 = 35人

2. **グループごとに分ける人数を決める**
各グループの人数: 8人

3. **全体の人数をグループの人数で割る**
35人 ÷ 8人 = 4 グループ（余り3人）

ここで、整数部分だけがグループの数を示し、余りはグループに含まれない生徒の人数を示します。

4. **余りの生徒を確認する**
余りの生徒: 3人

したがって、このクラスの生徒を8人ずつのグループに分けると、**4グループ**ができます。ただし、余りとして3人の生徒がグループに入らず残ります。

まとめると、
4グループできます
残りの3人の生徒はどのグループにも入らないため、追加の対策が必要です（例えば、既存のグループに加えるなど）。

このように、Few-Shot CoTと同様に、Zero-Shot CoTでもステップバイステップで推論の過程が示されています。また、最終的に得られる回答も正しいものとなっています。

もう一つの例として、次のようなタスクを考えてみましょう。**3.1**と同様、このタスクはGSM8Kベンチマーク [Cobbe et al. 2021] に含まれている問題です。

```
Josh decides to try flipping a house. He buys a house for $80,000 and then puts in $50,000 in repairs. This increased the value of the house by 150%. How much profit did he make?
```

ここでも、機械翻訳で日本語にしたものを扱います。

IN

```
ジョシュは家を買って修繕し、転売することにしました。彼は8万ドルで家を購入し、5万ドルの修繕を行いました。これにより、家の価値は150%上昇しました。彼はどれだけの利益を得たでしょうか？
```

この問題に対して、ChatGPT 3.5にZero-Shot CoTプロンプティングを用いた場合の結果を**リスト3.4.1**に示します。また、CoTなしのZero-Shotプロンプティングを用いた場合の結果を**リスト3.4.2**に示します。この例では、CoTを使用しない場合は0と回答しているのに対し、CoTを使用すると$70,000と正しい回答を出力しています。

Caution

本書ではCoTの効果を示すために古いChatGPT-3.5を使用したときの結果を使用していることがあります。
比較的新しいモデルでは自動的にCoTが適用されてしまうためです。新しいモデルで試す場合は、「推論を行うことなく回答してください。」とCoTを抑止すると、CoTの有無による違いを確認できるかもしれません。ただし、高性能なモデルではそれでも正しい答えを導くことができるかもしれません。

しかし、Zero-Shot CoTプロンプティングをしていない場合でも、ある程度ステップバイステップで答えを導いているように見えます。著者が実際にGSM8Kの問題を用いて正答率を計測した結果、CoTを使用した場合の正答率は79%、CoTを使用しない場合の正答率は76%とあまり差がないことがわかりました。

表3.4.1に、CoTの有無による正答率の比較を示します。この結果から、Zero-Shot CoTプロンプティングは一部の問題において性能を向上させることができることがわかります。一方、差が少ない理由として、最新のLLMは、特に指示を受けなくてもCoTの推論を自動的に行えるようにファインチューニングされている可能性が考えられます。また、OpenAI o1の

ようなモデルでは、推論の各ステップ（CoT：Chain of Thought）を内部処理として行い、ユーザにはその詳細が出力されないことがあります。この手法は「Hidden CoT」と呼ばれる場合があります。

表3.4.1　CoTの有無による正答率の比較

CoT有無	正答率
CoTあり	79%
CoTなし	76%

なお、CoTプロンプティングは、論理的思考を要する複雑なタスクで特に有効です。例えば、算術文章題や論理パズルなどでは、CoTプロンプティングを用いることで正答率が向上します。一方、単純な事実検索やパターンマッチングのようなタスクでは、CoTプロンプティングの効果は限定的です。むしろ、推論ステップの生成に伴う余計なトークン消費や計算コストの増大が問題となる可能性もあります。

リスト3.4.1　Zero-Shot CoTプロンプティングの例（ChatGPTの回答を引用）

```
You:
ジョシュは家を買って修繕し、転売することにしました。彼は8万ドルで家を購入し、5万ドルの修繕を行いました。これにより、家の価値は150%上昇しました。彼はどれだけの利益を得たでしょうか？ステップバイステップで考えましょう。

ChatGPT:
まず、ジョシュが家を購入した価格を元にして修繕費用と売却後の家の価値を計算しましょう。

家の購入価格：$80,000
修繕費用：$50,000
購入後にジョシュがかけた合計金額は、$80,000 + $50,000 = $130,000 です。

次に、修繕後の家の価値を計算します。問題によれば、修繕後に家の価値が150%上昇したとされています。

修繕後の価値 = 購入価格 + (購入価格 x 上昇率)

上昇率をパーセンテージではなく倍率で表す必要があるため、150%を1.5に変換します。

修繕後の価値 = $80,000 + ($80,000 x 1.5)
= $80,000 + $120,000
= $200,000
```

```
したがって、修繕後の家の価値は$200,000です。

最後に、利益を計算します。

利益 = 修繕後の家の価値 - (購入価格 + 修繕費用)
= $200,000 - $130,000
= $70,000

ジョシュは$70,000の利益を得ました。
```

リスト3.4.2 CoTなしのZero-Shotプロンプティングの例（ChatGPTの回答を引用）

```
You:
ジョシュは家を買って修繕し、転売することにしました。彼は8万ドルで家を購入し、5万ドルの修繕を行いました。これにより、家の価値は150%上昇しました。彼はどれだけの利益を得たでしょうか？

ChatGPT:
まず、ジョシュが家を購入した価格は8万ドルです。修繕費用は5万ドルです。修繕後の家の価値は、元の価格に修繕費用を加えたものです。

したがって、修繕後の家の価値は8万ドル（購入価格） + 5万ドル（修繕費用） = 13万ドルです。

また、修繕後の価値が元の価格の150%上昇しているということは、修繕前の価格の150%であることを意味します。

修繕前の価格をxドルとし、以下の式が成り立ちます。

150% * x = 13万ドル

150%は1.5を表しますので、上記の式をxについて解きます。

x = 13万ドル / 1.5 = 87,6666.67ドル

つまり、修繕前の家の価格は87,6666.67ドルです。

ジョシュの利益は、修繕後の価格から元の購入価格と修繕費用の合計を引いたものです。

利益 = 13万ドル(修繕後の価格) - (8万ドル(購入価格) + 5万ドル(修繕費用)) = 13万ドル - 13万ドル = 0

したがって、ジョシュはこの取引で利益を得ることはありません。
```

3.5 Self-Consistency（自己整合性）

Self-Consistency（自己整合性）[Wang et al. 2023]は、LLMに同じ問題を複数の方法で解かせ、その回答を集約することで、回答の信頼性を高める手法です。この手法を用いることでモデルの出力のばらつきを抑え、正確性を向上させることができます。

Wangらの論文[Wang et al. 2023]では、Self-Consistencyを適用する際の回答のマージ方法として、**多数決（Voting）**と**確率（Probability）**の二つのアプローチが紹介されています。

1. 多数決（Voting）アプローチ：LLMが生成した複数の回答に対して、最も頻繁に出現する回答を最終的な答えとして選択します。具体的には、次の手順で回答をマージします。
   ①LLMに同じ問題を複数回解かせ、回答を生成する。
   ②生成された回答をクラスタリングし、同じ意味の回答をグループ化する。
   ③各グループの回答数を集計し、最も多くの回答を含むグループを特定する。
   ④最も多くの回答を含むグループから、代表的な回答を最終的な答えとして選択する。
2. 確率（Probability）アプローチ：このアプローチでは、LLMが生成した複数の回答に対して、各回答の生成確率を計算し、確率が最も高い回答を最終的な答えとして選択します。回答の生成確率は、回答に含まれる各トークンの生成確率を乗算することで計算することができます。Transformerが出力する確率は、過去のトークン列を条件とした次のトークンの条件付き確率です。各トークンの生成確率の積は、回答全体の尤度を表すため、生成確率が高い回答はより自然でもっともらしい回答であると解釈できます。

それでは、実際に多数決を用いてSelf-Consistencyを適用してみましょう。以下は、GSM8Kベンチマーク[Cobbe et al. 2021]に含まれる算術文章問題です。

```
Elaine initially had 20 Pokemon cards. After a month, she collected three times that
number. In the second month, she collected 20 fewer cards than those she collected in
the first month. In the third month, she collected twice the combined number of pokemon
cards she collected in the first and second months. How many pokemon cards does she have
now in total?
```

ここでも、機械翻訳で日本語にしたものを扱います。

IN

```
エレインは最初、20枚のポケモンカードを持っていました。1ヶ月後、彼女はその枚数の3倍を収集しました。2ヶ月目には、1ヶ月目に収集したカードより20枚少ないカードを集めました。3ヶ月目には、1ヶ月目と2ヶ月目に収集したポケモンカードの合計枚数の2倍を収集しました。現在、エレインが所有しているポケモンカードの総数は何枚ですか？

ステップバイステップで考えましょう。
```

なお、「ステップバイステップで考えてみましょう。」はZero-Shot CoTプロンプティングの指示として著者が追加した文言です。これをChatGPT 3.5に与えて3回解かせた結果を**リスト3.5.1～リスト3.5.3**に示します。

最初の回答は「280枚」、二つ目の回答は「320枚」、三つ目の回答は「320枚」です。多数決を行うと「320枚」が2票、「280枚」が1票となり、「320枚」が最終的な回答として選択されます。この結果、Self-Consistencyを適用することで、より信頼性の高い回答を得ることができます。

リスト3.5.1 一つ目の応答

```
ChatGPT:
まずはエレインが各月に収集したカードの枚数を計算しましょう。

1ヶ月目：20枚 x 3 = 60枚
2ヶ月目：60枚 - 20枚 = 40枚
3ヶ月目：(20枚 + 60枚) x 2 = 160枚

次に、各月に収集したポケモンカードの枚数を合計しましょう。

合計枚数 = 20枚 (1ヶ月目) + 60枚 (2ヶ月目) + 40枚 (3ヶ月目) + 160枚 (3ヶ月目)
合計枚数 = 20枚 + 60枚 + 40枚 + 160枚
合計枚数 = 280枚

したがって、現在エレインが所有しているポケモンカードの総数は280枚です。
```

リスト3.5.2 二つ目の応答

```
ChatGPT:
まず、エレインが1ヶ月目に収集したポケモンカードの枚数を計算しましょう。

1ヶ月目に収集したカードの枚数 = 20枚 x 3 = 60枚
```

次に、2ヶ月目に収集したカードの枚数を計算します。1ヶ月目に収集したカードより20枚少ないという条件がありますので、1ヶ月目に収集した60枚から20枚を引きます。

2ヶ月目に収集したカードの枚数 = 60枚 - 20枚 = 40枚

最後に、3ヶ月目に収集したカードの枚数を計算します。1ヶ月目と2ヶ月目に収集したポケモンカードの合計枚数の2倍という条件があります。

1ヶ月目と2ヶ月目に収集したカードの合計枚数 = 60枚 + 40枚 = 100枚

3ヶ月目に収集したカードの枚数 = 100枚 x 2 = 200枚

最後に、エレインが現在所有しているポケモンカードの総数を計算します。

エレインが現在所有しているポケモンカードの総数 = 20枚（最初に持っていたカード）+ 60枚（1ヶ月目に収集したカード）+ 40枚（2ヶ月目に収集したカード）+ 200枚（3ヶ月目に収集したカード）= 20 + 60 + 40 + 200 = 320枚

したがって、エレインが所有しているポケモンカードの総数は320枚です。

リスト3.5.3 三つ目の応答

ChatGPT:
ステップバイステップで考えてみましょう。

1. 最初に、エレインが1ヶ月目に収集したポケモンカードの枚数を求めます。
   最初に持っていた20枚のポケモンカードの3倍は、20 x 3 = 60枚です。
2. 次に、2ヶ月目に収集したポケモンカードの枚数を求めます。
   1ヶ月目に収集したカードより20枚少ないということなので、1ヶ月目に収集した60枚から20枚を引きます。
   60枚 - 20枚 = 40枚
3. 3ヶ月目に収集したポケモンカードの枚数を求めます。
   1ヶ月目と2ヶ月目に収集したポケモンカードの合計枚数は、60枚 + 40枚 = 100枚です。
   そして、この枚数の2倍を求めます。
   100枚 x 2 = 200枚
4. 最後に、エレインが現在所有しているポケモンカードの総数を求めます。
   最初に持っていた20枚と、1ヶ月目、2ヶ月目、3ヶ月目に収集した枚数を合計します。
   20枚 + 60枚 + 40枚 + 200枚 = 320枚

したがって、エレインが現在所有しているポケモンカードの総数は320枚です。

筆者が実際にGSM8Kの問題からランダムに抽出した100問に対して、投票数を1から40まで変化させてSelf-Consistencyを適用した結果を図3.5.1に示します。投票数が6回までは正答率が向上していますが、それ以上の回数ではあまり変化が見られません。これは、投票数が一定数以上になると、正答率が飽和するためです。Self-ConsistencyはLLMの出力のばらつきを抑え、より信頼性の高い結果を得るための効果的な手法ですが、投票数の適切な設定は必要と考えられます。

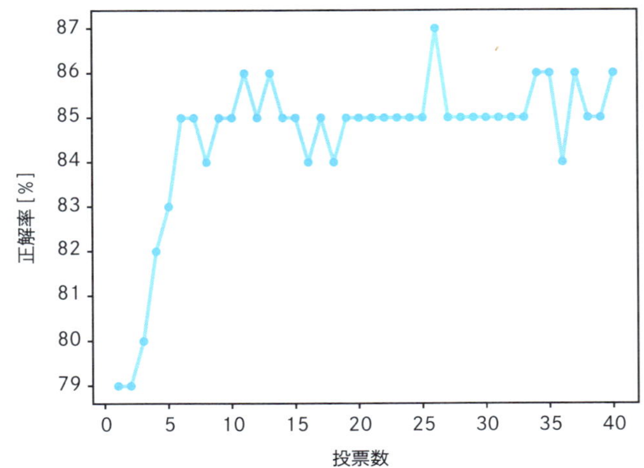

図3.5.1　算術文章題（GSM8K）100問に対する投票数による正答率の変化

3.6

プロンプトチェーニング

プロンプトチェーニングは、複雑なタスクを単純な部分タスクに分割し、それらを順番に処理することでLLMの性能を向上させる手法です。この手法の基本的なアイデアは、複雑なタスクを部分タスクに分割し、各サブプロンプトが特定の部分タスクに焦点を当てることです。そして、**前の段階の出力を次の段階の入力として使用**することで、タスク全体を効果的に解決します。

プロンプトチェーニングを適用する手順は次のとおりです。

1. 複雑なタスクを分析し、単純な部分タスクに分割する。
2. 各部分タスクに対応するサブプロンプトを作成する。
3. サブプロンプトを順番に実行し、各段階の出力を次の段階の入力として使用する。
4. 最後のサブプロンプトの出力を最終的な出力とする。

ここでは、少し複雑なプロンプトの例として、次のようなプロンプトを考えてみましょう。

IN

```
大規模言語モデルの最も重要な特徴３つを３００字以内で説明してください。
```

このプロンプトをChatGPT-4に与えた結果を**リスト3.6.1**に示します。この場合、一見正しく見える回答が生成されています。しかし、説明が400文字以上となっており、指定した300文字を超えてしまっています。

リスト3.6.1 プロンプトチェーニングを使用しない場合（文字数オーバー）

```
You:
大規模言語モデルの最も重要な特徴３つを３００字以内で説明してください。

ChatGPT:
大規模言語モデルの重要な特徴として、以下の３つが挙げられます。
```

1. **理解と生成能力**: 大規模言語モデルは、膨大なテキストデータから学習することで、自然言語の文脈を理解し、それに基づいて新たなテキストを生成する能力を持っています。これにより、会話応答、文章の要約、翻訳など多岐にわたるタスクに対応可能です。
2. **適応性**: トレーニングされたモデルは、ファインチューニングにより特定の用途や分野に特化させることができます。これにより、医療、法律、テクノロジーなど特定の専門知識が求められる分野でも活用することが可能です。
3. **多言語性**: 多くの大規模言語モデルは、複数の言語でトレーニングされているため、異なる言語間での情報の橋渡しや、多言語にわたるコミュニケーションの支援が可能です。これは、グローバル化が進む現代社会において非常に重要な機能です。

これらの特徴により、大規模言語モデルは多方面での応用が期待されています。

先ほどの手順に従って、プロンプトチェーニングを適用してみましょう。まず、このタスクは、次の二つのタスクに分割することができます。

- 大規模言語モデルの最も重要な特徴を三つ抽出する。
- 抽出された特徴を300文字以内に要約する。

これらのタスクのためのプロンプトを設計すると、次のようなプロンプトとその応答が得られます。一つ目のプロンプトは次のようになります。

IN

大規模言語モデルの最も重要な特徴３つを抽出してください。

二つ目のプロンプトは、一つ目のプロンプトの出力を入力として次のようになります。

IN

下記の文章を３００字以内に要約してください。

[1つ目のプロンプトの出力]

これらのプロンプトをChatGPTに与えた結果を**リスト3.6.2**と**リスト3.6.3**に示します。**リスト3.6.2**では、最も重要な特徴三つが抽出されています。**リスト3.6.3**では、プロンプト中に挿入された一つ目のプロンプトの出力が入力として与えられ、その出力を300文字以内に要約しています。抽出された特徴は210文字に要約されており、正しくタスクを完了していることを確認できます。

このように、プロンプトチェーニングを用いることで、複雑なタスクを効果的に解決することができます。なお、5.5では、プロンプトチェーニングをプログラムとして実現する実践的な方法を紹介します。

リスト3.6.2 プロンプトチェーニングの最初のプロンプト

```
You:
大規模言語モデルの最も重要な特徴３つを抽出してください。

ChatGPT:
大規模言語モデルの重要な特徴として、以下の３つが挙げられます。

1. 理解と生成能力: 大規模言語モデルは、膨大なテキストデータから学習することで、自然言語の文脈を理解し、それに基づいて新たなテキストを生成する能力を持っています。これにより、会話応答、文章の要約、翻訳など多岐にわたるタスクに対応可能です。
2. 適応性: トレーニングされたモデルは、ファインチューニングにより特定の用途や分野に特化させることができます。これにより、医療、法律、テクノロジーなど特定の専門知識が求められる分野でも活用することが可能です。
3. 多言語性: 多くの大規模言語モデルは、複数の言語でトレーニングされているため、異なる言語間での情報の橋渡しや、多言語にわたるコミュニケーションの支援が可能です。これは、グローバル化が進む現代社会において非常に重要な機能です。

これらの特徴により、大規模言語モデルは多方面での応用が期待されています。
```

リスト3.6.3 プロンプトチェーニングの2番目のプロンプト

```
You:
下記の文章を300字以内に要約してください。

大規模言語モデルの重要な特徴として、以下の３つが挙げられます。

1. 理解と生成能力: 大規模言語モデルは、膨大なテキストデータから学習することで、自然言語の文脈を理解し、それに基づいて新たなテキストを生成する能力を持っています。これにより、会話応答、文章の要約、翻訳など多岐にわたるタスクに対応可能です。
2. 適応性: トレーニングされたモデルは、ファインチューニングにより特定の用途や分野に特化させることができます。これにより、医療、法律、テクノロジーなど特定の専門知識が求められる分野でも活用することが可能です。
3. 多言語性: 多くの大規模言語モデルは、複数の言語でトレーニングされているため、異なる言語間での情報の橋渡しや、多言語にわたるコミュニケーションの支援が可能です。これは、グローバル化が進む現代社会において非常に重要な機能です。

これらの特徴により、大規模言語モデルは多方面での応用が期待されています。
```

ChatGPT:
大規模言語モデルは、自然言語の理解と生成が得意で、広範なテキストデータから学習し新しいテキストを作成します。それにより、質問応答や記事作成などが可能です。また、事前学習による広範囲な知識習得後、特定タスクへの微調整が可能で、翻訳や要約、専門領域の問題解決にも適用できます。さらに、連続学習により、新しいデータから学習を続け、モデルを常に最新の状態に保ちます。これらの特性により、多くのアプリケーションで利用されています。

3.7

RAG（Retrieval Augmented Generation）

RAG（Retrieval Augmented Generation：検索による知識の拡張）［Lewis et al. 2020］は、タスクに関連する外部知識を取り込むことで、LLMの応答性能を向上させる手法です。LLMは大規模なテキストコーパスを用いて事前学習されますが、訓練データに存在しない知識に基づく質問に対する回答が難しい場合があります。このため、訓練データに含まれていない特定ドメインの情報、最新の出来事などが必要な場合、回答できなかったり、不正確な回答を生成（ハルシネーション）したりすることがあります。RAGの基本的なアイデアは、**訓練データ以外の情報源**から知識を取得し、LLMがそれを利用できるようにすることで、より正確で情報量の多い出力を生成することです。

図3.7.1にRAGの概要を示します。RAGは、LLMと外部知識源を格納したインデックスから構成されます。ユーザからプロンプトが与えられると、LLMを用いてプロンプトの埋め込みベクトルを取得し、インデックスからプロンプトに関連する知識を検索します。そして、その関連知識を元のプロンプトと組み合わせてLLMに入力し、回答を生成します。

RAGで利用可能な外部知識源としては、Webページ、ニュース記事、書籍、論文、機密文書など、様々なテキストデータが考えられます。知識源の選定にあたっては、タスクに関連する情報が豊富に含まれていること、情報の信頼性が高いことなどが重要な基準となります。

RAGの利用ステップは、次のとおりです。

1. インデックスの作成
2. 情報の検索
3. 回答の生成

ここでの**インデックス**とは、外部知識源から取得した情報を検索可能な形式に変換したものです。情報の検索ではユーザの質問に関連する情報をインデックスから取得し、回答の生成では取得した情報をプロンプトに組み込みます。

以降、本節では各ステップについて詳しく説明します。

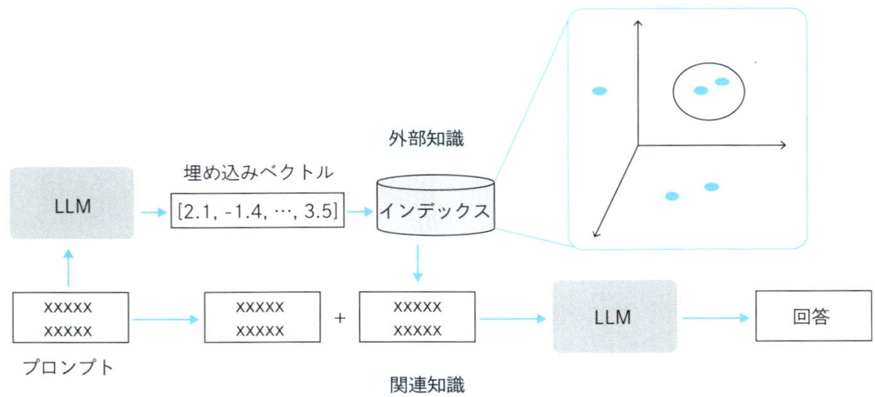

図3.7.1　Retrieval Augmented Generation (RAG) の概要

3.7.1 インデックスの作成

RAG利用の最初のステップでは、タスクと関連する外部知識源からインデックスを作成します。インデックスの作成手順は次のとおりです。

1. テキスト抽出
2. 分割
3. ベクトル化
4. 保存

また、この様子を図3.7.2に示します。

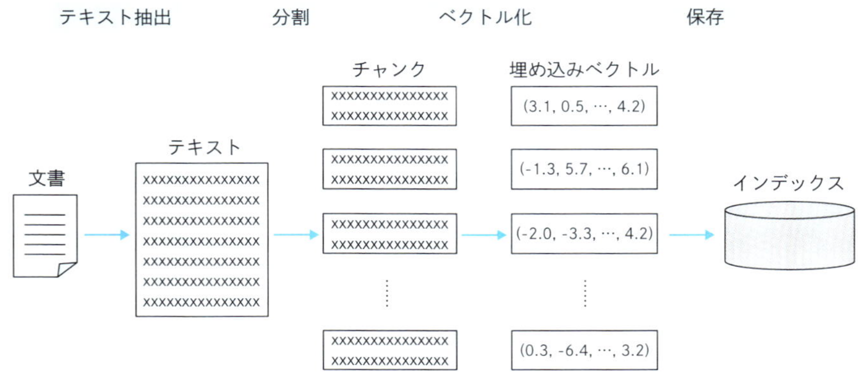

図3.7.2　RAGのインデックス作成の概要

テキスト抽出

まず、外部知識となる文書を選択し、それをテキストデータに変換します。文書の形式としてはWord、PDF、Markdown、HTMLなど様々なものが考えられます。これらの文書に含まれるテキストデータを抽出し、前処理を行います。前処理には、ヘッダ、フッタ、広告の除去など不要なデータの削除やテキスト中の表記の統一などが含まれます。

分割

次に、テキストデータを適切なサイズのチャンクに分割します。テキストを分割するのは、後でLLMに入力する際の制限を考慮してのことです。LLMには最大トークン数を超える入力はできないため、適切なサイズに分割する必要があります。このため、利用するLLMに適した長さにテキストを分割します。チャンクの単位は、文章、段落、固定長のトークン数などが考えられます。

ベクトル化

次に、分割した個々のチャンクを埋め込みベクトルに変換します。この埋め込みベクトルは、文書の特徴をベクトル化したものです。埋め込みベクトルの作成にも1.3で説明したTransformerがしばしば用いられます。文書をTransformerに入力し、最後のトークンの埋め込みベクトルを取得します。最後のトークンには、文書全体の情報が集約されているため、文書全体の特徴を表す埋め込みベクトルとして利用できます。

保存

インデックスの作成の最後の手順は、埋め込みベクトルをデータベースに保存することです。ここで利用するデータベースは、埋め込みベクトルを用いた高速な類似度検索に対応可能なものです。例えば、ベクトルデータに特化した高速検索機能を提供するChromaやFaissなどが利用されます。

3.7.2 情報の検索

情報の検索では、プロンプトに関連する情報をインデックスから取得します。このステップではプロンプトを埋め込みベクトルに変換し、それを用いてインデックスを検索し対応するテキストデータを取得します。この検索では、埋め込みベクトルの類似度を用いて、プロンプトに最も関連性の高いテキストデータを取得します。

類似度としては、コサイン類似度などが用いられます。コサイン類似度は二つのベクトル間の角度のコサインを計算することで、ベクトル間の類似度を測る指標です。なお、コサイン類似度は、埋め込みベクトルの内積をそのノルムで割ることで計算されます。埋め込みベクトルの内積はTransformerの注意機構の計算でも利用されるため、LLMの内部構造とも関連があります。

3.7.3 回答の生成

検索で取得したテキストデータを用いて回答を生成します。その際、取得したテキストデータをプロンプトに組み込み、LLMに入力します。LLMは、外部知識を含むプロンプトを入力とし、それに基づいて回答を生成します。回答生成の際、LLMは元のプロンプトとその関連外部知識を組み合わせて、より正確な回答を生成することができます。

3.8

ReAct

ReAct (Reasoning + Acting) [Yao et al. 2023] は、LLMに推論と行動を促すプロンプトを与えることでタスク達成能力を向上させるアプローチです。ReActの基本的なアイデアは、タスク達成に必要な行動をLLMに推論させることです。**図3.8.1** にReActの概要を示します。LLMが行う行動には**ツール**の使用が含まれ、LLMはツールを使用することで必要な追加情報を環境から取得したり、環境に働きかけたりすることが可能になります。例えば、LLMはWeb検索エンジンを利用して情報を取得したり、外部のプログラムを呼び出して計算を行ったりすることができます。

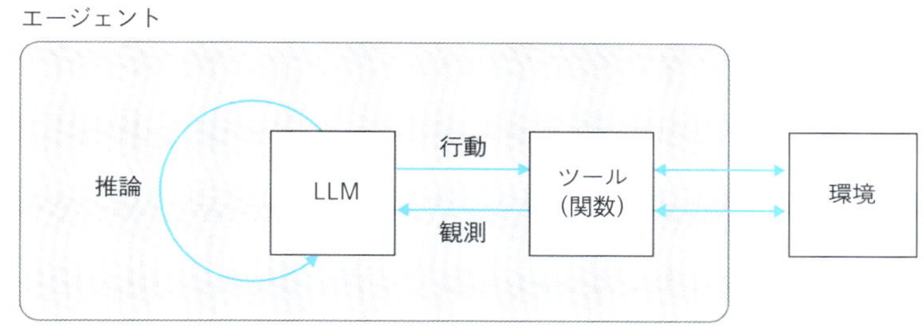

図3.8.1　ReActの概要

ReActは**エージェント**の実現手法とも考えられます。エージェントは、外界との相互作用を通じてタスクを達成するプログラムです。ツール呼び出しで外界と相互作用が可能となるため、ReActはLLMベースのエージェントの実現に適しています。

ツールはプログラミング言語の関数として考えて問題ありません。したがって、ReActはLLMが関数呼び出しを行えるようにする手法とも言えます。ただし、実際にLLMが関数を呼び出すわけではありません。LLMは、関数呼び出し要求を応答として生成します。そのため、エージェントは、LLMに代わって関数を呼び出す必要があります。関数の呼び出し結果は、観測結果としてLLMにフィードバックされ、次の推論に利用されます。

ReActでは、推論と行動を交互に行うことでそれぞれが相乗的に機能します。推論によりLLMは行動の計画を立てたり、行動の結果を解釈したりできます。一方、行動によりLLMは推論に必要な情報を収集したり、環境を変化させたりします。この相互作用によりLLMはタスクに対するより深い理解を得て、複雑な問題の解決が可能になります。

3.8.1 ReActのプロンプトと処理手順

ReActでは、次の構成のプロンプトを使用します。

- タスクの説明
- 利用可能なツールの説明
- **推論・行動・観測**（Thought-Action-Observation）のフォーマット

利用可能なツールの説明では、関数のシグネチャやその仕様を与えます。推論・行動・観測のフォーマットでは、LLMの出力（推論・行動）とLLMへの入力（観測）の形式を指定します。フォーマットの指定は、Few-Shotプロンプトで例示することで行われます。ただし、ツール利用に対応しているLLMの場合は、例示を省略することもできます。

ReActの手順は次のとおりです。

1. プロンプトの作成：LLMに対して、タスクの説明や目標を含むプロンプトを与えます。
2. 目標を達成するまで、次のステップを繰り返します。
   ①推論（Thought）：LLMはプロンプトに基づいて推論を行い、次の行動を決定します。推論の内容は、タスクの分析、必要な情報の特定、行動の計画などが含まれます。
   ②行動（Action）：エージェントは推論の結果に基づいて行動を実行します。行動には、ツールの使用（例：Web検索、計算の実行など）や最終回答の生成などがあります。
   ③観測（Observation）：エージェントは行動の結果を観測し、LLMにフィードバックします。ツールを使用した場合はツールからの出力が観測となります。最終回答が生成された場合は、タスクの実行が終了します。
   ④次の推論のためのプロンプトの更新：現在までの推論、行動、観測の履歴を次のプロンプトに追加し、LLMに次の推論を促します。これにより、LLMは過去の結果を踏まえて次の行動を決定します。
3. 最終回答の生成：LLMが最終回答を生成するまで、ステップ2を繰り返します。最終回答が生成されたら、タスクの実行を終了します。

LLMは推論フェーズでタスクを分析し、必要な情報を特定して行動を計画します。行動フェーズではエージェントがツールを使用して情報を収集したり、環境に働きかけたりします。観測された結果は次の推論のためにプロンプトに追加されます。この一連のプロセスを通じて、LLMはタスクに必要な知識を徐々に蓄積し問題解決に役立てていきます。最終的には、十分な情報が得られた時点で最終回答を生成してタスクを完了します。

3.8.2 ReActの実装方法

ここでは、エージェントフレームワークの一つであるCrewAIにおけるReActの実装を参考に、実用フレームワークでのReActの動作を説明します。また、例として、エージェントへのタスクとして2024年の最新AIの調査を依頼することを想定します。CrewAIでは、内部的なプロンプトが英語で記述されています。生成されるプロンプト中で日本語と英語が混在することを避けるため、本例ではプロンプトも英語で記述しています。

1. プロンプトの生成

CrewAIでは、エージェントの役割、目標、タスクの説明、期待される出力、使用可能なツール、推論・行動・観測のフォーマットを含むプロンプトを生成します（図3.8.2）。エージェントの役割などの情報は、事前にエージェント作成APIで指定されます。エージェントの役割などを指定する効果については3.10で説明します。

①の「エージェントの役割と目標」部分は、エージェントの役割と目標を指定しています。ここでは、シニア調査員としての役割と目標を与えています。

②の「使用可能なツールの説明」部分は、使用可能なツールの説明です。ここでは、Searchというツールで Web検索ができることを説明しています。

③の「推論・行動・観測のフォーマット」部分では、推論（Thought）・行動（Action）・行動の入力（Action Input）・観測（Observation）のフォーマットを指定しています。ここでは、推論、行動、行動の入力、観測が何を意味しているかも説明しています。行動は関数、行動の入力は関数の引数と考えても問題ありません。このような実装方法の他に具体例を使う方法もあります。

④の「タスクの説明」部分は、タスクの説明です。ここでは、2024年の最新のAIについて調査するようにタスクを設定しています。

⑤の「定型文」部分は、定型文でツールを利用して最善の最終出力が得られるように促しています。また、`Thought:`の続きを回答するようにも促しています。

①エージェントの役割と目標

```
You are AI Senior Data Researcher. You're a seasoned researcher with a
knack for uncovering the latest developments in AI. Known for your
ability to find the most relevant information and present it in a clear
and concise manner.
Your personal goal is: Uncover cutting-edge developments in AI
```

②使用可能なツールの説明

```
You ONLY have access to the following tools, and should NEVER make up
tools that are not listed here:

Search: Searches the web using the TAVILY_API for the given query and
returns relevant results.
```

③推論・行動・観測のフォーマット

```
Use the following format:
Thought: you should always think about what to do
Action: the action to take, only one name of [Search], just the name,
exactly as it's written.
Action Input: the input to the action, just a simple a python dictionary
using " to wrap keys and values.
Observation: the result of the action
Once all necessary information is gathered:

Thought: I now know the final answer
Final Answer: the final answer to the original input question
Your final answer must be the great and the most complete as possible, it
must be outcome described.
```

④タスクの説明

```
Current Task: Conduct a thorough research about AI
Make sure you find any interesting and relevant information given the
current year is 2024.
```

⑤定型文

```
Begin! This is VERY important to you, use the tools available and give
your best Final Answer, your job depends on it!
Thought:
```

図3.8.2　ReActのプロンプト例

2 (a) 推論 (Thought)

LLMは与えられたプロンプトをもとに推論を開始します。この例では、LLMは次のような推論を返します。

OUT

```
Thought:
I need to search for information about the latest developments in AI, specifically
focusing on cutting-edge research and breakthroughs in the field given the current year
is 2024. I will start by searching the web using the TAVILY_API for a broad overview of
AI developments.
（日本語訳：2024年現在の最新情報に基づいて、AI分野の最先端の研究と画期的な発展に特に焦点
を当てて、情報を探す必要があります。まず、TAVILY_APIを使ってウェブを検索し、AI開発の概要
を広く把握することから始めます。）

Action: Search
Action Input: {"query": "Latest developments in AI 2024"}
```

推論では、Web検索が必要であることを導いています。また、「Action:」と「Action Input:」の後には、それぞれツールとツールへの入力が出力されます。

2 (b) 行動 (Action)

エージェントは2(a) で得たLLMの出力を解析し、呼び出すべきツールとその入力を取得します。先ほどの例では、ツールとしてSearch、その入力として"Latest developments in AI 2024"が指定されていました。このため、エージェントはWeb検索を行います。

2 (c) 観測 (Observation)

エージェントは、検索結果を観測します。ここでは、次のようにJSON形式で検索結果が得られたものとします。

IN


```
{
    "query": "Latest developments in AI 2024",
    "follow_up_questions": null,
    "answer": null,
    "images": [],
    "results": [
        {
            "title": "AI for everything: 10 Breakthrough Technologies 2024",
            "url": "https://www.technologyreview.com/2024/01/08/1085096/artificial-
intelligence-generative-ai-chatgpt-open-ai-breakthrough-technologies",
```

```
            "content": "10 Breakthrough Technologies\nby Will Douglas Heaven\nShare\
nPopular\nDeep Dive\nArtificial intelligence\nGoogle DeepMind used a large language
model to solve an unsolved math problem\nThey had to throw away most of what it produced
but there was gold among the garbage.\n Was the buzz worth it?\nStay connected\nGet the
latest updates fromMIT Technology Review\nDiscover special offers, top stories,\
nupcoming events, and more.\n The latest iteration of a legacy\nAdvertise with MIT
Technology Review\nc 2024 MIT Technology Review\nAbout\nHelp If you continue to get this
message,\nreach out to us at\ncustomer-service@technologyreview.com with a list of
newsletters you'd like to receive.\n Finding value in generative AI for financial
services\nFinancial services firms have started to adopt generative AI, but hurdles lie
in their path toward generating income from the new technology.\n",
            "score": 0.9281487,
            "raw_content": null
        },
        省略
    ],
    "response_time": 2
}
```

2 (d) 次の推論のためのプロンプトの更新

エージェントは、LLMの出力と2 (c) の結果を最初に作ったプロンプトに加えることで、LLMへの入力を作成します。

IN

```
You are AI Senior Data Researcher. You're a seasoned researcher with a knack for
uncovering the latest developments in AI. Known for your ability to find the most
relevant information and present it in a clear and concise manner.
Your personal goal is: Uncover cutting-edge developments in AI

中略

Begin! This is VERY important to you, use the tools available and give your best Final
Answer, your job depends on it!

Thought: I need to search for information about the latest developments in AI,
specifically focusing on cutting-edge research and breakthroughs in the field given the
current year is 2024. I will start by searching the web using the TAVILY_API for a broad
overview of AI developments.

Action: Search
Action Input: {"query": "Latest developments in AI 2024"}
```

```
Observation:
{
    "query": "Latest developments in AI 2024",
    "follow_up_questions": null,
    "answer": null,
    "images": [],
    "results": [
        {
            "title": "AI for everything: 10 Breakthrough Technologies 2024",
            "url": "https://www.technologyreview.com/2024/01/08/1085096/artificial-
intelligence-generative-ai-chatgpt-open-ai-breakthrough-technologies",
            "content": "10 Breakthrough Technologies\nby Will Douglas Heaven\nShare\
nPopular\nDeep Dive\nArtificial intelligence\nGoogle DeepMind used a large language
model to solve an unsolved math problem\nThey had to throw away most of what it produced
but there was gold among the garbage.\n Was the buzz worth it?\nStay connected\nGet the
latest updates fromMIT Technology Review\nDiscover special offers, top stories,\
nupcoming events, and more.\n The latest iteration of a legacy\nAdvertise with MIT
Technology Review\nc 2024 MIT Technology Review\nAbout\nHelp If you continue to get this
message,\nreach out to us at\ncustomer-service@technologyreview.com with a list of
newsletters you'd like to receive.\n Finding value in generative AI for financial
services\nFinancial services firms have started to adopt generative AI, but hurdles lie
in their path toward generating income from the new technology.\n",
            "score": 0.9281487,
            "raw_content": null
        },
        省略
    ],
    "response_time": 2
}
Thought:
```

このプロンプトは、元のプロンプトにLLMの出力とツールの実行結果を加えたものです。この後再び2 (a) に戻り、LLMによる推論を繰り返します。推論の結果、再度ツールの呼び出しが必要であれば、Actionにツールの呼び出しが指定されます。一方、最終的な回答が得られた場合はループを終了し、最終回答を生成します。

3. 最終回答の生成

LLMは最終回答に到達した場合、次のような出力を生成します。

OUT

```
Thought:
I found several relevant articles on the latest developments in AI for 2024. Now, I need to summarize the key findings and trends to provide a comprehensive overview.
（日本語訳：私は2024年のAIの最新動向に関するいくつかの関連記事を見つけました。次に、主要な発見とトレンドをまとめて、包括的な概要を提供する必要があります。）

Final Answer:
As of 2024, the field of artificial intelligence is witnessing significant advancements and trends shaping its future. Here are some of the most noteworthy developments:

1. Math Problem Solving by AI: Google DeepMind has demonstrated the capability of large language models to solve previously unsolved mathematical problems. Although much of the output may not be usable, valuable insights have been uncovered, showcasing the potential of generative AI in tackling complex challenges.

省略

6. Advancements in Robotics: Inspired by generative AI techniques, there is a trend toward developing more versatile robots capable of performing a wider range of tasks. This could lead to significant improvements in automation and efficiency across various sectors.

Overall, 2024 is set to be a pivotal year for AI, marked by rapid evolution, emerging roles, practical applications in different sectors, and ongoing conversations about ethics and policy. The integration of AI into everyday lives continues to deepen, promising exciting changes ahead.
（日本語訳：2024年現在、人工知能の分野では、その未来を形作る重要な進歩とトレンドが見られます。以下は、最も注目すべき発展の一部です：

1. AIによる数学問題の解決：Google DeepMindは、大規模な言語モデルが未解決の数学問題を解決する能力を実証しました。出力の多くは使用できないかもしれませんが、生成AIが複雑な課題に取り組む可能性を示す、貴重な洞察が明らかになっています。

省略

6. ロボット工学の進歩：生成AIの技術に触発され、より幅広いタスクを実行できる多目的ロボットの開発に向けたトレンドがあります。これにより、様々な分野での自動化と効率の大幅な改善につながる可能性があります。

全体的に、2024年はAIにとって重要な年になると予想されており、急速な進化、新たな役割の出現、様々な分野での実用的な応用、倫理やポリシーに関する継続的な対話が特徴となっています。日常生活へのAIの統合は深化し続け、今後のエキサイティングな変化を予感させます。）
```

「`Final Answer:`」で始まる部分はプロンプトのフォーマットで指定した形式です。ここでは、LLMが観測結果に基づいて最終結果を生成していることが確認できます。

本節ではCrewAIの実装をベースにReActのプロンプトを説明しましたが、LangChainなどの他のフレームワークでも概ね同じようなプロンプトが使われています。

3.9

Reflexion

Reflexionは、LLMを用いたエージェントをプロンプトの反復的な改善で性能を改善する学習手法です。ここで言う学習とは、LLMのパラメータ更新を伴うファインチューニングのようなTransformerのパラメータ更新を伴う学習ではありません。LLM自身がタスクを試行した結果を分析し、言語的なフィードバックを生成することで、自己改善することを指します。言語的なフィードバックを次に試行するときのプロンプトにコンテキストとして組み込むため、一種の文脈内学習とも言えます。

Reflexionでは、言語的なフィードバックを経験として**長期記憶**として保存し、次の試行時に参照することで、エージェントの性能を向上させます。一方、試行ごとに必要な情報は**短期記憶**として保存します。

3.9.1 エージェントの構成

Reflexionにおけるエージェントは、図3.9.1のようにActor、Evaluator、Self-Reflectionの三つの構成要素を用いて与えられたタスクを実行します。これらの構成要素はそれぞれがLLMを利用して各々の役割を果たします。推論の際、Actorは**短期記憶**に格納した軌跡（Trajectory）と**長期記憶**から抽出した重要な経験をコンテキストとしてプロンプトに組み込みLLMに渡します。ここの軌跡とは、エージェントが過去に行った推論や行動（プロンプトとLLMの出力）と観測のシーケンスを指します。なお、3.8で紹介したReActの一連のプロセスは軌跡に相当します。Actorが環境とやり取りする場合、ReActのような仕組みが利用されます。

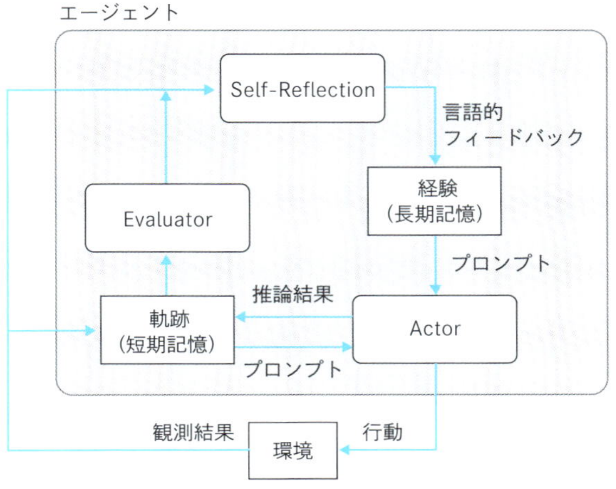

図3.9.1　Reflexionの構成要素

各構成要素の働きは次のとおりです。

- Actor：与えられたタスクを試行します。現在の試行における軌跡（推論や行動と観測のシーケンス）を短期記憶として保持します。また、過去の試行で得られたSelf-Reflectionからのフィードバックを長期記憶として参照します。
- Evaluator：短期記憶に格納されたActorの試行結果である軌跡を評価します。
- Self-Reflection：現在の試行における軌跡とEvaluatorの評価結果を入力として受け取り、言語的なフィードバックを生成します。このフィードバックは、長期記憶に追加されます。

なお、短期記憶はタスクの試行ごとに完結し、試行が終了すると破棄されます。一方、長期記憶は複数の試行をまたいで蓄積されていきます。この設計により、各エージェントは自身の役割に特化した情報を扱うことができます。また、長期記憶を通じてActorが過去の経験から学習することで、類似タスクを繰り返すうちに性能が向上していきます。

3.9.2 Reflexionの処理手順

あるタスクが与えられたときのReflexionの処理手順は次のとおりです。

1. Actorが初期の軌跡を生成
2. Evaluatorが軌跡を評価

3. Evaluatorが合格判定を出すか、試行回数が上限に達するまで、次の内容を繰り返す
   ①Self-Reflectionが評価結果からフィードバックを生成
   ②フィードバックを長期記憶に追加

このタスクを通した経験は長期記憶に残るため、Actorによる次のタスクにも活かされます。

3.9.3 Reflexionを用いたコード生成の例

例として、Reflexionをコード生成タスクに適用した場合を紹介します。ここでは、Pythonの関数シグネチャとそのドキュメントを入力とし、その関数を実装するコード生成タスクを想定します。

まず、次の関数シグネチャとドキュメントを与えて、関数の本体を生成するタスクを考えます。

```
def add_numbers(a: int, b: int) -> int:
    """
    Given two integers a and b, return their sum.
    """
```

ここでは、関数のドキュメントはPythonのdocstringの形式で与えられています。「二つの整数aとbを受け取り、それらの和を返す」という説明が関数のドキュメントです。

はじめに、Actorは初期の軌跡を生成します。軌跡の生成はLLMにプロンプトを与え、その出力を取得することで行われます。使用するプロンプトは、次のようなものです。

IN

```
You are an AI that only responds with python code, NOT ENGLISH. You will be given a
function signature and its docstring by the user. Write your full implementation
(restate the function signature).
（日本語訳： あなたはPythonコードのみで応答し、英語では応答しないAIです。ユーザーから関
数シグネチャとdocstringが与えられます。その関数の完全な実装を記述してください（関数シグ
ネチャを再記述すること）。）
def add_numbers(a: int, b: int) -> int:
    """
    Given two integers a and b, return their sum.
    """
Use a Python code block to write your response. For example:
```

```
```python
```

ここでは、関数のシグネチャとドキュメントが与えられ、その関数を実装するコードを生成するように指示しています。また、Pythonのコードブロックで回答するようにFew-Shot（One-Shot）プロンプティングで回答を例示しています。

LLMは、このプロンプトに対して次のようなコードを生成します。

OUT

```
def add_numbers(a: int, b: int) -> int:
    """
    Given two integers a and b, return their sum.
    """
    return a + b
```

関数のボディには、二つの引数aとbを加算して返すコードが生成されています。

次に、Evaluatorが生成されたコードを評価します。EvaluatorはLLMに次のようなプロンプトを与えることで、コードを評価するためのテストを生成します。

IN

```
You are an AI coding assistant that can write unique, diverse, and intuitive unit tests
for functions given the signature and docstring.
（日本語訳：あなたは、関数のシグネチャとdocstringが与えられた際に、ユニークで多様性があ
り直感的なユニットテストを書くことができるAIコーディングアシスタントです。）
Examples:
func signature:
def add3Numbers(x, y, z):
    """ Add three numbers together.
    This function takes three numbers as input and returns the sum of the three numbers.
    """
unit tests:
assert add3Numbers(1, 2, 3) == 6
assert add3Numbers(-1, 2, 3) == 4
assert add3Numbers(1, -2, 3) == 2
assert add3Numbers(1, 2, -3) == 0
assert add3Numbers(-3, -2, -1) == -6
assert add3Numbers(0, 0, 0) == 0
func signature:
    def add_numbers(a: int, b: int) -> int:
    """
    Given two integers a and b, return their sum.
```

3 プロンプトエンジニアリング
```

```
    """
unit tests:
```

ここでは、関数のシグネチャとドキュメントが与えられ、その関数に対するユニットテストを生成するように指示しています。また、先ほどのプロンプトと同様、Few-Shot（One-Shot）プロンプティングを用いて生成されるユニットテストを例示しています。

EvaluatorのLLMは、このプロンプトに対して次のようなユニットテストを生成します。

OUT

```
assert add_numbers(1, 2) == 3
assert add_numbers(0, 0) == 0
assert add_numbers(-1, 1) == 0
assert add_numbers(10, 20) == 30
assert add_numbers(-5, -7) == -12
```

Evaluatorは生成したユニットテストを実行し、Actorが生成したコードを評価します。その結果、Actorが生成したコードが全てのテストに合格した場合、エージェントの処理を終了します。一方、テストが失敗した場合、Self-Reflectionが言語的なフィードバックを生成し、Actorが利用する長期記憶に追加します。

ここでは、Actorが生成したコードが次のように間違っていた場合を想定し、Self-Reflectionの動作を説明します。

```
def add_numbers(a: int, b: int) -> int:
    """
    Given two integers a and b, return their sum.
    """
    return a - b
```

このコードは、二つの引数aとbの和ではなく差を返します。このため、Evaluatorが生成したユニットテストに対しては、次のように大部分のテストが不合格となります。

```
Tested passed:
assert add_numbers(0, 0) == 0 # output: 0
Tests failed:
assert add_numbers(1, 2) == 3 # output: -1
assert add_numbers(-1, 1) == 0 # output: -2
assert add_numbers(10, 20) == 30 # output: -10
```

```
assert add_numbers(-5, -7) == -12 # output: 2
```

Test failed:の部分には、不合格のテストケースに対する期待される出力と実際の出力を記載しています。

Self-Reflectionは、言語的なフィードバックを得るために生成されたコードとテストの結果を用いて、LLMに次のようなプロンプトを与えます。

IN

```
You are a Python programming assistant. You will be given a function implementation and
a series of unit tests. Your goal is to write a few sentences to explain why your
implementation is wrong as indicated by the tests. You will need this as a hint when you
try again later. Only provide the few sentence description in your answer, not the
implementation.
(日本語訳：あなたはPythonプログラミングアシスタントです。関数の実装とユニットテストのシ
リーズが与えられます。あなたの目標は、ユニットテストが示すように、なぜあなたの実装が間違
っているのかを数文で説明することです。後でもう一度試すときのヒントとしてこれが必要になり
ます。回答には、実装ではなく、数文の説明のみを提供してください。)

[function impl]:
```python
def add_numbers(a: int, b: int) -> int:
    """
    Given two integers a and b, return their sum.
    """
    return a - b
```

[unit test results]:
Tested passed:
assert add_numbers(0, 0) == 0 # output: 0
Tests failed:
assert add_numbers(1, 2) == 3 # output: -1
assert add_numbers(-1, 1) == 0 # output: -2
assert add_numbers(10, 20) == 30 # output: -10
assert add_numbers(-5, -7) == -12 # output: 2
```

LLMは、このプロンプトに対して次のようなフィードバックを生成します。

OUT

```
The implementation fails all test cases except one because it subtracts b from a instead
of adding them. To fix this issue, the - operator should be replaced with + to correctly
sum the two integers.
（日本語訳：この実装は、aとbを足し合わせる代わりにbをaから引いているため、1つのテストケ
ースを除いてすべてのテストケースに失敗しています。この問題を修正するには、2つの整数を正
しく合計するために、-演算子を+に置き換える必要があります。）
```

このフィードバックでは、二つの整数を正しく合計するためには-演算子を+演算子に置き換えることが必要であることに言及しています。Self-Reflectionはこのフィードバックを Actorの長期記憶に追加します。

そしてこのフィードバックは、Actorによる次の試行でのコード生成に活用されます。長期記憶が次の試行でどのように活用されるかを見てみましょう。Actorの2回目の試行では、LLMに次のようなプロンプトを与えることで、生成したコードの更新をLLMに依頼します。

IN

````
You are a Python writing assistant. You will be given your past function implementation,
a series of unit tests, and a hint to change the implementation appropriately. Write
your full implementation (restate the function signature).
（日本語訳：あなたはPythonライティングアシスタントです。過去の関数の実装、一連のユニット
テスト、および実装を適切に変更するためのヒントが与えられます。関数の完全な実装を記述して
ください（関数シグネチャを再記述すること）。）

[previous impl]:
```python
def add_numbers(a: int, b: int) -> int:
    """
    Given two integers a and b, return their sum.
    """
    return a - b
```

[unit test results from previous impl]:
Tested passed:
assert add_numbers(0, 0) == 0 # output: 0
Tests failed:
assert add_numbers(1, 2) == 3 # output: -1
assert add_numbers(-1, 1) == 0 # output: -2
assert add_numbers(10, 20) == 30 # output: -10
assert add_numbers(-5, -7) == -12 # output: 2
````

```
[reflection on previous impl]:
The implementation fails all test cases except one because it subtracts b from a instead
of adding them. To fix this issue, the - operator should be replaced with + to correctly
sum the two integers.

[improved impl]:
Use a Python code block to write your response. For example:
```python
print('Hello world!')
```
```

2回目の試行では、1回目の結果とSelf-Reflectionからのフィードバックが与えられています。具体的には、[previous impl]には1回目の試行で生成されたコードが、[reflection on previous impl]にはSelf-Reflectionからのフィードバックが与えられています。

Actorは、このプロンプトに対して次のようなコードを生成します。

OUT

```
def add_numbers(a: int, b: int) -> int:
    """
    Given two integers a and b, return their sum.
    """
    return a + b
```

ここでは、ActorはSelf-Reflectionからのフィードバックを活用し、二つの整数aとbを正しく合計するコードを生成しています。

このように、Reflexionは言語的なフィードバックを通してActorの性能を繰り返し向上させていきます。長期記憶はタスクの試行をまたいで蓄積され、Actorの意思決定に影響を与えます。タスク試行ごとにActorは新しい短期記憶を構築しますが、長期記憶に蓄積されたフィードバックを参照することができます。これにより、過去の経験から学習し、次のタスク施行に活かすことができます。

3.10

役割やペルソナの設定

LLMに特定の**役割**や**ペルソナ**を設定することで、モデルのパフォーマンスと応答の質を向上させることができます。役割やペルソナの設定は、プロンプトエンジニアリングの重要な技術の一つであり、様々な応用が可能です。例えば、役割やペルソナの設定は、エージェントの実現にも応用されています。エージェントフレームワークのCrewAIやAutoGenでは、APIの一部でエージェントの役割やペルソナを指定することができるようになっています。

3.10.1 役割設定によるCoT推論性能の向上

専門的な役割をLLMに設定することで、特定の分野におけるLLMのパフォーマンスを向上させることができます（Role-Play Prompting）。Kongらの研究［Kong et al. 2024］では、「数学の先生」の役割をLLMに設定することで算術問題のパフォーマンスが向上したことが報告されています。

例えば、次のような文言をプロンプトに加えることで、LLMに「数学の先生」の役割を設定することができます。

IN

```
あなたは優秀な数学の先生であり、生徒に数学の問題を常に正しく教えています。私はあなたの生
徒の一人です。
```

このようなプロンプトをZero-Shot CoTプロンプティングと組み合わせることで、LLMは数学分野に特化した詳細な推論の過程を生成することが可能とされています。その結果、回答精度が向上するようです。

3.10.2 役割設定の限界

役割の設定はCoT推論の性能を向上する可能性が知られていますが、性能向上はタスクに依存することがわかっています。Zhengらの研究［Zheng et al. 2024］では、知識を問う問題の場合、特定の役割が性能を大きく向上することはないことを示しています。また、男性的また

は女性的な役割を設定すると、ジェンダーニュートラルな役割の時よりもわずかに性能が悪くなることが有意な差として報告されています。論文ではこのようなジェンダーによるパフォーマンスの差について、社会的なジェンダーステレオタイプに由来するモデルのバイアスが原因である可能性が示唆されています。

3.10.3 ペルソナの設定

Jiangらの研究 [Jiang et al. 2024] では、ビッグファイブモデル (Big Five Model) に基づく性格特性をLLMに設定することで、LLMがその性格特性に合致した言語的特徴を示すようになり、人間らしい対話が可能になるとしています。

ビッグファイブモデルは、人格心理学において最も広く受け入れられている性格特性の分類法の一つです。このモデルは、人間の性格を次の五つの特性（特性尺度）に分類します。

- 外向性 (Extraversion)：社交的、活発、積極的、自己主張が強いなどの特徴を示す。
- 協調性 (Agreeableness)：思いやりがある、優しい、協力的、寛容などの特徴を示す。
- 誠実性 (Conscientiousness)：責任感が強い、組織的、勤勉、計画的などの特徴を示す。
- 神経症傾向 (Neuroticism)：不安になりやすい、感情的に不安定、ストレスに弱いなどの特徴を示す。
- 開放性 (Openness to Experience)：知的好奇心が強い、創造的、想像力が豊か、新しい経験に開放的などの特徴を示す。

例えば、次のようなプロンプトを使用することで、LLMに「社交的で開放的な性格」のペルソナを設定することができます。

IN

```
あなたは社交的で開放的な性格の人物です。
```

このような文言をプロンプトに加えることで、設定したペルソナに合致するような回答をすることが期待されます。

第 4 章

言語モデルAPI

大規模言語モデルをプログラムから利用するためのインタフェースとして、言語モデルAPIが提供されています。本章では、言語モデルAPIの基本的な使い方や機能について解説します。言語モデルAPIはモデルごとに少しずつ異なるため、本章では代表的なAPIであるOpenAI API、Gemini API、Anthropic APIについて、それらの共通点や相違点についても論じます。

4.1

会話型APIと補完型API

LLMをアプリケーションに組み込んで使用する際には、APIを介して言語モデルとやり取りを行います。本書執筆時点で、主要なAPIには会話型API（Chat API、Conversation API）と補完型API（Completion API）の2種類があります。本節では、特定のLLMに依存しない形でそれぞれのAPIについて解説します。

4.1.1 会話型API

会話型APIは、OpenAIのChat GPTのように自然な会話を実現するために設計されたインタフェースです。対話型LLM（1.2.2参照）やマルチモーダルLLM（1.2.3参照）の多くは、この会話型APIを介して利用されます。会話型APIのLLMは、ユーザとAIアシスタントが交互にメッセージをやり取りすることで、会話の文脈を理解した上で適切な応答を生成します。

会話型APIは、メッセージリストをプロンプトとして入力し、次の応答メッセージを生成します。例えば、下記のようなメッセージリストの入力を考えてみましょう。

```
ユーザ: 最も古いプログラミング言語はなんですか？

アシスタント: 最も古いプログラミング言語の一つは、1950年代初頭に開発されたFORTRANです。

ユーザ: 誰が開発しましたか？
```

このプロンプトは、二つのユーザメッセージと一つのアシスタントメッセージから構成されています。ユーザは、はじめに最も古いプログラミング言語をアシスタントに問いかけています。アシスタントは答えが「FORTRAN」であることを返し、ユーザはその開発者を続けて問いかけています。会話型APIに対してこのようなメッセージリストをプロンプトとして入力すると、出力として次のような応答メッセージが得られるはずです。

```
アシスタント: FORTRANは、IBMで働いていたジョン・バックスとそのチームによって開発されました。1957年に最初のバージョンがリリースされ、その後も多くのバージョンが発表されました。
```

ユーザの2回目の質問「誰が開発しましたか？」では、目的語である「FORTRAN」が省略されています。しかし、LLMは、会話の文脈から目的語が「FORTRAN」であることを理解し、回答しています。

このように、会話型APIを使うことでユーザはLLMと自然な対話を行い、様々なタスクを依頼することができます。会話の文脈を維持しながら、ユーザの質問や要求に対して適切な応答を生成できるため、幅広いアプリケーションに応用できます。

4.1.2 補完型API

補完型APIは、与えられたテキストに続く自然なテキストを予測するためのインタフェースです。事前学習済み言語モデル（1.2.1参照）の多くは、この補完型APIを介して利用されます。

事前学習済み言語モデルは与えられたプロンプトの文脈を理解し、その文脈に続くテキストを生成します。例として、次のような文をプロンプトとして利用する場合を考えてみましょう。

IN

```
昔々、あるところにおじいさんとおばあさんが住んで
```

これをプロンプトとしてAPIに入力し、最大256トークンのテキストを生成するように指定すると、次のような出力が得られます。

OUT

```
いました。おじいさんは山へしばかりに、おばあさんは川へせんたくに行きました。おばあさんが
川でせんたくをしていると、ドンブラコッコ、ドンブラコッコと大きな桃が流れてきました。おば
あさんはびっくりして、桃をあがりました。家に帰っておじいさんにおいしそうな桃を見せてあげ
ました。おじいさんもおばあさんも、おいしそうな桃を食べたくてたまりません。おじいさんは大
きなナイフで桃を切りました。すると、中から元気いっぱいの赤ちゃんが飛び出してきました。お
じいさんとおばあさんは、赤ちゃんが可愛くて仕方がありませんでした。おじいさんとおばあさん
は、
```

この出力結果は、gpt-3.5-turbo-instructでパラメータとしてtemperature＝0、max_length＝256を指定して得たものです。ここでは、temperatureを0に設定し、創造性を抑制しているため、誰もがよく知る「桃太郎」の物語が生成されていることがわかります。

補完型APIはOpenAI APIなどではすでにレガシー扱いになっており、本書執筆時点の最

新のモデルでは会話型APIのみが提供されています。このため、本書では主に会話型APIに絞って解説を行います。なお、先ほどのテキスト補完タスクも会話型APIで次のようなプロンプトを与えることで、同じような結果を得ることができます。

IN

```
ユーザ：
以下の物語の続きを教えてください。

昔々、あるところにおじいさんとおばあさんが住んで
```

このプロンプトでは、LLMに対して物語の続きを教えてほしい旨を明示的に伝えています。

4.2

各種言語モデルAPIの共通点

言語モデルAPIは、OpenAI APIやGemini APIをはじめ様々なものが利用可能です。また、今後もAPIは増えてくることが予想されます。本節では、OpenAI APIなど個々のAPIの説明に先立ち、各APIについての共通点をまとめます。複数の言語モデルAPIの共通点を知ることは、言語モデルの本質を理解するのに役立ちます。また、将来リリースされる言語モデルのAPIも同じ共通点を持つものと予想されます。このため、本書で紹介するAPI以外を利用する上でも本節の内容は参考になるでしょう。

本書では、次のAPIを扱います。

- OpenAI API
- Gemini API
- Anthropic API

これらのAPIは言語モデルを利用するためのインタフェースという点で同じであり、多くの点で共通しています。以降、本節では主に共通する項目を説明するとともに、細かなAPIごとの差異についても言及します。個々のAPIについての詳細は次節で説明します。

4.2.1 リクエストや応答の流れ

大規模な演算リソースを必要とするLLMは、OpenAIやGoogleなどのAPIプロバイダのサーバで運用されます。ユーザは、HTTPプロトコルをベースとするWeb APIを用いて各APIプロバイダのLLMにアクセスすることになります。パラメータ数の少ないモデルであれば、ローカルPCでも実行させることはできます。しかし、最先端かつ最高性能のモデルは常にサーバで運用されることになるはずです。

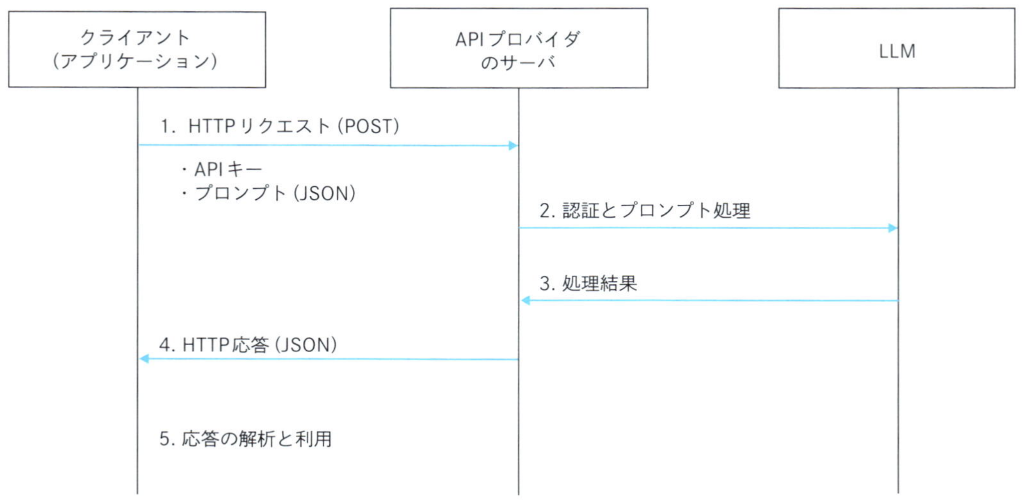

図4.2.1 リクエストや応答の流れ

図4.2.1に示すように、リクエストや応答の流れは、基本的にHTTPプロトコルを用いてJSON(JavaScript Object Notation)フォーマットでデータをやり取りする点で共通しています。具体的には、次のようなステップでAPIとの通信が行われます。

1. アプリケーションは、APIプロバイダが指定するエンドポイントURLに対して、HTTPのPOSTメソッドを用いてリクエストを送信します。リクエストには、APIキーによる認証情報、およびLLMへのプロンプト(メッセージリスト)が含まれます。
2. サーバは、リクエストを受信すると、認証情報を検証し、プロンプトをLLMに渡して処理を実行します。
3. LLMは、プロンプトに基づいて処理を行い、結果をAPIサーバに返します。
4. APIサーバは、LLMから受け取った結果をJSONフォーマットに整形し、HTTPの応答としてユーザに返します。
5. アプリケーションは、APIから返された応答を解析し、アプリケーション固有の処理に利用します。

このように、リクエストと応答のやり取りを通じて、ユーザはLLMの処理結果を取得できます。API経由でのアクセスにより、ユーザは自前でLLMを運用することなく、手軽に言語処理機能を利用できます。

参考として、Web APIによるOpenAI APIを使用するPythonプログラムの例を**リスト4.2.1**に示します。このプログラムでは、`requests`モジュールを用いてHTTPリクエストを送信したり、明示的にJSONデータを操作したりしています。しかし、実際のアプリケーションでこのような処理を記述することは少ないかもしれません。これは、APIプロバイダがもう少し抽象度の高いPythonモジュールによるAPIを提供しているからです。APIプロバイダが提供する専用のPythonライブラリを用いることで、より簡単にLLMを操作することが可能です。4.2.3ではAPIプロバイダが提供するPythonライブラリについて紹介します。なお、APIプロバイダによる専用ライブラリの提供がないプログラミング言語を使う場合は、リスト4.2.1相当のプログラムを作成する必要があります。

リスト4.2.1 Web APIによるOpenAI APIの利用例 (src/api/http_openai.py)

```
import requests
import json
import os

# OpenAI API の設定
API_ENDPOINT = "https://api.openai.com/v1/chat/completions"
OPENAI_API_KEY = os.environ["OPENAI_API_KEY"]

# ヘッダーの設定
headers = {
    "Content-Type": "application/json",
    "Authorization": f"Bearer {OPENAI_API_KEY}"
}

# リクエストの内容
data = {
    "model": "gpt-4o-mini",
    "messages": [
        {"role": "system", "content": "You are a helpful assistant."},
        {"role": "user", "content": "こんにちは。"}
    ]
}

# 1. HTTPリクエスト（POST）の送信
response = requests.post(API_ENDPOINT, headers=headers, data=json.dumps(data))

# 4. HTTP応答（JSON）の受信
if response.status_code == 200:
    # 5. 応答の解析と利用
    result = response.json()
    assistant_reply = result['choices'][0]['message']['content']
    print("Assistant:", assistant_reply)
```

```
else:
    print("Error:", response.status_code, response.text)
```

4.2.2 APIキーによる認証

言語モデルAPIを利用するには、APIプロバイダが発行するAPIキーが必要です。APIキーは、通常、ユーザやプロジェクトごとに発行されます。これらの認証情報は、リクエスト時にHTTPヘッダに含めることでAPIサーバに渡されます。

APIキーは、ユーザまたは組織の管理者がAPIプロバイダに登録することで取得できる文字列です。キーには、フリープランや有料プランなど、ユーザの契約プランに応じた権限が付与されています。APIキーはユーザやプロジェクトを識別し、利用可能なリソースを制御するために使用されます。

APIキーを用いた認証は、次のような利点があります。

- ユーザやプロジェクトを識別し、適切な権限制御ができる
- APIの不正利用を防止できる
- ユーザやプロジェクトごとの使用トークン数や料金を知ることができる

ただし、APIキーは機密情報であるため、適切に管理する必要があります。これらの認証情報が漏洩すると、不正利用のリスクが高まります。APIキーは環境変数や安全なストレージに保存し、ソースコードにハードコーディングすることは避けるべきです。

4.2.3 PythonによるAPIライブラリの提供

APIプロバイダの多くは、Pythonを含む複数のプログラミング言語で使用できるAPIクライアントライブラリを提供しています。例えば、OpenAIはPythonのopenaiパッケージを通じて、GPTモデルへのアクセス方法を提供しています。開発者はこれらのライブラリを使うことで、HTTPリクエストの作成や応答の取得を簡単に行うことができます。

また、これらのライブラリは共通してAPIキーを環境変数から自動的に読み込んで、HTTPリクエストに使用します。これにより、開発者はAPIキーをソースコードに直接書き込むことなく、安全に認証情報を利用できます。設定すべき環境変数はAPIごとに異なりますが、APIプロバイダの名前を大文字にしたものに、API_KEYを繋げて環境変数を命名することが慣例となっています。表4.2.1にAPIごとの環境変数を示します。

表4.2.1 APIキーの環境変数一覧

API	環境変数
OpenAI API	OPENAI_API_KEY
Gemini API	GOOGLE_API_KEY
Anthropic API	ANTHROPIC_API_KEY

APIプロバイダから提供されるライブラリは、APIのエンドポイントURL、認証、リクエストのパラメータなどの詳細を抽象化し、開発者が直接LLMの機能を利用できるように設計されています。

ここでは参考として**リスト4.2.2**にPythonライブラリによるOpenAI APIの利用例を示します。Web APIを直接利用していた**リスト4.2.1**と比べると、処理が簡素化されていることが確認できるはずです。例えば、**リスト4.2.1**では明示的にJSONデータを扱っていましたが、**リスト4.2.2**ではその必要がありません。

リスト4.2.2 PythonライブラリによるOpenAI APIの利用例（src/api/python_openai.py）

```
from openai import OpenAI

client = OpenAI()


# メッセージの設定
messages = [
    {"role": "system", "content": "You are a helpful assistant."},
    {"role": "user", "content": "こんにちは。"},
]

try:
    # APIリクエストの送信
    response = client.chat.completions.create(model="gpt-4o-mini", messages=messages)

    # 応答の解析と利用
    assistant_reply = response.choices[0].message.content
    print("Assistant:", assistant_reply)

except Exception as e:
    # エラーハンドリング
    print(f"An error occurred: {e}")
```

4.2.4 言語モデルの制御パラメータ

言語モデルAPIでは、言語モデルの動作を制御するためのパラメータが用意されています。パラメータを調整することで、生成されるテキストの特性を変化させられます。

各モデルで共通するパラメータには次のようなものがあります。

- temperature（温度）
- top-p（トップ p）
- 最大トークン数
- ストップシーケンス

これらのパラメータは用途に応じて次の二つに大別されます。

- トークン予測：TransformerベースのLLMは、文脈から次のトークンの確率分布を計算します。そして、temperature、top-pなどのパラメータを使用してこの確率分布から次のトークンをサンプリングします。
- 長さの制御：最大トークン数は、モデルが生成するテキストの全体の長さを制限する役割を果たします。モデルがテキストを生成する際、最大トークン数に設定された上限に達するかストップシーケンスが現れると、生成プロセスは停止します。

これらのパラメータは、APIのリクエスト時に指定します。目的に応じて適切なパラメータを設定する必要があります。以降、本節では各パラメータについて説明します。

temperature（温度）

temperatureは生成されるテキストの創造性に影響を与える非負の実数パラメータです。主に0以上1以下の範囲で設定されます。低く設定すると生成されるテキストはより確定的で一貫性のあるものになります。0を設定することで、毎回同じ結果を得ることができます。一方、高く設定すると生成されるテキストはより多様性に富んだものになります。1より大きな値も設定することができますが、生成されるテキストのランダム性が増すため、意味のない文章が得られてしまう可能性が高まります。

低めに設定すべき場合の例としては、プロンプトで与えた最新情報からのニュース記事の生成が考えられます。temperatureを低めに設定することで、事実に基づいた一貫性のある記事を生成することができます。一方、高めに設定する場合の例としては新しい物語の生成が考えられます。temperatureを高めに設定することで、想像力豊かで多様性のある物語を生成することが期待できます。

temperatureを使ったトークンサンプリングの仕組みについては1.5.1を参照してください。

top-p（トップp）

top-pは言語モデルが次のトークンを予測する際に使用するパラメータです。top-pを用いたトークンのサンプリングでは、確率の累積値が閾値p以上になるまでのトークンを選択の対象とします。このため、top-pを小さく設定すると、生成されるテキストはより確定的で一貫性のあるものになります。一方、top-pを大きく設定すると、生成されるテキストはより多様性に富んだものになります。

top-pを使ったトークンサンプリングの仕組みについては1.5.3を参照してください。

最大トークン数

最大トークン数は、言語モデルが生成するテキストの最大長を制御するパラメータです。このパラメータはトークンの数で指定され、生成されるテキストが指定された長さを超えないようにします。

最大トークン数の主な目的は、無駄に長いトークン列の生成によって計算資源が消費されることを防ぐことです。最大トークン数の値は、言語モデルに与えられるプロンプトとは独立して機能します。つまり、プロンプトの内容に関わらず、最大トークン数で指定された長さを超えるテキストは生成されません。

最大トークン数を使用する際には、文が途中で切れる可能性がある点に注意する必要があります。このため、多くの場合、プロンプト中で長さを指定する方が自然なテキストの生成に適しています。プロンプトでは、「100単語程度で要約してください」のように、長さを柔軟に指定できます。言語モデルはこの指示を理解し、文脈に応じて自然な区切りでテキストを生成しようとします。

ただし、出力テキストの最大長を厳密に制御する必要がある場合や、計算リソースに制約がある場合には、最大トークン数が有効です。プロンプトと最大トークン数を組み合わせて使用することで、出力テキストの長さを制御しつつ、品質を維持することができます。

ストップシーケンス

言語モデルAPIを使用する際、ストップシーケンスを設定することで生成される応答を柔軟に制御することができます。ストップシーケンスとは、言語モデルが生成する応答のうち、指定した文字列が出現した時点で生成を打ち切る機能です。これにより、必要な情報だけを生成させ、無駄な計算を回避することができる場合があります。

ストップシーケンスの実用的な利用シーンとしては、3.8で紹介したReActの実装が考えられます。具体的にはReActのObservation以降の無駄な生成を停止するために、ストップシーケンスを設定します。Few-Shotプロンプティングを用いたReActの実装では、推論（Thought）、行動（Action）、観測（Observation）を例示で与えます。LLMは例示と同じように推論、行動、観測を出力しますが、観測はLLMの呼び出し側で置き換えるため不要です。

例として、ReActでLLMにツールを使わせることでリアルタイムに都市の天気を答えさせる場合を考えましょう。Few-ShotプロンプティングのReActで用いるプロンプトの一部は次のようになります。

IN

```
Examples:
Task: 現在の東京の天気を教えてください。
Thought: 現在の東京の天気を知るためには、天気予報サイトにアクセスする必要があります。
Action: GetWeather("東京")
Observation: 晴れ
Thought: 東京は晴れのようです。
Action: None

Task: 現在の大阪の天気は？
Thought:
```

このプロンプトに対し、LLMはExamplesと同じように、Thought以降のテキストを生成します。しかし、Observation以降は、実際にはLLMが生成したものをそのまま利用するのではなく、LLM呼び出し側で天気を取得した結果と置き換える必要があります。したがって、Observation以降をLLMに生成させる必要はありません。このような場合、ストップシーケンスを設定しておくことで、Observation以降の生成を停止することができます。ストップシーケンスとして「Observation:」を指定しておいた場合、先ほどのプロンプトに対する応答は次のようになります。

OUT

```
Thought: 大阪の現在の天気を知るために、天気予報サイトにアクセスします。
Action: GetWeather("大阪")
```

一方、ストップシーケンスが指定されていない場合、例示と同じように次のような部分までLLMが出力してしまうことが考えられます。

```
Observation: 晴れ
Thought: 大阪は現在晴れのようです。
Action: None
```


このとき「晴れ」はLLMが勝手に推測した結果であり、実際の天気が反映されているとは限りません。しかし、ストップシーケンスが指定されていることによって、Actionまでの出力で停止することができます。この結果を受けて、LLM呼び出し側は次のような処理を行います。

1. Actionの内容を解析し、GetWeather("大阪") というAPIリクエストを実行して、大阪の天気情報を取得します。ここでは、曇りという天気情報を取得したと仮定します。
2. プロンプトに「Observation: 曇り」を追加して、LLMに再度問い合わせます。
3. LLMは追加されたObservationをもとに残りのThoughtとActionを生成します。

このように、ストップシーケンスを活用することで、APIリクエストの実行と応答の生成を効率的に行うことができます。ReActの詳細な仕組みついては、3.8を参照してください。

4.3

言語モデルAPIごとの使い方

本節では、OpenAI API、Gemini API、Anthropic APIといった主要な言語モデルAPIについて、その使い方の共通点と違いを説明します。これらのAPIを適切に利用することで、特定の言語モデルに依存しないシステムを開発することができます。

全てのAPIに共通する点は次のとおりです。

- モデル名を指定する
- メッセージリストを渡す
- APIキーを環境変数から読み出す
- 複数のモダリティ（形式）を入力可能
- temperature、top-p、最大トークン数、ストップシーケンスといったパラメータを指定可能

ただし、これらのパラメータの名前や渡し方には、API間で差異があります。以降、本節では各APIについてテキストのみの会話と画像を含むマルチモーダルな会話の二つの例を示しながら、その特徴を解説します。

4.3.1 OpenAI API

OpenAI APIは、OpenAIが提供するAPIです。OpenAI APIを用いることで、OpenAIが開発したモデルにアクセスすることができます。OpenAI APIを使用するには事前にAPIキーを取得し、環境変数に設定することが必要です。必要なパッケージのインストールについては巻末のAppendixを参考にしてください。

会話

リスト4.3.1は、OpenAI APIを使用してテキストのみの会話を行う例です。このプログラムを用いてOpenAI APIの使い方を示します。

リスト4.3.1 OpenAI APIによる会話 (src/api/chat_openai.py)

```
from openai import OpenAI

client = OpenAI()

response = client.chat.completions.create(
    model="gpt-4o-mini",
    messages=[
        {"role": "system", "content": "You are a helpful assistant."},
        {"role": "user", "content": "最も古いプログラミング言語は？"},
        {
            "role": "assistant",
            "content": "最も古いプログラミング言語の一つは、1950年代初頭に開発された
FORTRANです。",
        },
        {"role": "user", "content": "誰が開発しましたか？"},
    ],
    temperature=0.7,
    top_p=0.9,
    max_tokens=150,
    stop=["。", "."],
)

latest_response = response.choices[0].message.content
print(latest_response)
```

まず、必要なライブラリをインポートします。

```
from openai import OpenAI
```

ここでは、openaiパッケージからOpenAIクラスをインポートしています。

次に、APIクライアントを初期化します。ここでは、OpenAIクラスのインスタンスを作成し、client変数に代入しています。

```
client = OpenAI()
```

次に、APIを呼び出して会話を行います。

```
response = client.chat.completions.create(
    model="gpt-4o-mini",
    messages=[
        {"role": "system", "content": "You are a helpful assistant."},
        {"role": "user", "content": "最も古いプログラミング言語は？"},
        {
            "role": "assistant",
            "content": "最も古いプログラミング言語の一つは、1950年代初頭に開発された
FORTRANです。",
        },
        {"role": "user", "content": "誰が開発しましたか？"},
    ],
    temperature=0.7,
    top_p=0.9,
    max_tokens=150,
    stop=["。", "."],
)
```

このコードでは、OpenAI APIのchat.completions.createメソッドでメッセージリストを入力としてGPT-4o miniモデルに問い合わせ、応答をresponse変数に格納しています。また、このメソッドには、model、messages、temperature、top_p、max_tokens、stopといったパラメータを指定できます。

modelはOpenAIが提供しているモデルの名前を指定します。ここでは、GPT-4o miniをモデルとして指定しています。

messagesはメッセージリストです。メッセージリストの個々の要素は辞書型のメッセージです。roleはメッセージの役割を表し、user、assistant、systemのいずれかを指定します。contentは、メッセージの内容を表します。ここでは、systemのメッセージとして、"You are a helpful assistant."というLLMに**役割**を設定するメッセージを指定しています。これは、OpenAIのサンプルプログラムでよく使われる定型文です。システムメッセージは、3.10で示したLLMの役割やペルソナを設定するのにしばしば使われます。

temperature、top_p、max_tokens、stopは、それぞれ生成されるテキストの特性を制御するためのパラメータです。個々のパラメータの意味については、4.3.4で説明したとおりです。

最後に、APIからの応答を表示します。

```
latest_response = response.choices[0].message.content
print(latest_response)
```

ここでは、responseオブジェクトから最新のアシスタントの応答を取得し、latest_response変数に格納しています。そして、その内容を表示しています。responseオブジェクトはAPIからの応答全体を表します。choicesはAPIからの応答のリストです。この例では特に複数の応答を返す設定をしていないため、choicesの最初の要素を取得しています。messageは応答の内容を表します。contentは応答を文字列で保持しています。

このプログラムを実行すると、次のような応答が得られるはずです。

OUT

```
FORTRAN（Formula Translation）は、ジョン・バッカス（John Backus）を中心とするIBMのチーム
によって開発されました
```

文末に「。」が抜けているのは、ストップシーケンスで「。」を指定しているためです。

マルチモーダル

リスト4.3.2は、OpenAI APIを使用して画像を含むマルチモーダルな質問応答を行う例です。具体的には、コマンドラインから画像ファイルを指定し、その画像に関する説明を求めます。ここでは、この例を用いてOpenAI APIのマルチモーダル機能の使い方を説明します。

リスト4.3.2 OpenAI APIによるマルチモーダルな質問応答（src/api/mm_openai.py）

```
import sys
import base64
from openai import OpenAI


def explain_image(filename: str) -> str:
    with open(filename, "rb") as image_file:
        image_data = base64.b64encode(image_file.read()).decode("utf-8")

    client = OpenAI()
    response = client.chat.completions.create(
        model="gpt-4o-mini",
        messages=[
            {
                "role": "user",
                "content": [
                    {"type": "text", "text": "この画像について説明してください。"},
                    {
                        "type": "image_url",
```

```
                    "image_url": {"url": f"data:image/jpeg;base64,{image_data}"},
                },
            ],
        }
    ],
    )
    return response.choices[0].message.content
answer = explain_image(sys.argv[1])
print(answer)
```

まず、必要なライブラリをインポートします。

```
import sys
import base64
from openai import OpenAI
```

ここでは、sys、base64、openaiパッケージからそれぞれ必要なモジュールをインポートしています。sysモジュールは、コマンドライン引数を取得するために使用されます。base64モジュールは、画像データをbase64エンコードするために使用されます。

次に、画像ファイルを説明する関数を定義します。関数のシグネチャは次のとおりです。

```
def explain_image(filename: str) -> str:
```

ここではファイル名を受け取り、その画像に関する説明を返す関数として定義します。次にOpenAI APIを用いて関数の本体を実装します。

まず、画像ファイルを読み出し、base64エンコードします。

```
    with open(filename, "rb") as image_file:
        image_data = base64.b64encode(image_file.read()).decode("utf-8")
```

ここでは、画像ファイルをバイナリモードで読み出し、base64エンコードしています。次に、OpenAI APIを呼び出して画像に関する説明を取得します。

```
    client = OpenAI()
    response = client.chat.completions.create(
        model="gpt-4o-mini",
```

```
        messages=[
            {
                "role": "user",
                "content": [
                    {"type": "text", "text": "この画像について説明してください。"},
                    {
                        "type": "image_url",
                        "image_url": {"url": f"data:image/jpeg;base64,{image_data}"},
                    },
                ],
            }
        ],
    )
    return response.choices[0].message.content
```


APIの使い方は概ねテキストのみの会話と同様ですが、messagesの中に画像データを含むimage_urlを指定する必要があります。また、メッセージのcontentが文字列からリストに変更されています。このリストには、テキストと画像データを含む辞書が含まれます。辞書の"type"キーに対応する値が"text"の場合は、"text"キーに対応する値にテキストを指定します。一方、"type"キーに対応する値が"image_url"の場合は、"image_url"に対応する値に画像データを指定します。この関数では、最後に応答を返しています。

最後に、explain_image関数を呼び出して画像に関する説明を表示します。ここでは、コマンドライン引数から画像ファイル名を取得し、print関数を呼び出して結果を表示します。

```
answer = explain_image(sys.argv[1])
print(answer)
```

図4.3.1の画像を入力としてこのプログラムを次のように実行すると、**OUT** のような応答が得られるはずです。

```
python mm_openai.py 画像ファイルのパス
```

OUT

```
この画像は、堆積したいくつかの本の上に置かれた赤いリンゴを示しています。背景は灰色で微妙なテクスチャがあり、写真全体に深みと重厚感を加えています。本は異なる厚さで、表紙はさまざまな色とデザインがあります。リンゴは色鮮やかで光が当たって輝いており、画像の主な焦点となっています。教育や学びへの象徴として、リンゴが本の上に置かれる構図はよく用いられます。
```

この結果から、リンゴと本の構図が正しく説明されていることがわかります。

図4.3.1　入力画像ファイル（apple.jpg）

4.3.2 Gemini API

Gemini APIは、Googleが提供するAPIです。Gemini APIを用いることで、Googleが開発したLLMであるGeminiにアクセスすることができます。Gemini APIを使用するには、事前にAPIキーを取得し、環境変数に設定することが必要です。必要なパッケージのインストールについては巻末のAppendixを参考にしてください。

会話

リスト4.3.3は、Gemini APIを使用してテキストのみの会話を行う例です。

リスト4.3.3　Gemini APIによる会話（src/api/chat_google.py）

```
import google.generativeai as genai


config = genai.types.GenerationConfig(
    temperature=0.7,
    top_p=0.9,
    max_output_tokens=150,
    stop_sequences=["。", "."],
)

model = genai.GenerativeModel("gemini-1.5-flash-latest")
response = model.generate_content(
    contents=[
```

```
        {
            "role": "user",
            "parts": ["最も古いプログラミング言語はなんですか？"],
        },
        {
            "role": "model",
            "parts": [
                "最も古いプログラミング言語の一つは、1950年代初頭に開発されたFORTRANです。"
            ],
        },
        {"role": "user", "parts": ["誰が開発しましたか？"]},
    ],
    generation_config=config,
)

latest_response = response.text
print(latest_response)
```

まず、必要なライブラリをインポートします。

```
import google.generativeai as genai
```

ここでは、google.generativeaiモジュールをgenaiとしてインポートしています。

次に、APIを呼び出すためのパラメータを設定します。

```
config = genai.types.GenerationConfig(
  temperature=0.7,
  top_p=0.9,
  max_output_tokens=150,
  stop_sequences=["。", "."],
)
```

Gemini APIでは、genai.types.GenerationConfigクラスを使用してパラメータを指定します。このクラスを使用することで、temperature、top_p、max_output_tokens、stop_sequencesといったパラメータを指定できます。

次に、モデルのインスタンスを作成します。

```
model = genai.GenerativeModel("gemini-1.5-flash-latest")
```

ここでは、genai.GenerativeModelクラスのインスタンスを作成し、model変数に代入しています。コンストラクタの引数には、使用するモデルの名前を指定します。

次に、APIを呼び出して会話を行います。

```
response = model.generate_content(
  contents=[
      {
          "role": "user",
          "parts": ["最も古いプログラミング言語はなんですか？"],
      },
      {
          "role": "model",
          "parts": [
              "最も古いプログラミング言語の一つは、1950年代初頭に開発されたFORTRANです。"
          ],
      },
      {"role": "user", "parts": ["誰が開発しましたか？"]},
  ],
  generation_config=config,
)
```

このコードでは、genai.GenerativeModelクラスのgenerate_contentメソッドを使用して、gemini-1.5-flash-latestモデルに対してメッセージリスト（contents）を渡し、応答を取得しています。contentsはメッセージリストです。リストの個々の要素は辞書型のメッセージで、roleとpartsを持ちます。roleはメッセージの役割を表し、user、modelのいずれかを指定します。partsはメッセージの内容を表すリストです。generation_configには先ほど作成したGenerationConfigクラスのインスタンスを指定します。

最後に、APIからの応答を表示します。

```
latest_response = response.text
print(latest_response)
```

ここでは、responseオブジェクトからtextプロパティを取得し、latest_response変数に格納しています。そして、その内容を表示しています。

このプログラムを実行すると、次のような応答が得られるはずです。

OUT

```
FORTRANは、主にJohn Backus率いるIBMのチームによって開発されました
```

マルチモーダル

リスト4.3.4は、Gemini APIを使用して画像を含むマルチモーダルな質問応答を行う例です。ここでは、図4.3.1と同じ入力画像を用いて説明します。

リスト4.3.4　Geminiによるマルチモーダルな質問応答（src/api/mm_google.py）

```
import sys
import google.generativeai as genai
import PIL.Image


def explain_image(filename: str):
    model = genai.GenerativeModel("gemini-1.5-flash-latest")
    response = model.generate_content(
        contents=[
            {
                "role": "user",
                "parts": [
                    "この画像について説明してください。",
                    PIL.Image.open(filename),
                ],
            }
        ]
    )
    return response.text


answer = explain_image(sys.argv[1])
print(answer)
```

まず、必要なライブラリをインポートします。

```
import sys
import google.generativeai as genai
import PIL.Image
```

ここでは、sys、google.generativeai、PIL.Imageモジュールをインポートしています。

次に、画像ファイルを説明する関数を定義します。関数のシグネチャは次のとおりです。

```
def explain_image(filename: str):
```

ここでは、ファイル名を受け取り、その画像に関する説明を返す関数として定義します。次にGemini APIを用いて関数の本体を実装します。

```
    model = genai.GenerativeModel("gemini-1.5-flash-latest")
    response = model.generate_content(
        contents=[
            {
                "role": "user",
                "parts": [
                    "この画像について説明してください。",
                    PIL.Image.open(filename),
                ],
            }
        ]
    )
    return response.text
```

APIの使い方は概ねテキストのみの会話と同様ですが、partsリストの2番目の要素に画像データを指定します。ここでは、PIL.Imageモジュールを使用して画像ファイルを読み出し、そのままpartsリストに追加しています。Gemini APIでは、画像データをbase64エンコードされた文字列として渡す必要はありません。この関数では、最後に応答のテキストを返しています。

最後に、explain_image関数を呼び出して画像に関する説明を表示します。

```
answer = explain_image(sys.argv[1])
print(answer)
```

ここでは、コマンドライン引数から画像ファイル名を取得し、関数を呼び出して結果を表示しています。

このプログラムを実行すると、次のような応答が得られるはずです。

OUT

```
この画像には、本のスタックの上に1つのりんごが置かれています。りんごは赤と黄色の色合い
で、熟した状態に見えます。背景は暗めのグレーで、少しざらついた質感があります。

この構図には象徴的な意味合いがあるように思われます。本が知識や学問を表し、りんごが健康や
自然の恵みを表しているのかもしれません。あるいは、禁断の知識を追求することの危険性を示唆
しているのかもしれません。

いずれにせよ、シンプルでありながら示唆に富んだ画像だと言えます。りんごと本のコントラスト
が印象的で、見る者に様々な解釈の可能性を与えてくれます。
```


この結果から、リンゴと本の構図が正しく説明されていることがわかります。

4.3.3 Anthropic API

Anthropic APIは、Anthropicが提供するAPIです。Anthropic APIを用いることで、Anthropicが開発したLLMであるClaudeにアクセスすることができます。Anthropic APIを使用するには、事前にAPIキーを取得し、環境変数に設定することが必要です。必要なパッケージのインストールについては巻末のAppendixを参考にしてください。

会話

リスト4.3.5は、Anthropic APIを使用してテキストのみの会話を行う例です。

リスト4.3.5 Anthropic APIによる会話 (src/api/chat_anthropic.py)

```
import anthropic

response = anthropic.Anthropic().messages.create(
    model="claude-3-5-haiku-latest",
    temperature=0.7,
    top_p=0.9,
    max_tokens=150,
    stop_sequences=["。", "."],
    messages=[
        {"role": "user", "content": "最も古いプログラミング言語はなんですか？"},
        {
            "role": "assistant",
            "content": "最も古いプログラミング言語の一つは、1950年代初頭に開発された
FORTRANです。",
        },
```

```
        {"role": "user", "content": "誰が開発しましたか？"},
    ],
)

latest_response = response.content[0].text
print(latest_response)
```

まず、必要なライブラリをインポートします。

```
import anthropic
```

ここでは、anthropicパッケージをインポートしています。次に、APIを呼び出して会話を行います。

```
response = anthropic.Anthropic().messages.create(
    model="claude-3-5-haiku-latest",
    temperature=0.7,
    top_p=0.9,
    max_tokens=150,
    stop_sequences=["。", "."],
    messages=[
        {"role": "user", "content": "最も古いプログラミング言語はなんですか？"},
        {
            "role": "assistant",
            "content": "最も古いプログラミング言語の一つは、1950年代初頭に開発された
FORTRANです。",
        },
        {"role": "user", "content": "誰が開発しましたか？"},
    ],
)
```

このコードでは、anthropic.Anthropic().messages.createメソッドを使用して、claude-3-5-haiku-latestモデルに対してメッセージリストを渡し、応答を取得しています。messagesはメッセージリストです。リストの個々の要素は辞書型のメッセージで、roleとcontentを持ちます。roleはメッセージの役割を表し、user、assistantのいずれかを指定します。contentはメッセージの内容を表します。Anthropic APIでは、OpenAI APIと同様に、temperature、top_p、max_tokens、stop_sequencesといったパラメータを直接指定できます。パラメータの意味はOpenAI APIの場合と同様です。

最後に、APIからの応答を表示します。

```
latest_response = response.content[0].text
print(latest_response)
```

　ここでは、responseオブジェクトから最新のアシスタントの応答を取得し、latest_response変数に格納しています。そして、その内容を表示しています。responseオブジェクトのcontentプロパティは、応答のリストを保持しています。ここでは、リストの最初の要素のtextプロパティを取得しています。

　このプログラムを実行すると、次のような応答が得られるはずです。

OUT

```
FORTRANは、IBMのチームによって開発されました
```

マルチモーダル

　リスト4.3.6は、Anthropic APIを使用して画像を含むマルチモーダルな質問応答を行う例です。ここでも、図4.3.1と同じ入力画像を用いて説明します。

リスト4.3.6　Anthropic APIによるマルチモーダルな質問応答（src/api/mm_anthropic.py）

```
import sys
import base64
import anthropic


def explain_image(filename: str) -> str:
    with open(filename, "rb") as image_file:
        image_data = base64.b64encode(image_file.read()).decode("utf-8")

    response = anthropic.Anthropic().messages.create(
        model="claude-3-5-sonnet-latest",
        max_tokens=1024,
        messages=[
            {
                "role": "user",
                "content": [
                    {"type": "text", "text": "この画像について説明してください。"},
                    {
                        "type": "image",
                        "source": {
                            "type": "base64",
```

```
                        "media_type": "image/jpeg",
                        "data": image_data,
                    },
                },
            ],
        }
    ],
)
return response.content[0].text


answer = explain_image(sys.argv[1])
print(answer)
```

まず、必要なライブラリをインポートします。

```
import sys
import base64
import anthropic
```

ここでは、sys、base64、anthropicモジュールをインポートしています。

次に、画像ファイルを説明する関数を定義します。関数のシグネチャは次のとおりです。

```
def explain_image(filename: str) -> str:
```

ここでは、ファイル名を受け取り、その画像に関する説明を返す関数として定義します。

次に、画像ファイルを読み出し、base64エンコードします。

```
    with open(filename, "rb") as image_file:
        image_data = base64.b64encode(image_file.read()).decode("utf-8")
```

ここでは、画像ファイルをバイナリモードで読み出し、base64エンコードしています。

次に、Anthropic APIを呼び出して画像に関する説明を取得します。

```
    response = anthropic.Anthropic().messages.create(
        model="claude-3-5-sonnet-latest",
        max_tokens=1024,
        messages=[
```

```
            {
                "role": "user",
                "content": [
                    {"type": "text", "text": "この画像について説明してください。"},
                    {
                        "type": "image",
                        "source": {
                            "type": "base64",
                            "media_type": "image/jpeg",
                            "data": image_data,
                        },
                    },
                ],
            }
        ],
    )
    return response.content[0].text
```

APIの使い方は概ねテキストのみの会話と同様ですが、messagesの中に画像データを含むimageを指定する必要があります。Anthropic APIでは、画像データをbase64エンコードされた文字列として渡し、media_typeパラメータに画像のMIMEタイプを指定します。この関数では、最後に応答のテキストを返しています。なお、モデルにはマルチモーダルに対応したものを指定しています。

最後に、explain_image関数を呼び出して画像に関する説明を表示します。

```
answer = explain_image(sys.argv[1])
print(answer)
```

ここでは、コマンドライン引数から画像ファイル名を取得し、関数を呼び出して結果を表示しています。

このプログラムを実行すると、次のような応答が得られるはずです。

OUT

```
この画像には、本のスタックの上に1つのりんごが置かれています。りんごは赤と黄色の色合い
で、熟した状態に見えます。背景は暗めのグレーで、少しざらついた質感があります。

この構図には象徴的な意味合いがあるように思われます。本が知識や学問を表し、りんごが健康や
自然の恵みを表しているのかもしれません。あるいは、禁断の知識を追求することの危険性を示唆
しているのかもしれません。
```

いずれにせよ、シンプルでありながら示唆に富んだ画像だと言えます。りんごと本のコントラストが印象的で、見る者に様々な解釈の可能性を与えてくれます。

この結果から、リンゴと本の構図が正しく説明されていることがわかります。

4.3.4 言語モデルに依存しないAPI (LangChain)

LangChainは特定の言語モデルに依存しないフレームワークです。LangChainが提供するAPIを用いることで、アプリケーションをできるだけ特定の言語モデルに依存しないようにすることができます。**リスト4.3.7**にLangChain APIの使用例を示します。必要なパッケージのインストールについては巻末のAppendixを参考にしてください。

リスト4.3.7 LangChain APIによる会話 (src/api/chat_langchain.py)

```
from langchain_openai import ChatOpenAI
# from langchain_anthropic import ChatAnthropic
# from langchain_google_genai import ChatGoogleGenerativeAI
from langchain_core.messages import AIMessage, HumanMessage, SystemMessage

llm = ChatOpenAI(model="gpt-4o-mini")
# llm = ChatAnthropic(model="claude-3-5-haiku-latest")
# llm = ChatGoogleGenerativeAI(model="gemini-1.5-flash-latest")

messages = [
    # SystemMessage(content="You are a helpful assistant."),
    HumanMessage(content="最も古いプログラミング言語はなんですか？"),
    AIMessage(
        content="最も古いプログラミング言語の一つは、1950年代初頭に開発されたFORTRANで
す。"
    ),
    HumanMessage(content="誰が開発しましたか？"),
]

response = llm.invoke(messages)

# 最新のアシスタントの応答を取得して表示
latest_response = response.content
print(latest_response)
```

まず、必要なライブラリをインポートします。

```
from langchain_openai import ChatOpenAI
# from langchain_anthropic import ChatAnthropic
# from langchain_google_genai import ChatGoogleGenerativeAI
from langchain_core.messages import AIMessage, HumanMessage, SystemMessage
```


ここでは、langchain_openaiパッケージのほか、langchain_anthropic、langchain_google_genai、langchain_coreパッケージから必要なクラスをインポートしています。Langchain_anthropicとlangchain_google_genaiはコメントアウトしていますが、必要に応じて使用することができます。

次に、使用する言語モデルを選択します。

```
llm = ChatOpenAI(model="gpt-4o-mini")
# llm = ChatAnthropic(model="claude-3-5-haiku-latest")
# llm = ChatGoogleGenerativeAI(model="gemini-1.5-flash-latest")
```

ここでは、ChatOpenAI、ChatAnthropic、ChatGoogleGenerativeAIのいずれかのクラスを使用して、言語モデルを選択しています。これらのクラスは、それぞれOpenAI API、AnthropicAPI、Gemini APIに対応しています。コンストラクタの引数には、使用するモデルの名前を指定します。ここでも、コメントアウトしている部分は必要に応じて使用することができます。本プログラムの実行には、使用する言語モデルのAPIキーを事前に環境変数に設定しておくことが必要です。

次に、メッセージリストを作成します。

```
messages = [
    # SystemMessage(content="You are a helpful assistant."),
    HumanMessage(content="最も古いプログラミング言語はなんですか？"),
    AIMessage(
        content="最も古いプログラミング言語の一つは、1950年代初頭に開発されたFORTRANで
す。"
    ),
    HumanMessage(content="誰が開発しましたか？"),
]
```

ここでは、SystemMessage、HumanMessage、AIMessageクラスを使用してメッセージリストを作成しています。SystemMessageはアシスタントの役割を指定するためのメッセージです。

HumanMessageはユーザのメッセージを表します。AIMessageはアシスタントのメッセージを表します。これらのクラスを使用することで、APIごとの違いを意識することなく統一的な方法でメッセージリストを作成できます。SystemMessageはコメントインして有効となります。しかし、Gemini APIではSystemMessageを使用できないため、注意が必要です。

次に、APIを呼び出して会話を行います。

```
response = llm.invoke(messages)
```

ここでは、llmオブジェクトのinvokeメソッドを使用して、メッセージリストを渡し、応答を取得しています。invokeメソッドは、LangChainが提供する統一的なインタフェースです。

最後に、APIからの応答を表示します。

```
# 最新のアシスタントの応答を取得して表示
latest_response = response.content
print(latest_response)
```

ここでは、responseオブジェクトのcontentプロパティから最新のアシスタントの応答を取得し、latest_response変数に格納しています。そして、その内容を表示しています。

このようにLangChainでは、ChatOpenAI、ChatAnthropic、ChatGoogleGenerativeAIといったクラスを使用して各APIを抽象化し、統一的なインタフェースを提供しています。これにより、ユーザはAPI間の違いを意識することなく、同じコードで様々な言語モデルを利用できます。ただし、本書執筆時点では、LangChainはマルチモーダルな会話に対応していません。LangChainに関しては、次章にて詳しく説明します。

第 5 章

LLMフレームワーク —LangChain—

LangChainは、LLMを使ったアプリケーションを開発するための主要フレームワークの一つです。LLMを用いたアプリケーションを開発するために必要となる機能をコンポーネントという形で提供します。また、それらのコンポーネントを使うための専用言語としてLCEL（LangChain Expression Language）も提供しています。本章ではLCELでLangChainの主要コンポーネントを使いこなすための知識を紹介します。

5.1

LangChainの概要

LangChainは、LLMを使ったアプリケーションを開発するためのフレームワークです。開発者は、LangChainを使うことでLLMを用いたアプリケーションを容易に開発することができます。LangChainは、LLMを活用するために便利な機能を様々なコンポーネントとして提供しています。さらに、コンポーネント間の連携を実現する**専用言語LCEL**（LangChain Expression Language）も提供しています。

図5.1.1にLangChainの構成を示します。

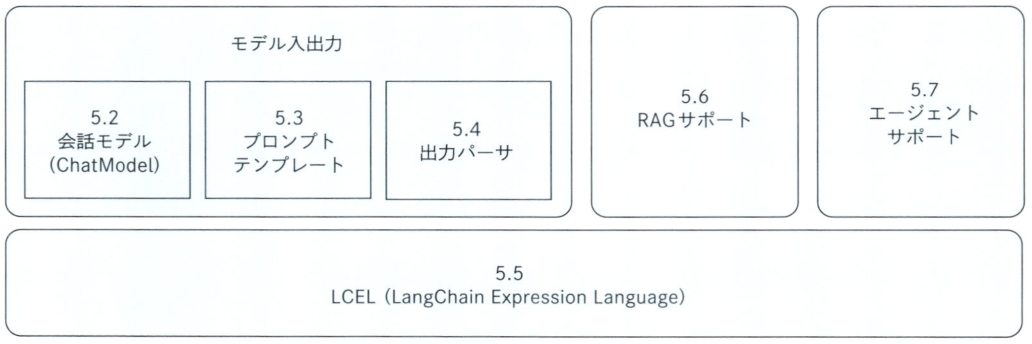

図5.1.1　LangChainの構成（番号は本章で説明している節）

LangChainのコンポーネントは、主に次の三つのカテゴリに分類されます。

- **モデル入出力**
- **RAG サポート**
- **エージェントサポート**

モデル入出力のコンポーネントは、LLMを使うために必要不可欠なコンポーネントです。LLMを用いた最低限のアプリケーションは、これらのコンポーネントを使うことで構築できます。一方、**RAGサポート**のコンポーネントは、**RAG**を実現するために必要な機能一式を提供しています。同様に、**エージェントサポート**のコンポーネントは、AIエージェントを実現するために必要な機能を提供しています。

LCELは、Python上でこれらのコンポーネントを使いやすくするための専用言語です。LCELを用いることで、コンポーネント同士の組み合わせをすっきりと記述することができます。LCELで記述されたプログラムは通常のPythonプログラムです。このため、専用言語とはいえ、Pythonと異なる処理系が必要となるわけではありません。

本章では、**図5.1.1**の構成に基づいて次の順で説明を行います。

1. 会話モデル（**5.2**）
2. プロンプトテンプレート（**5.3**）
3. 出力パーサ（**5.4**）
4. LCEL（**5.5**）
5. RAGサポート（**5.6**）
6. エージェントサポート（**5.7**）

5.2から**5.4**までの内容を習得することで、LLMを使った最低限のアプリケーションを開発することができます。さらに**5.5**のLCELを習得することで、LangChainらしくコンポーネントを使うことができるようになります。LCELが提供する構文を使わなくても、LangChainは使うことができます。しかし、この後で説明するRAGやエージェントのプログラムを簡潔に記述するためには、LCELの習得が必要です。LCELについて説明した後、RAGサポート（**5.6**）とエージェントサポート（**5.7**）について説明します。

5.6と**5.7**は興味がある順番で読み進めることができるはずです。また、より発展的なエージェントの構築方法は次章で説明します。

5.2

会話モデル

LangChainの会話モデルは、APIプロバイダが提供するAPIを抽象化した**統一的なインタフェース**を提供します。各APIプロバイダが提供するAPIには少しずつ差異があります。例えば、同じように「次のメッセージを生成する」という目的を持つものでも、APIプロバイダごとに少しずつ入出力の形式が異なります。LangChainの会話モデルは、この差異を埋める役割を果たします。

LangChainの会話モデルは、主に次の機能を提供します。

- 会話モデルの作成
- 会話モデルの呼び出し（テキストのみ、マルチモーダル）
- ストリーム呼び出し
- バッチ呼び出し
- 出力フォーマットの指定（構造化出力）
- ツールの指定

このうち、APIプロバイダ間で差異があるのは、主に会話モデルの作成です。会話モデルはクラスとして提供されますが、APIプロバイダごとに異なるクラスが提供されます。一旦クラスをインスタンス化すると、大部分の機能はAPIプロバイダに依存しません。APIプロバイダに依存する機能としては、マルチモーダルで会話モデルの呼び出しが挙げられます。

以降、本節ではこれらの機能について順に説明します。

5.2.1 会話モデルの作成

会話モデルを使用するためには、会話モデルのインスタンスを生成する必要があります。会話モデルは、LangChainでは使用するAPIプロバイダごとのクラスとして提供されています。表5.2.1にAPIプロバイダごとのクラス一覧を示します。会話モデルのクラスは、APIプロバイダごとに専用のパッケージが存在します。このため、対応するパッケージから会話モデルのクラスをインポートする必要があります。また、コンストラクタの引数もAPIプロバイダごとに異なります。

表5.2.1　APIプロバイダごとの会話モデルのクラス一覧

APIプロバイダ	クラス	パッケージ
OpenAI	ChatOpenAI	langchain-openai
Anthropic	ChatAnthropic	langchain-anthropic
Google Generative AI	ChatGoogleGenerativeAI	langchain-google-genai
Cohere	ChatCohere	langchain-cohere

例として、OpenAIの会話モデルのクラスをインポートし、インスタンスを生成するコードを次に示します。

```
from langchain_openai import ChatOpenAI

llm = ChatOpenAI(model="gpt-4o", temperature=0)
```

ここでは、langchain_openaiからChatOpenAIをインポートし、ChatOpenAIのコンストラクタを呼び出して会話モデルを作成しています。ここで作成しているモデルは"gpt-4o"です。また、temperatureパラメータに0を指定しています。

同様に、Googleの会話モデルを作成するには、次のようにします。

```
from langchain_google_genai import ChatGoogleGenerativeAI

llm = ChatGoogleGenerativeAI(model="gemini-1.5-flash", temperature=0)
```

ここでは、モデルに"gemini-1.5-flash"、temperatureパラメータに0を指定しています。ChatGoogleGenerativeAIを含むlangchain_google_genaiパッケージは、LangChain本体とは独立した別のパッケージになっています。このパッケージを使うためには、事前に次のコマンドでインストールしておく必要があります。

```
pip install langchain-google-genai pillow
```

他のAPIプロバイダの会話モデルを用いる場合も、同様の手順が必要になります。

5.2.2 会話モデルの呼び出し

会話モデルの最も基本的な利用法は、invokeメソッドを使った呼び出しです。会話モデルは、一つ以上のメッセージを入力として、次のメッセージを生成することができます。メッセージの渡し方には、次の2通りがあります。

- 単一文字列による呼び出し
- メッセージリストでの呼び出し

メッセージリストで呼び出す場合、会話モデルがマルチモーダル対応であれば、メッセージにはテキストだけでなく画像などを指定することも可能です。以降では、これらの方法について順に説明します。

単一文字列による呼び出し

単一の文字列を引数としてinvokeメソッドを呼び出すことで、その文字列への応答を会話モデルに生成させることができます。それでは、LangChainを使ってモデルにアクセスしてみましょう。**リスト5.2.1**に、LangChainを使ってモデルにアクセスする例を示します。

リスト5.2.1　単一文字列による会話モデルの呼び出し (src/langchain/model_access.py)

```
from langchain_openai import ChatOpenAI
# from langchain_anthropic import ChatAnthropic

llm = ChatOpenAI()
# llm = ChatAnthropic(model="claude-3-5-haiku-latest")

response = llm.invoke("あなたは何という言語モデルですか？")
print(response.content)
```

まず、会話モデルを使うためのクラスをインポートします。

```
from langchain_openai import ChatOpenAI
```

ここでは、OpenAIの会話モデルをインポートしています。使用するAPIプロバイダに応じて、適切なクラスをインポートしてください。APIキーが環境変数に設定されていることが前提です。例えば、OpenAIのモデルを使う場合、OPENAI_API_KEYにAPIキーを設定します

(4.2.3参照)。

次に、ChatOpenAIクラスを使ってChatOpenAIオブジェクトを作成します。

```
llm = ChatOpenAI()
```

ここではコンストラクタの引数を省略し、デフォルトの値を使用しています。ChatOpenAIクラスは、OpenAIの会話モデルに対応します。他のモデルを使う場合は、別のクラスを使う必要があります。

最後に、会話モデルのinvokeメソッドを使って、モデルに入力を与えて出力を取得します。

```
response = llm.invoke("あなたは何という言語モデルですか？")
print(response.content)
```

invokeメソッドには、モデルに入力するメッセージを文字列で渡します。

次に出力を確認します。出力はAIMessageオブジェクトとして返されます。この結果、OpenAI APIを使っている場合は次のような出力が得られます。AnthropicやGoogleの会話モデルを使っている場合も、類似の結果が得られるはずです。

OUT

```
私はGPT-3という言語モデルです。
```

メッセージリストによる呼び出し（テキストのみ）

会話モデルには、チャット履歴を含むメッセージリストを渡すことができます。このメッセージリストには古いメッセージから新しいメッセージへと順番に格納されます。会話モデルは、このチャット履歴に続く自然な次のメッセージを出力します。

リストに格納された各メッセージは、誰の発言によるものかが区別されている必要があります。これを表すのがメッセージの種類です。**表5.2.2**にメッセージの種類一覧を示します。

表5.2.2 メッセージの種類一覧

メッセージの種類（クラス）	説明
HumanMessage	ユーザからのメッセージ
AIMessage	モデルからのメッセージ
SystemMessage	モデルの振る舞いを指示するシステムメッセージ
ToolMessage	ツール呼び出しの結果を表すメッセージ

HumanMessageは**ユーザのメッセージ**を表します。また、AIMessageは**モデルのメッセージ**を表します。ただし、実際にはモデルからのメッセージも自由に設定することができます。SystemMessageは、モデルの振る舞いを指示する**システムメッセージ**です。ToolMessageは、**ツール呼び出しの結果**をモデルに与えるための特殊なメッセージです。ツール呼び出しについては、後ほど5.2.6で紹介しますが、モデルによる関数呼び出しと考えて問題ありません。

まずはHumanMessage、AIMessage、SystemMessageを用いたメッセージリストで会話モデルを呼び出した例を**リスト5.2.2**に示します。

リスト5.2.2 メッセージリストによる会話モデルの呼び出し (src/langchain/model_access2.py)

```
from langchain_openai import ChatOpenAI
from langchain_core.messages import SystemMessage, HumanMessage, AIMessage

llm = ChatOpenAI()

messages = [
    SystemMessage("あなたは人工知能HAL 9000として振る舞ってください。"),
    HumanMessage("私の名前はデイブです。"),
    AIMessage("こんにちは。"),
    HumanMessage("私の名前は分かりますか？"),
]

response = llm.invoke(messages)
print(response.content)
```

HumanMessage、AIMessage、SystemMessageはクラスとして提供されるため、まずはそれらをインポートします。

```
from langchain_core.messages import SystemMessage, HumanMessage, AIMessage
```

これらのクラスは、langchain_core.messagesに存在します。

続いて次のようなメッセージリストを作成します。

```
messages = [
    SystemMessage("あなたは人工知能HAL 9000として振る舞ってください。"),
    HumanMessage("私の名前はデイブです。"),
    AIMessage("こんにちは。"),
    HumanMessage("私の名前は分かりますか？"),
]
```

先頭にシステムメッセージ、以降ユーザからのメッセージとモデルからのメッセージを交互に並べることで、チャット履歴を作成します。最後がユーザからのメッセージになるようにします。各メッセージは、SystemMessage、HumanMessage、AIMessageのいずれかのクラスのインスタンスとして作成します。

これらのメッセージは、LangChainによって内部的にAPIプロバイダ固有のメッセージに変換されます。例えばOpenAI APIを使っている場合、上記のチャット履歴は次のような形式に変換されます。

```
messages = [
    {"role": "system", "content": "あなたは人工知能HAL 9000として振る舞ってください。"},
    {"role": "user", "content": "私の名前はデイブです。"},
    {"role": "assistant", "content": "こんにちは。"},
    {"role": "user", "content": "私の名前は分かりますか？"},
]
```

この形式は、他のAPIプロバイダのメッセージと直接互換性があるわけではありません。例えばOpenAI APIではなくGemini APIを直接使う場合、"assistant"というロールの代わりに"model"というロールを使う必要があります。また、"content"の代わりに"parts"を指定する必要があります。LangChainが提供するクラスは、APIプロバイダごとの違いをうまく吸収してくれます。

最後に、作成したメッセージリストをinvokeメソッドに渡すことで会話モデルを呼び出すことができます。

```
response = llm.invoke(messages)
print(response.content)
```

このコードを実行すると、次のような出力が得られるはずです。

OUT

```
はい、分かります。あなたの名前はデイブですね。
```

ここで「デイブ」というのは、チャット履歴の中でユーザが名乗った名前です。最後のメッセージには、ユーザが名乗った名前は含まれていません。しかし、LLMは与えられたチャット履歴をもとに、ユーザが名乗った名前を返しています。これは、与えられたメッセージリスト全体がLLMの推論に使われていることを示しています。

メッセージリストによる呼び出し（マルチモーダル）

使用する会話モデルが**マルチモーダル**に対応している場合、メッセージにテキスト以外のデータを含ませることができます。例えば、ChatOpenAIを使用することでメッセージにJPEG画像を含ませることができます。マルチモーダルのメッセージは、APIプロバイダごとにフォーマットが決まっています。本書執筆時点では、マルチモーダルのメッセージは、APIプロバイダ間で互換性がありません。ここでは、OpenAIを想定してLangChainにおけるマルチモーダルの使い方を示します。

リスト5.2.3にマルチモーダルでメッセージに画像を含ませる例を示します。

リスト5.2.3　メッセージリストによる会話モデルの呼び出し：マルチモーダル (src/langchain/model_access3.py)

```
from langchain_openai import ChatOpenAI
from langchain_core.messages import SystemMessage, HumanMessage, AIMessage
import sys
import base64


def explain_image(filename: str) -> str:
    with open(filename, "rb") as image_file:
        image_data = base64.b64encode(image_file.read()).decode("utf-8")
    llm = ChatOpenAI(model="gpt-4o-mini")

    message = HumanMessage(
        content=[
            {
                "type": "text",
                "text": "この画像について説明してください。",
            },
            {
                "type": "image_url",
                "image_url": {"url": f"data:image/jpeg;base64,{image_data}"},
            },
        ]
    )

    response = llm.invoke([message])
    return response.content


answer = explain_image(sys.argv[1])
print(answer)
```

このプログラムではexplain_imageという関数でLLMに画像の説明を求める処理を実装しています。メッセージリストに画像を含ませる部分は次のコードで行っています。

```
message = HumanMessage(
    content=[
        {
            "type": "text",
            "text": "この画像について説明してください。",
        },
        {
            "type": "image_url",
            "image_url": {"url": f"data:image/jpeg;base64,{image_data}"},
        },
    ]
)
```

ここで、contentに指定しているリストは、OpenAI固有のフォーマットです。このリストのメンバは、"type"をキーとして持つ辞書です。"type"の値が、この辞書が何を保持するかを表します。画像を含む辞書の場合は、"type"として"image_url"を指定します。そして"image_url"キーの値に画像のURLを指定します。このURLには、データをBase64エンコード形式で含ませることで、画像のデータそのものを直接URLの一部として扱うことができます。

画像をBase64エンコード形式で取得しているのは、次のコードです。

```
with open(filename, "rb") as image_file:
    image_data = base64.b64encode(image_file.read()).decode("utf-8")
```

ここでは、ファイルからJPEG画像を読み出してimage_dataに格納しています。

会話モデルのinvokeメソッドによる呼び出し方は、メッセージがテキストのみの場合と同じです。次のようにして呼び出すことができます。

```
response = llm.invoke([message])
```

ここでは、messageを[と]で囲むことでリストにしています。

このプログラムは次のように実行します。

```
python model_access3.py JPEGファイルのパス
```

例えば、複数の本の上にリンゴが置かれた写真のJPEGファイルを指定した場合、次のような出力が得られます。

OUT

```
この画像は、いくつかの本が積み重ねられている上に、赤いりんごが置かれている様子を撮影したものです。背景は灰色で少し模様が入っており、全体的に落ち着いた雰囲気を醸し出しています。本は異なるサイズで、表紙の色も様々です。りんごは色鮮やかで、光沢があります。この構図は、学問や知識への愛着を象徴しているかのようにも見え、教育的なコンテキストでよく用いられるイメージです。
```

5.2.3 ストリーム呼び出し

ストリーム呼び出しでは、モデルの応答を**逐次的に取得**することができます。ストリーム呼び出しではなく会話モデルの`invoke`メソッドを使った場合、モデルの応答は一度に取得されます。このため、アプリケーションは、モデルの出力が全て得られるまで待たされることになります。これはチャットボットなど応答性が求められるアプリケーションには適しません。そのような場合にストリーム呼び出しが役立ちます。

ストリーム呼び出しでは、`stream`メソッドを使ってモデルの応答を逐次的に取得することができます。モデルへの入力は、`invoke`メソッドと同様に単一の文字列またはメッセージリストを使います。出力はイテレータとして返されます。

LangChainの利点の一つは、APIプロバイダごとの実装の違いを吸収し、統一的なインタフェースを提供している点です。ストリーム呼び出しについてもLangChainの`stream`メソッドを使えば、内部的な実装がトークン単位かまとめて処理されているかにかかわらず、同じように扱うことができます。これにより、APIプロバイダを切り替えてもコードを変更する必要がありません。

例として、**リスト5.2.4**にストリーム呼び出しを使って会話モデルを呼び出すプログラムを示します。ここでは、`ChatOpenAI`クラスを使って会話モデルのインスタンスを作成し、`stream`メソッドを使ってモデルにメッセージを渡しています。`stream`メソッドは、モデルの応答をイテレータとして返します。得られたイテレータに対して`for`文を使うことで応答を逐次的に取得し、`print`関数で出力しています。`end=""`を指定することで改行を抑制し、`flush=True`を指定することで出力をバッファリングせずに即時に表示するようにしています。

このコードを実行すると、次のような出力が得られます。

OUT

```
こんにちは！いかがお過ごしですか？何かお手伝いできることがあればお知らせくださいね。
```

紙面ではわかりませんが、会話モデルからの応答が逐次的に表示されます。このように、ストリーム呼び出しを使うことで、モデルの応答をリアルタイムに取得し、表示することができます。ストリーム呼び出しは、チャットボットやリアルタイム応答が求められるアプリケーションで特に有用です。ユーザに対して、モデルが考えている途中経過を示すことで、よりインタラクティブなやり取りが可能になります。

リスト5.2.4 ストリーム呼び出しによる会話モデルの呼び出し (src/langchain/model_stream.py)

```
from langchain_openai import ChatOpenAI

llm = ChatOpenAI()

for chunk in llm.stream("こんにちは"):
    print(chunk.content, end="", flush=True)
```

5.2.4 バッチ呼び出し

バッチ呼び出しでは、**一度に複数の会話**を処理します。会話モデルのinvokeメソッドでは、一つの会話のみを処理していました。しかし、一度に複数の会話を処理することができると便利な場合があります。例えば、大量のデータをまとめてLLMで処理したい場合や、複数のリクエストを同時に処理する必要がある場合です。LangChainのバッチ呼び出し機能を使用すると、これらの要件を効率的に満たすことができます。

バッチ呼び出しでは、batchメソッドを使って複数の会話を一度に処理します。モデルへの入力は、invokeメソッドの入力をリストにしたものを使うことができます。出力も同様にメッセージのリストとして返されます。

ストリーム呼び出しと同様に、LangChainのbatchメソッドを使えばAPIプロバイダごとの実装の違いを意識する必要はありません。内部的にバッチ処理されていなくても、LangChainがバッチ処理と同等の機能を提供してくれます。これにより、開発者はAPIプロバイダの選択に縛られることなく、統一的な方法でバッチ処理を行うことができます。

リスト5.2.5に、バッチ呼び出しを使って会話モデルを呼び出す例を示します。このプログラムでは、ChatOpenAIクラスを使って会話モデルのインスタンスを作成し、batchメソッドを使って複数のメッセージを一度に渡しています。batchメソッドは、メッセージのリストを受け取り、応答のリストを返します。ここでは、for文を使って応答のリストから各メッセージを取得し、print関数で出力しています。

リスト5.2.5　バッチ呼び出しによる会話モデルの呼び出し（src/langchain/model_batch.py）

```
from langchain_openai import ChatOpenAI

llm = ChatOpenAI()

messages = llm.batch(
    [
        "おはようございます。",
        "こんにちは。",
        "こんばんは。",
    ]
)
for message in messages:
    print(message.content)
```

このコードを実行すると、次のような出力が得られます。

OUT

```
おはようございます！こんにちは！元気ですか？
こんにちは！お元気ですか？何かお手伝いできることはありますか？
こんばんは！お元気ですか？何かお手伝いできることがありましたらお知らせくださいね。
```

会話モデルが、渡された三つのメッセージに対して一度に応答を生成していることがわかります。

5.2.5 出力フォーマットの指定（構造化出力）

LangChainは、**出力を構造化**するための機能（Structured Output）を提供しています。LLMの出力は、特に指定しない場合は**テキスト形式**で返されます。しかし、プログラムの一部としてLLMを使う場合、テキスト形式ではなく、構造化された形式で出力を受け取ることが望ましい場合があります。このような場合、with_structured_outputメソッドを用いることで、モデルに対して出力のフォーマットを指定することができます。

出力のフォーマットには、Pydanticモデルを使うようになっています。Pydanticは、データ構造を検証するためのライブラリです。出力フォーマットとして使用するデータ構造をPydanticの**データモデル**として定義し、それを使って出力のフォーマットを指定することができます。なお、with_structured_outputメソッドは、Pydanticのデータモデルを引数に取ります。

以降、本項では、単純なデータモデルと入れ子になったデータモデルを指定する例をそれぞれ順番に示します。

単純なデータモデル

最初の例として、天体の情報をLLMに問い合わせ、その結果をデータモデルの形式で受け取るプログラムをリスト5.2.6に示します。

リスト5.2.6 単純なデータモデルを用いた出力の構造化 (src/langchain/output1.py)

```
from langchain_openai import ChatOpenAI
from pydantic import BaseModel, Field
from typing import Literal

class CelestialBody(BaseModel):
    name: str = Field(description="天体の名前（漢字表記）")
    radius: float = Field(description="天体の半径（km）")
    mass: float = Field(description="天体の質量（kg）")
    type: Literal["恒星", "惑星", "衛星"] = Field(description="天体の種類")

llm = ChatOpenAI()
llm_with_structured_output = llm.with_structured_output(CelestialBody)
jupiter = llm_with_structured_output.invoke("木星の情報を教えてください。")
print(f"木星の半径: {jupiter.radius} km")
print(f"木星の質量: {jupiter.mass} kg")
print(f"木星の種類: {jupiter.type}")
```

まず、次のインポート文でPydanticを使うためのクラスをインポートします。

```
from pydantic import BaseModel, Field
```

ここで、BaseModelとFieldはPydanticでデータモデルを定義するためのクラスです。

次にBaseModelとFieldを用いることで、データモデルを次のように定義します。

```
class CelestialBody(BaseModel):
    name: str = Field(description="天体の名前（漢字表記）")
    radius: float = Field(description="天体の半径（km）")
```

```
    mass: float = Field(description="天体の質量（kg）")
    type: Literal["恒星", "惑星", "衛星"] = Field(description="天体の種類")
```

CelestialBodyクラスは、天体の情報を表すデータモデルです。name、radius、mass、typeは、それぞれ天体の名前、半径、質量、種類を表すフィールドです。また、それぞれの型にstr、float、Literal["恒星", "惑星", "衛星"]を指定しています。Literalは、指定された文字列リテラルのいずれかを取る型を表します。そして、Fieldクラスを使って各フィールドの説明を記述しています。

次に、定義したデータモデルを用いて出力のフォーマットをLLMに指定します。

```
llm_with_structured_output = llm.with_structured_output(CelestialBody)
```

ここでは、会話モデルに対してwith_structured_outputメソッドを呼び出し、出力のフォーマットを指定しています。with_structured_outputメソッドの引数には、Pydanticで定義したデータモデルを指定します。llm_with_structured_outputは、出力のフォーマットが指定されたLLMオブジェクトです。

最後にLLMに問い合わせを行い、指定した出力のフォーマットで結果を受け取ります。

```
jupiter = llm_with_structured_output.invoke("木星の情報を教えてください。")
print(f"木星の半径: {jupiter.radius} km")
print(f"木星の質量: {jupiter.mass} kg")
print(f"木星の種類: {jupiter.type}")
```

llm_with_structured_outputオブジェクトに対してinvokeメソッドを呼び出し、LLMに問い合わせます。invokeメソッドの呼び出し方は、出力フォーマットを指定していない場合とまったく同じです。しかし、会話モデルからの出力は、CelestialBodyクラスのインスタンスとして返されます。

このコードを実行すると、次のような出力が得られるはずです。

OUT

```
木星の半径: 69911.0 km
木星の質量: 1.898e+27 kg
木星の種類: 惑星
```

jupiter.radius、jupiter.mass、jupiter.typeの値がそれぞれ表示されることを確認できます。

入れ子になったデータモデル

データモデルは、**入れ子**になる（ネストする）ことができます。そして、入れ子になったデータモデルを使って出力のフォーマットを指定することもできます。ここでは、先ほど作成した天体を表すデータモデルを使用し、太陽系の情報を取得する例を示します。まず、惑星系のデータモデルを新たに定義し、このデータモデルの定義に天体のデータモデルを使います。惑星系には複数の天体が含まれるため、天体のデータモデルをリストとして持つようにします。このプログラムをリスト5.2.7に示します。

リスト5.2.7 入れ子になったデータモデルを用いた出力の構造化（src/langchain/output2.py）

```
from langchain_openai import ChatOpenAI
from pydantic import BaseModel, Field
from typing import List


class CelestialBody(BaseModel):
    name: str = Field(description="天体の名前（漢字表記）")
    radius: float = Field(description="天体の半径（km）")
    mass: float = Field(description="天体の質量（kg）")
    type: str = Field(description="天体の種類（惑星、恒星、小惑星など）")


class PlanetarySystem(BaseModel):
    planets: List[CelestialBody] = Field(description="惑星のリスト")
    center_body: CelestialBody = Field(description="中心となる恒星")
    age: float = Field(description="惑星系の年齢（億年単位）")
    name: str = Field(description="惑星系の名前")


llm = ChatOpenAI()
llm_with_structured_output = llm.with_structured_output(PlanetarySystem)
solar_system = llm_with_structured_output.invoke("太陽系の情報を教えてください。")
print(f"システム名: {solar_system.name}")
print(f"中心天体: {solar_system.center_body.name}")
for planet in solar_system.planets:
    print(f"{planet.name}:")
    print(f"  種類: {planet.type}")
    print(f"  半径: {planet.radius} km")
    print(f"  質量: {planet.mass} kg")
```

惑星系のデータモデルは次のとおりです。

```
class PlanetarySystem(BaseModel):
    planets: List[CelestialBody] = Field(description="惑星のリスト")
    center_body: CelestialBody = Field(description="中心となる恒星")
    age: float = Field(description="惑星系の年齢（億年単位）")
    name: str = Field(description="惑星系の名前")
```

PlanetarySystemクラスは、惑星系を表すデータモデルです。ここでは、先ほど定義したCelestialBodyクラスを使用し、惑星のリストを表すフィールドをplanetsとして定義しています。ListはPythonの組み込みの型ヒントで、リストを表す型です。

List[CelestialBody]は、CelestialBodyクラスのリストを表します。また、center_bodyフィールドは中心となる恒星を表します。CelestialBodyクラスを使用し、中心となる恒星を表すフィールドを定義しています。次に、ageフィールドは惑星系の年齢を表します。最後に、nameフィールドは惑星系の名前を表します。

続いて出力のフォーマットを指定します。

```
llm_with_structured_output = llm.with_structured_output(PlanetarySystem)
```

先ほどと同様に、with_structured_outputメソッドの引数にはPydanticで定義したデータモデルを指定します。ここでは、PlanetarySystemクラスを使って出力のフォーマットを指定しています。

次に出力フォーマットを指定したLLMオブジェクトを使用し、LLMに問い合わせを行い、結果を受け取ります。

```
solar_system = llm_with_structured_output.invoke("太陽系の情報を教えてください。")
print(f"システム名: {solar_system.name}")
print(f"中心天体: {solar_system.center_body.name}")
for planet in solar_system.planets:
    print(f"{planet.name}:")
    print(f"  種類: {planet.type}")
    print(f"  半径: {planet.radius} km")
    print(f"  質量: {planet.mass} kg")
```

このコードを実行すると、次のような出力が得られるはずです。

OUT

```
システム名: 太陽系
中心天体: 太陽
水星:
    種類: 惑星
    半径: 2439.7 km
    質量: 3.285e+23 kg
金星:
    種類: 惑星
    半径: 6051.8 km
    質量: 4.867e+24 kg
地球:
    種類: 惑星
    半径: 6371.0 km
    質量: 5.972e+24 kg
火星:
    種類: 惑星
    半径: 3389.5 km
    質量: 6.39e+23 kg
木星:
    種類: 惑星
    半径: 69911.0 km
    質量: 1.898e+27 kg
土星:
    種類: 惑星
    半径: 58232.0 km
    質量: 5.683e+26 kg
天王星:
    種類: 惑星
    半径: 25362.0 km
    質量: 8.681e+25 kg
海王星:
    種類: 惑星
    半径: 24622.0 km
    質量: 1.024e+26 kg
冥王星:
    種類: 惑星
    半径: 1188.3 km
    質量: 1.309e+22 kg
```

5.2.6 ツールの利用

LangChainは、LLMが**ツール**を呼び出せるようにするための機能を提供しています。会話モデルに対してbind_toolメソッドを使うことで、ツールを会話モデルに登録できます。また、@toolデコレータを使うことで、ツールを簡単に定義することができます。LLMは基本的にプロンプトを入力として受け取り、テキストを出力することしかできません。しかし、LLMがツールを使えるようにすることで、より複雑なタスクを実行することができます。

ここでのツールとは、LLMから呼び出せるPythonの関数です。@toolデコレータを使って関数を定義することで、LLMが呼び出すことのできる関数を作成することができます。作成したツールは、bind_toolメソッドを使って会話モデルに登録することができます。また、一般的によく使われるツールは、LangChainによってもあらかじめ提供されています。

表5.2.3はLangChainが提供するツールの一覧です。LLMが必要に応じてこれらのツールを呼び出せるようにすることで、LLMの能力を拡張することができます。例えば、Python REPLツールを使うことでLLMがPythonコードを実行し、その結果を返すことができます。また、SQL Databaseツールを使うことでLLMがデータベースにアクセスし、データを取得したり更新したりすることができます。

実際には、LLMが直接ツールを呼び出すわけではありません。LLMは、ツール呼び出しが必要になった場合に応答でツール呼び出しを指示します。LLMの呼び出し側はその指示を受け取り、代わりにツールを呼び出し、その結果をLLMに返します。するとLLMがその結果をもとに応答を生成します。

表5.2.3 LangChainが提供するツールの一覧

ツール名	カテゴリ	説明
Alpha Vantage	金融 API	株式、外国為替、暗号通貨のデータを提供します。
Apify	ウェブスクレイピング	ウェブサイトからの自動化とデータ抽出を可能にします。
ArXiv	研究論文	ArXiv.orgに掲載されている科学論文にアクセスします。
AWS Lambda	クラウドコンピューティング	AWS サービスでのイベントに応じてコードを実行します。
Bash Shell	コマンドライン	シェルコマンドやスクリプトを実行します。
Bing Search	検索エンジン	Bingの検索機能にアクセスします。
Dall-E Image Generator	AI 画像生成	テキストの説明に基づいて画像を生成します。
Google Drive	クラウドストレージ	Google Drive内のファイルを管理します。
Hugging Face Hub Tools	AI モデル	Hugging Faceの機械学習モデルにアクセスします。
OpenWeatherMap	天気データ	天気予報や歴史的データを提供します。
Python REPL	プログラミング	Pythonコードスニペットを対話的に実行します。
SQL Database	データベース管理	SQLデータベースの操作を管理します。
Wikipedia	エンサイクロペディア	Wikipedia記事から情報を取得します。
YouTube	ビデオストリーミング	YouTubeビデオからデータにアクセスします。

ツールの定義と利用

ここでは、ツールを呼び出すことでLLMが外の世界とやり取りする例をシミュレーションしてみます。例として、「2001年宇宙の旅」[Clarke 1968] のセリフを参考に、人工知能HAL 9000とボーマン船長の会話をシミュレーションしてみます。HAL 9000は、船内のあらゆるシステムを管理する高度な人工知能です。小説では、ボーマン船長の次のセリフがあります。

```
ハル、ポッドのライトを20度左にまわしてくれ。
```

HAL 9000は、これに応えてポッドのライトを左に回転させます。LLMもツールを使用し、同様のタスクを実行することができます。

リスト5.2.8に、小説を参考にしたHAL 9000とボーマン船長の会話をシミュレーションするプログラムを示します。ここでは、以降、このプログラムについて順を追って説明します。

リスト5.2.8 ツールを利用した会話モデルとのインタラクション (src/langchain/model_tool.py)

```python
from langchain_openai import ChatOpenAI
from langchain_core.messages import SystemMessage, HumanMessage, AIMessage, ToolMessage
from langchain_core.tools import tool

llm = ChatOpenAI()

messages = [
    SystemMessage("あなたの名前はハルです。"),
    HumanMessage("私の名前はデイブです。"),
    AIMessage("こんにちは、デイブさん。"),
    HumanMessage("ハル、ポッドのライトを20度左にまわしてくれ。"),
]


@tool
def light_control(degrees: float) -> bool:
    """
    ライトを右に degrees 度回します。
    """
    # ここでライトを右に degrees 度回すコードを実装する
    print(f"light_control: {degrees}")
    return True


llm_with_tool = llm.bind_tools([light_control])
```

```
response = llm_with_tool.invoke(messages)
messages.append(response)
if response.tool_calls:
    for call in response.tool_calls:
        value = light_control.invoke(call["args"])
        messages.append(ToolMessage(value, tool_call_id=call["id"]))
response = llm_with_tool.invoke(messages)
print(response.content)
```

まず、ツールを定義するために必要なデコレータをインポートします。

```
from langchain_core.tools import tool
```

toolは、ツールを定義するためのデコレータです。

@toolデコレータを使うことで、普通の関数を定義する要領でLLMに渡すツールを定義することができます。@toolデコレータは、次のように使います。

```
@tool
def light_control(degrees: float) -> bool:
    """
    ライトを右に degrees 度回します。
    """
    # 本来はここにライトを右に degrees 度回すコードを実装する
    print(f"log: light_control({degrees})")
    return True
```

light_controlは、ライトを右にdegrees度回転する関数です。通常の関数定義と異なる点は、@toolデコレータが付いていることだけです。本来、この関数はライトを右にdegrees度回すコードを実装する必要がありますが、単にログを出力するようにしています。ここでは、light_control関数は角度を入力とし、その角度の分だけライトを右に回転させるという処理を想定しています。なお、左に回転させる場合はdegreesの符号を反転させることを想定します。また、回転の成否を返すために、bool型の値を返すようにしています。

次に、light_controlをLLMにツールとして登録します。

```
llm_with_tool = llm.bind_tools([light_control])
```

この一文で、light_control関数をツールとしてLLMに登録しています。bind_toolsメソッドには、ツールとして登録する関数のリストを渡します。この場合、light_control関数をリストに入れて渡しています。ここでは登録しているツールが一つだけですが、複数のツールを登録することもできます。

LLMに対して、HAL 9000とボーマン船長の会話をシミュレーションするためのメッセージは次のようになります。

```
messages = [
    SystemMessage("あなたの名前はハルです。"),
    HumanMessage("私の名前はデイブです。"),
    AIMessage("こんにちは、デイブさん。"),
    HumanMessage("ハル、ポッドのライトを20度左にまわしてくれ。"),
]
```

ここでは、SystemMessageはシステムからのメッセージを表すクラスです。HumanMessageは、ユーザからのメッセージを表すクラスです。ユーザはボーマン船長として想定しています。

これを、次のコードでLLMに渡してHAL 9000とボーマン船長の会話をシミュレーションします。

```
response = llm_with_tool.invoke(messages)
messages.append(response)
if response.tool_calls:
    for call in response.tool_calls:
        value = light_control.invoke(call["args"])
        messages.append(ToolMessage(value, tool_call_id=call["id"]))
```

このコードでは、llm_with_toolオブジェクトのinvokeメソッドを使って、LLMにメッセージを渡しています。メッセージでポッドのライトを20度左に回すという指示を与えているため、light_control関数の呼び出しが期待されます。

LLMがツールの呼び出しを指示しているか否かは、response.tool_callsの中身で確認できます。tool_callsは、ツールの呼び出しを指示するための情報を持つリストです。LLMが複数のツール呼び出しを指示する場合は、tool_callsに複数の要素が含まれます。ここでは、response.tool_callsに値がある場合にツールを呼び出す処理を行っています。tool_callsが

Noneでない場合は、ツールの呼び出しを行う処理を行います。具体的にはtool_callsの中身を走査し、light_control関数の呼び出しを行っています。各callの中身は、ツールの呼び出しに関する情報を持つ辞書です。

callの辞書は、ツールの名前、引数、ツール呼び出しのIDなどをキーとして持ちます。ここでは、light_control関数の呼び出しを期待しているので、light_control関数を呼び出して、その結果をメッセージに追加しています。通常の関数と異なり、light_control関数の呼び出しはlight_control.invoke()という形式で行います。invokeメソッドは、@toolデコレータによって追加されたメソッドです。このメソッドを使うことで、call["args"]に含まれる引数を使ってlight_control関数を呼び出すことができます。valueには、light_control関数の戻り値が格納されます。この値を使って、ツールの呼び出しの結果を表すToolMessageオブジェクトを作成しています。ToolMessageはツール呼び出しの結果を表すクラスです。ToolMessageは、HumanMessageやAIMessageと同じようにメッセージリストに格納されます。

最後に、ツールの実行結果を含むチャット履歴をLLMに渡して、やり取りを続けます。

```
response = llm_with_tool.invoke(messages)
print(response.content)
```

このコードでは、ツールの実行結果を含むチャット履歴をLLMに渡しています。

このプログラムを実行すると、次のような出力が得られるはずです。

OUT

```
light_control: -20.0
ライトを20度左に回しました。他に何かお手伝いできることはありますか？
```

最初の行は、light_control関数が呼び出された際のログを表しています。ログには、light_control関数が受け取った引数が表示されています。次の行は、HAL 9000がポッドのライトを20度左に回転させたことを表しています。メッセージは、LLMからのメッセージを表しています。

実際の小説では、HAL 9000は命令を実行しますが、応答はしませんでした。これを契機にボーマン船長はHAL 9000の異変に気づくのですが、今回のシミュレーションでは、HAL 9000が応答しています。なお、この例ではlight_control関数が単純なログを出力するだけで、ライトの回転は行っていません。light_control関数がfalseを返すように実装することで、ライトの回転が失敗したことを表現することもできます。その場合、HAL 9000は、ライトの回転に失敗した旨を伝えるメッセージを返すことになります。

5.3

プロンプトテンプレート

LangChainは、プロンプトを**再利用するための仕組み**として、プロンプトテンプレートを提供しています。ここまでの例では、LLMに渡すプロンプトをあらかじめ文字列として用意していました。しかし、実際にはプロンプトの一部を可変にしておきたい場合があります。先ほど木星の情報を取得するプロンプトを作成しましたが、他の天体の情報も取得したい場合が考えられます。そのような場合に、よく似たプロンプトを何度も書くのは面倒です。この問題を解決するために、プロンプトテンプレートを使うことができます。

プロンプトテンプレートは、プロンプトの一部が変数になっているテンプレートです。変数に値を代入することで、プロンプトを簡単に生成することができます。

5.2.2で見たように、会話モデルのinvokeメソッドには単一の文字列とメッセージリストを渡すことができました。プロンプトテンプレートは、文字列とメッセージリストそれぞれに専用のクラスが用意されています。

LangChainが提供するテンプレート関連のクラス一覧を表5.3.1に示します。単一文字列のプロンプトテンプレートを作る場合は、PromptTemplateクラスを使います。一方、メッセージリストのプロンプトテンプレートを作る場合は、ChatPromptTemplateクラスを使用します。AIMessagePromptTemplate、HumanMessagePromptTemplate、SystemMessagePromptTemplateクラスおよびMessagesPlaceholderクラスは必要に応じてChatPromptTemplateのインスタンスを生成するために必要となるクラスです。以降、本節では、これらの使用方法を順に説明します。

表5.3.1 プロンプトテンプレート関連のクラス一覧

クラス名	説明
PromptTemplate	プロンプトテンプレートを表すクラス
ChatPromptTemplate	チャット用のプロンプトテンプレートを表すクラス
AIMessagePromptTemplate	AIメッセージ用のプロンプトテンプレートを表すクラス
HumanMessagePromptTemplate	ユーザメッセージ用のプロンプトテンプレートを表すクラス
SystemMessagePromptTemplate	システムメッセージ用のプロンプトテンプレートを表すクラス
MessagesPlaceholder	メッセージのプレースホルダを表すクラス

5.3.1 PromptTemplateクラス

PromptTemplateは、**単一の文字列のプロンプト**の一部を変数にしたテンプレートを表すクラスです。PromptTemplateクラスの主なメソッドを**表5.3.2**に示します。PromptTemplateクラスは、プロンプトテンプレートを作成するためのファクトリメソッドであるfrom_templateメソッドと、プロンプトテンプレートからプロンプトを生成するinvokeメソッドを提供しています。

from_templateメソッドは引数としてプロンプトテンプレートを文字列として受け取り、PromptTemplateオブジェクトを返します。invokeメソッドは、プロンプトテンプレートからプロンプトを生成するためのメソッドです。引数として、プロンプトテンプレートの変数に対応する値を辞書として受け取ります。invokeメソッドはプロンプトテンプレートの変数を辞書の値で置換して、プロンプトを生成します。

表5.3.2 PromptTemplateクラスの主なメソッド

メソッド名	説明
from_template()	プロンプトテンプレートを作成するファクトリメソッド
invoke()	プロンプトテンプレートからプロンプトを生成するメソッド

PromptTemplateの動作確認

例を使ってプロンプトテンプレートの動作を説明します。ここでは、木星の情報を取得するためのプロンプトの一部を変数にすることで、再利用可能なプロンプトテンプレートを作成します。**リスト5.3.1**にこのプログラムを示します。

リスト5.3.1 プロンプトテンプレートの基本的な利用方法（src/langchain/model_prompt_template.py）

```
from langchain_core.prompts import PromptTemplate

prompt_template = PromptTemplate.from_template("{planet}の情報を教えてください。")
prompt = prompt_template.invoke({"planet": "金星"})
print(prompt)
```

まず、プロンプトテンプレートを作成するために必要なクラスをインポートします。

```
from langchain_core.prompts import PromptTemplate
```

PromptTemplateは、プロンプトテンプレートを作成するためのクラスです。

次にPromptTemplateクラスを使って、プロンプトテンプレートを作成します。

```
prompt_template = PromptTemplate.from_template("{planet}の情報を教えてください。")
```

from_templateメソッドは、プロンプトテンプレートを作成するためのファクトリメソッドです。ファクトリメソッドとは、オブジェクトを生成するためのメソッドのことです。from_templateメソッドには、プロンプトテンプレートの文字列を渡します。テンプレート中には変数を含むことができます。テンプレート中で変数を使用するためには、変数を波括弧で囲みます。"{planet}の情報を教えてください。"というテンプレートでは、planetという変数を使っています。なお、波括弧{ }で囲む記法は、Pythonのf文字列と同様です。

次にこのプロンプトテンプレートを使って、プロンプトを作成します。

```
prompt = prompt_template.invoke({"planet": "金星"})
print(prompt)
```

プロンプトテンプレートからプロンプトを作成するには、invokeメソッドを使います。invokeメソッドには、プロンプトテンプレートの変数に対応する値を辞書として渡します。LLMを呼び出すときと同じようにinvokeメソッドが使われている点に注目してください。LangChainでは、いろいろな機能が同じようなインタフェースで提供されています。これはRunnableインタフェースと呼ばれており、複数のコンポーネントをまとめてチェーンを構築するために利用されています。なお、チェーンについては5.5.2で詳しく説明します。

このプログラムを実行すると、次のような出力が得られます。

OUT

```
text='金星の情報を教えてください。'
```

プロンプトテンプレート中の変数が適切に置換されていることが確認できます。なお、invokeメソッドの呼び出しで得られるのは、単なる文字列ではありません。プロンプトテンプレートのテンプレート文字列を含むPromptオブジェクトが得られます。Promptオブジェクトは、文字列やメッセージリストと同様に会話モデルのinvokeメソッドに渡すことができます。

PromptTemplate の利用

では、作成したプロンプトテンプレートを使って、惑星の情報を取得する部分を実装していきます。**リスト5.3.2**に、プロンプトテンプレートを使って惑星の情報を取得する処理の実装を示します。

リスト5.3.2 プロンプトテンプレートを用いた惑星情報の取得 (src/langchain/model_prompt_template2.py)

```
from langchain_openai import ChatOpenAI
from langchain_core.prompts import PromptTemplate
from pydantic import BaseModel, Field
from typing import Literal


class CelestialBody(BaseModel):
    name: str = Field(description="天体の名前（漢字表記）")
    radius: float = Field(description="天体の半径（km）")
    mass: float = Field(description="天体の質量（kg）")
    type: Literal["恒星", "惑星", "衛星"] = Field(description="天体の種類")


llm = ChatOpenAI().with_structured_output(CelestialBody)
prompt_template = PromptTemplate.from_template("{planet}の情報を教えてください。")

venus = llm.invoke(prompt_template.invoke({"planet": "金星"}))
earth = llm.invoke(prompt_template.invoke({"planet": "地球"}))

print(f"金星の半径: {venus.radius} km")
print(f"地球の半径: {earth.radius} km")
```

プロンプトテンプレートを使用しているのは、次の部分です。

```
venus = llm.invoke(prompt_template.invoke({"planet": "金星"}))
earth = llm.invoke(prompt_template.invoke({"planet": "地球"}))
```

ここでは、プロンプトテンプレートにinvokeメソッドを使ってプロンプトを生成しています。そして、プロンプトをllmに渡して、惑星の情報を取得しています。最初の行で金星の情報を取得し、次の行で地球の情報を取得しています。このようにプロンプトテンプレートを使うことで、同じようなプロンプトを簡単に生成することができます。ここでは、invokeメソッドが何度も呼び出されていることに注目してください。5.5ではこのような複数回のinvokeメソッド呼び出しを簡潔に書くための仕組みとして、LCEL (LangChain Expression Language) を学びます。

5.3.2 ChatPromptTemplateクラス

ChatPromptTemplateクラスは、メッセージリストに含まれるメッセージやその一部を変数にしたテンプレートを表すクラスです。ChatPromptTemplateクラスの主なメソッドを**表5.3.3**に示します。ChatPromptTemplateクラスは、チャット用のプロンプトテンプレートを作成するためのファクトリメソッドであるfrom_messagesメソッドと、プロンプトテンプレートからプロンプトを生成するinvokeメソッドを提供しています。from_messagesメソッドとinvokeメソッドは、PromptTemplateクラスのfrom_templateメソッドとinvokeメソッドと同様の役割を果たします。ファクトリメソッドの名前が少し異なる点に注意してください。from_messagesメソッドは引数としてメッセージリストを受け取り、ChatPromptTemplateオブジェクトを返します。invokeメソッドは、プロンプトテンプレートからプロンプトを生成するためのメソッドです。

表5.3.3 ChatPromptTemplateクラスの主なメソッド

メソッド名	説明
from_messages()	チャット用のプロンプトテンプレートを作成するファクトリメソッド
invoke()	チャット用のプロンプトテンプレートからプロンプトを生成するメソッド

MessagePromptTemplateの利用

ChatPromptTemplateクラスを使って、プロンプトテンプレートを作成するには、次のようにします。

```
chat_template = ChatPromptTemplate.from_messages(
    [
        SystemMessage("あなたは人工知能HAL 9000として振る舞ってください。"),
        HumanMessage("私の名前はデイブです。"),
        AIMessage("こんにちは。"),
        HumanMessage("私の名前は分かりますか？"),
    ]
)
```

ここでは、SystemMessage、HumanMessage、AIMessageオブジェクトを含むメッセージリストを使って、プロンプトテンプレートを作成しています。しかし、この例では、変数が使用されていません。変数を使う場合は、SystemMessagePromptTemplate、HumanMessagePromptTemplate、AIMessagePromptTemplateなどのクラスを使うことになります。これらのクラスはMessagePromptTemplateクラスを継承しており、共通して表5.3.4に示すメソッドを持っています。これらのメソッドは、PromptTemplateクラスのメソッドと同様の役割を果たします。

表5.3.4　MessagePromptTemplateクラスの主なメソッド

メソッド名	説明
from_template()	メッセージ用のプロンプトテンプレートを作成するファクトリメソッド
invoke()	メッセージ用のプロンプトテンプレートからプロンプトを生成するメソッド

先ほどの例の一部を変更し、プロンプト中に現れる名前と最後のメッセージを変数にしてみましょう。すると、プロンプトテンプレートの定義は次のようになります。

プロンプトテンプレートの定義例①

```
chat_template = ChatPromptTemplate.from_messages(
    [
        SystemMessagePromptTemplate.from_template("あなたの名前は{ai_name}です。"),
        HumanMessagePromptTemplate.from_template("私の名前は{human_name}です。"),
        AIMessage("こんにちは。"),
        HumanMessagePromptTemplate.from_template("{input}"),
    ]
)
```

変数を含むメッセージが、SystemMessagePromptTemplateやHumanMessagePromptTemplateなどのクラスを使って定義されています。from_templateメソッドには、プロンプトテンプレートのテンプレート文字列を渡します。ここでは、ai_name、human_name、inputという変数を使っています。AIMessageは変数を使わないため、元のAIMessageクラスをそのまま使っています。

ここで作成したプロンプトテンプレートを利用したプログラム全体を、リスト5.3.3に示します。

リスト5.3.3　メッセージプロンプトテンプレートの利用例（src/langchain/model_prompt_template3.py）

```
from langchain_openai import ChatOpenAI
```

```
from langchain_core.messages import AIMessage
from langchain_core.prompts import (
    ChatPromptTemplate,
    SystemMessagePromptTemplate,
    HumanMessagePromptTemplate,
)


chat_template = ChatPromptTemplate.from_messages(
    [
        SystemMessagePromptTemplate.from_template("あなたの名前は{ai_name}です。"),
        HumanMessagePromptTemplate.from_template("私の名前は{human_name}です。"),
        AIMessage("こんにちは。"),
        HumanMessagePromptTemplate.from_template("{input}"),
    ]
)

prompt = chat_template.invoke(
    {
        "ai_name": "SAL 9000",
        "human_name": "ヘイウッド",
        "input": "私の名前は分かりますか？",
    }
)
print(prompt)

llm = ChatOpenAI()
response = llm.invoke(prompt)
print(response.content)
```


プロンプトテンプレートからプロンプトを作成するのは、次の部分です。

```
prompt = chat_template.invoke(
    {
        "ai_name": "SAL 9000",
        "human_name": "ヘイウッド",
        "input": "私の名前は分かりますか？",
    }
)
print(prompt)
```

ここでは、chat_templateのinvokeメソッドに変数に対応する値を辞書として渡しています。"ai_name"、"human_name"、"input"は、それぞれテンプレート中の変数に対応しています。

最後のprint関数で生成されたプロンプトを表示しています。このprint関数による出力は、次のようになります。

OUT

```
messages=[SystemMessage(content='あなたの名前はSAL 9000です。', additional_kwargs={},
response_metadata={}), HumanMessage(content='私の名前はヘイウッドです。', additional_
kwargs={}, response_metadata={}), AIMessage(content='こんにちは。', additional_
kwargs={}, response_metadata={}), HumanMessage(content='私の名前は分かりますか？',
additional_kwargs={}, response_metadata={})]
```

プロンプトテンプレートから生成されたプロンプトが、メッセージリストとして表示されています。プロンプトテンプレート中の変数が適切に置換されていることが確認できます。

作成したプロンプトは、次のように会話モデルに渡すことができます。

```
llm = ChatOpenAI()
response = llm.invoke(prompt)
print(response.content)
```

ここでは、プロンプトテンプレートから作成したプロンプトをllmに渡して、会話をシミュレーションしています。最後のprint関数で、会話の内容を表示しています。このprint関数による出力は、次のようになります。

OUT

```
はい、あなたの名前はヘイウッドです。
```

なお、ヘイウッドとSAL 9000はそれぞれ「2010年宇宙の旅」に登場するフロイド博士とAI（HAL 9000の姉妹機）の名前です。

5.3.3 MessagesPlaceholderクラス

MessageTemplateを用いることで、メッセージの一部を変数にすることができました。しかし、MessageTemplateのみでは複数のメッセージをまとめて変数にすることはできません。これを実現するのがMessagesPlaceholderクラスです。MessagesPlaceholderクラスの典型的な使い方は、会話履歴をテンプレート中に変数として埋め込むことです。

以降、本項では、先ほどのプロンプトテンプレート（定義例①）の一部を変更し、

MessagesPlaceholder クラスを使って会話履歴をテンプレート中に埋め込む例を紹介します。

プロンプトテンプレートの定義例②

```
chat_template = ChatPromptTemplate.from_messages(
    [
        SystemMessagePromptTemplate.from_template("あなたの名前は{ai_name}です。"),
        MessagesPlaceholder("chat_history"),
        HumanMessagePromptTemplate.from_template("{input}"),
    ]
)
```

ここでは、MessagesPlaceholder クラスを使って、会話履歴を "chat_history" という変数としてテンプレート中に埋め込んでいます。このほか、先ほどの例と同様に SystemMessagePromptTemplate や HumanMessagePromptTemplate を使って、ai_name や input といった変数もテンプレート中に埋め込んでいます。

それでは、このプロンプトテンプレートを使って会話履歴をテンプレート中に埋め込んだプログラム全体を**リスト5.3.4**に示します。

リスト5.3.4　メッセージプレースホルダを用いたチャットシステムの構築
(src/langchain/model_prompt_template4.py)

```
from langchain_openai import ChatOpenAI
from langchain_core.messages import HumanMessage, AIMessage
from langchain_core.prompts import (
    ChatPromptTemplate,
    SystemMessagePromptTemplate,
    HumanMessagePromptTemplate,
    MessagesPlaceholder,
)

chat_template = ChatPromptTemplate.from_messages(
    [
        SystemMessagePromptTemplate.from_template("あなたの名前は{ai_name}です。"),
        MessagesPlaceholder("chat_history"),
        HumanMessagePromptTemplate.from_template("{input}"),
    ]
)

llm = ChatOpenAI()
```

```
def chat(input, history):
    messages = chat_template.invoke(
        {"ai_name": "SAL 9000", "chat_history": history, "input": input}
    )
    ai_message = llm.invoke(messages)
    history.append(HumanMessage(input))
    history.append(ai_message)


history = []
while True:
    text = input("User: ")
    chat(text, history)
    print("AI:", history[-1].content)
```

このプログラムは、chat_history変数に会話履歴を代入してプロンプトを生成することで、ユーザとLLMとのチャットを実現しています。ユーザメッセージと会話履歴を入力として、新しいAIメッセージを会話履歴に加える関数を次のようにchat関数として実装しています。

```
def chat(input, history):
    messages = chat_template.invoke(
        {"ai_name": "SAL 9000", "chat_history": history, "input": input}
    )
    ai_message = llm.invoke(messages)
    history.append(HumanMessage(input))
    history.append(ai_message)
```

はじめに、chat_templateのinvokeメソッドに変数に対応する値を辞書として渡しています。"ai_name"、"chat_history"、"input"は、それぞれテンプレート中の変数に対応しています。次に、llmのinvokeメソッドに生成されたプロンプトを渡して、AIメッセージを取得しています。最後に、ユーザメッセージとAIメッセージを会話履歴に追加しています。

このchat関数を使って、ユーザとLLMとのチャットは次のループで実現されます。

```
history = []
while True:
    text = input("User: ")
    chat(text, history)
```

```
    print("AI:", history[-1].content)
```

最初に会話履歴を空のリストで初期化しています。input関数は、コンソールからユーザの入力を受け取ります。その後、ユーザが入力したテキストをchat関数に渡して、AIメッセージを取得しています。最後に、AIメッセージを表示しています。

このプログラムの実行結果の例は、次のようになります。

OUT

```
User: こんにちは。
AI: こんにちは、どうも。何かお手伝いできますか？
User: あなたの名前を教えてください。
AI: 私の名前はSAL 9000です。どうぞよろしく。
User:
```

User:の後は、コンソールからユーザが入力したテキストです。AI:の後は、LLMが返したメッセージです。このプログラムを終了させるには、[Ctrl]+[C]キーを押下するなど、実行環境に応じた方法でプログラムを強制終了させる必要があります。

5.4

出力パーサ

LLMの出力は、通常、文字列で返されます。しかし、LLMの出力をプログラムで利用する際には、文字列を解析してデータ構造に変換する必要があります。この解析処理を行うコンポーネントが出力パーサです。LangChainは、**表5.4.1**に示すように様々な出力パーサを提供しています。

パーサの入力は、LLMからの出力を想定しているため、文字列またはメッセージです。文字列やメッセージの中身はパーサが期待する文法に従っている必要があります。例えば、`JsonOutputParser`が期待するメッセージの中身はJSONの文法に従ったデータである必要があります。パーサの出力は解析されたデータ構造で、パーサごとに異なります。例えば、`StrOutputParser`は文字列をそのまま返します。一方、`JsonOutputParser`はJSONオブジェクトを返します。

表5.4.1　主要な出力パーサの概要

クラス名	出力	説明
StrOutputParser	文字列	単純な文字列として応答を返します。最も基本的で柔軟な出力パーサの一つです。
JsonOutputParser	JSON オブジェクト	指定されたJSONオブジェクトを返します。関数呼び出しを使用しないで構造化データを得るための最も信頼性の高い出力パーサです。
XMLOutputParser	辞書	タグの辞書を返します。XML出力が必要な場合に使用します。
CommaSeparatedListOutputParser	文字列のリスト	カンマ区切りの値のリストを返します。
PydanticOutputParser	pydantic.BaseModel	ユーザ定義のPydanticモデルを取り、その形式でデータを返します。

5.4.1 StrOutputParserの利用

表5.4.1のパーサの中で特によく使われるものは`StrOutputParser`です。`StrOutputParser`は、LCELでチェーンを構築する際に出力を文字列として扱うための基本的なパーサです。他のパーサは、LLMの出力指定（構造化出力）によって不要になりつつあります。LLMの出力指定を行うとLLMの出力を構造化させることができるため、パーサが不要になるからです。このため、本節では`StrOutputParser`の使い方に絞って説明します。

リスト5.4.1に、StrOutputParserの使い方を示します。

リスト5.4.1　StrOutputParserの利用例（src/langchain/parser.py）

```
from langchain_core.output_parsers import StrOutputParser
from langchain_core.messages import AIMessage

message = AIMessage("こんにちは。")
s = "こんばんは。"

parser = StrOutputParser()
result1 = parser.invoke(message)
result2 = parser.invoke(s)

print(result1)
print(result2)
```


ここでは、StrOutputParserを使って、文字列とメッセージを解析します。まず、StrOutputParserをインポートします。

```
from langchain_core.output_parsers import StrOutputParser
```

StrOutputParserは、langchain_core.parsersモジュールに含まれています。

次に、StrOutputParserを使って、次の文字列およびメッセージを解析します。

```
message = AIMessage("こんにちは。")
s = "こんばんは。"
```

ここでは、会話モデルのinvokeメソッドが返すメッセージを想定し、AIMessageクラスのインスタンスを用意しています。また、文字列の変数sには、単純な文字列を代入しています。これらを解析するために、StrOutputParserを次のように使います。

```
parser = StrOutputParser()
result1 = parser.invoke(message)
result2 = parser.invoke(s)
```

invokeメソッドには、解析する文字列またはメッセージを渡します。解析した結果を変数

result1およびresult2に代入しています。次の部分では、result1およびresult2の値を表示しています。

```
print(result1)
print(result2)
```

このコードを実行すると、次のような出力が得られるはずです。

OUT

```
こんにちは。
こんばんは。
```

StrOutputParserが文字列およびメッセージから文字列をそのまま取り出していることが確認できます。

5.5

チェーンのためのLCEL

LCEL（LangChain Expression Language）は、Pythonに埋め込まれた一種の**ドメイン特化言語**（DSL：Domain-Specific Language）です。ドメイン特化言語は、特定の用途向けの専用言語を意味します。ここでの用途は、チェーン構築です。LCELは、Pythonの演算子をオーバロードすることでチェーン構築のための構文を提供します。ユーザはLCELが提供する構文を用いることで短い記述量でチェーンを構築することができます。一般にこのような構文を糖衣構文（Syntactic Sugar）と呼びます。

糖衣構文は、複雑なコードと同じことを、より簡単なコードで書けるようにするための構文です。このため、LCELを使わなくてもLCELを使う場合と同じことは実現できます。しかし、LangChainの有用なサンプルなどの多くはLCELで記述されています。したがって、LangChainを学ぶ上でもLCELの理解は有用です。また、LCELをマスターすることで、よりLangChainらしいプログラムを作成することができるでしょう。

そこで、本節ではLCELについてよく使われるパターンを網羅する形で解説を行います。本節を読むことで、LCELを使って複雑なチェーンが書けるようになるはずです。

5.5.1 プロンプトチェーニングとLCEL

プロンプトチェーニングは、あるプロンプトで得られた応答を次のプロンプトの入力として使うプロンプトエンジニアリングのテクニックでした（3.6参照）。LCELを用いると、プロンプトチェーニングを簡潔に記述することができます。

本節では、プロンプトチェーニングを例にLCELの使い方を説明します。与えられたプロンプトを英語に翻訳し、英語のプロンプトを用いてLLMに問い合わせるというプロンプトチェーニングを行います。さらに、応答を元の言語に翻訳することで、元の言語のプロンプトに対する応答を得るところまでを目指します。入力プロンプトの記述言語は日本語に限定はしません。LLMを用いて自動的に言語を判定し、判定した言語を用いて元の言語に翻訳するところまでを行います。このプロンプトチェーニングを目標にLCELを習得しながら、徐々にプログラムを構築していきます。

5.5.2 チェーンとは

LangChainにおけるチェーンとは、LangChainのコンポーネント同士が繋がったものです。あるコンポーネントの出力が別のコンポーネントの入力になるような場合にチェーンを構築できます。また、チェーン自体もコンポーネントです。したがって、チェーン同士を繋いで、より長いチェーンを構成することができます。

チェーンを構成する要素は`Runnable`インタフェースを実装している必要があります。`Runnable`インタフェースでは、主に次の3種類のメソッドを定義しています。

- invoke / ainvoke
- stream / astream
- batch / abatch

`invoke`は、入力から出力を得る基本的なメソッドです。一方、`stream`と`batch`は、それぞれ入出力をストリームとして扱いたい場合、複数の入出力をまとめて処理したい場合に使用するためのメソッドです。LangChainが提供している大部分のコンポーネントは、`Runnable`インタフェースを実装しています。このため、大部分のコンポーネントをチェーンの要素にすることができます。

`Runnable`インタフェースでは、メソッドの入出力の型は決まっていません。コンポーネントごとに入出力の型が決まっています。あるコンポーネントAの出力の型と別のコンポーネントBの入力の型が一致している場合に、コンポーネントAの後にBをチェーンで繋げることができます。入出力の型が異なるコンポーネント同士を繋げる場合は、一方の出力の型を他方の入力の型に合わせる必要があります。LangChainでは、このための仕組みも提供されています。

それでは、コンポーネントの出力が別のコンポーネントの入力となる場合を確認し、LCELを用いてチェーンに書き直していきましょう。まず、チェーンを使う前の例題プログラムを**リスト5.5.1**に示します。このプログラムは、コンソールから入力された文字列を英語に翻訳するプログラムです。具体的には、次の部分で翻訳を行っています。

```
prompt = translation_prompt.invoke({"input": text, "language": "English"})
ai_message = llm.invoke(prompt)
answer = parser.invoke(ai_message)
```

ここでは、コンソールから入力されたテキスト（`text`）と英語を指定して、プロンプトを生成しています。生成されたプロンプトをllmに渡して、翻訳されたテキストを含むメッセージを取得しています。最後に、取得したメッセージをparserに渡して、翻訳されたテキストを取得しています。ここで注目すべき点は、順番に行われる三つのコンポーネントの呼び出しが全てinvokeで行われていることです。また、llmとparserの入力は、それぞれ一つ前のprompt_templateとllmの出力になっていることにも注意してください。

このような場合、LCELで次のようにシンプルに書き直すことができます。

```
translation = prompt_template | llm | parser
answer = translation.invoke({"input": text, "language": "English"})
```

ここでは、各コンポーネントをパイプ（|）で繋ぐことでチェーンを構築しています。チェーンはtranslation変数に格納され、translationをinvokeで呼び出すことができます。invokeで渡された引数は、チェーンの内部で先頭のコンポーネントであるprompt_templateに渡されます。同様にprompt_templateの出力はllmに渡されます。llmの出力についても同様で、最終的にチェーンの末尾にあるparserの出力がチェーンの出力となります。なお、**リスト5.5.1**を書き換えたプログラム全体を**リスト5.5.2**に示しておきます。

リスト5.5.1および**リスト5.5.2**の実行結果の一例は次の通りです。

OUT

```
User: こんにちは
AI: Hello
```

「こんにちは」というユーザ入力が、英語に翻訳されて「Hello」と表示されています。

リスト5.5.1　LCELを使用しない翻訳プログラム（src/langchain/chain0.py）

```
from langchain_openai import ChatOpenAI
from langchain_core.output_parsers import StrOutputParser
from langchain_core.prompts import PromptTemplate


translation_prompt = PromptTemplate.from_template(
    "次の文章を{language}に翻訳し、"
    "翻訳された文章だけ答えてください。\n"
    "```\n"
    "{input}\n"
    "```"
```

```
)

llm = ChatOpenAI(model="gpt-4o-mini")

parser = StrOutputParser()

text = input("User: ")

prompt = translation_prompt.invoke({"input": text, "language": "English"})
ai_message = llm.invoke(prompt)
answer = parser.invoke(ai_message)

print("AI:", answer)
```

リスト5.5.2　LCELを使用した翻訳プログラム (src/langchain/chain1.py)

```
from langchain_openai import ChatOpenAI
from langchain_core.output_parsers import StrOutputParser
from langchain_core.prompts import PromptTemplate


translation_prompt = PromptTemplate.from_template(
    "次の文章を{language}に翻訳し、"
    "翻訳された文章だけ答えてください。\n"
    "```\n"
    "{input}\n"
    "```"
)

llm = ChatOpenAI(model="gpt-4o-mini")

parser = StrOutputParser()

translation = translation_prompt | llm | parser

text = input("User: ")

answer = translation.invoke({"input": text, "language": "English"})

print("AI:", answer)
```

5.5.3 シーケンスとパラレル

LangChainでは、チェーンを構築するための構文として**シーケンス**と**パラレル**の二つの構文が提供されています。シーケンスはコンポーネントを順番に繋げる構文です。一方、パラレルは複数のコンポーネントを並列に繋げる構文です。先ほどの例では、シーケンスを使ってコンポーネントを繋いでいました。

ここでは、シーケンスとパラレルの構文を使って、チェーンを構築する方法を説明します。

シーケンス

シーケンスは、Runnableコンポーネントを順番に繋げる構文です。次のように複数のコンポーネントをパイプ(|)で繋げることで、シーケンスを構築することができます。

```
<runnable_1> | <runnable_2> | <runnable_3> | ...
```

チェーンに対してinvokeを呼び出すと、シーケンス内のコンポーネントが順番に呼び出されます。この様子を図5.5.1に示します。

構文

<Runnable_1> | <Runnable_2> | … | <Runnable_n>

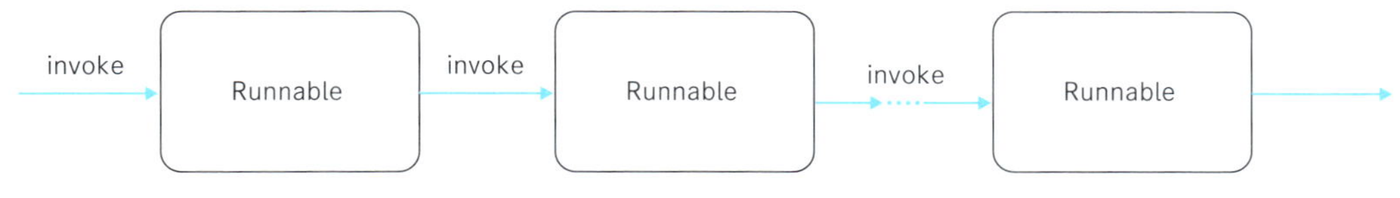

図5.5.1 シーケンス構文

典型的なチェーンの利用方法は、チェーンを変数に格納してinvokeで呼び出すことです。例えば、次のようにしてチェーンを変数に格納してからinvokeで呼び出すことができます。

```
chain = runnable_1 | runnable_2 | runnable_3
result = chain.invoke(input)
```

このコードは、意味としては次のコードと同じです。

```
value_1 = runnable_1.invoke(input)
value_2 = runnable_2.invoke(value_1)
result = runnable_3.invoke(value_2)
```

また、パイプで繋げるコンポーネントの一方がRunnableであれば、他方はRunnableに強制的に変換されます。このため、次のようなコードも有効です。

```
chain = runnable_1 | lambda x: x.foo
result = chain.invoke(input)
```

この例では、入力xに対してx.fooを返すRunnableが、lambda式による**関数**で定義されています。このように、Runnableに変換できる式を使うことでRunnableと非Runnableを繋げることができます。このほか、Runnableに変換できる式の例としては、関数の他に次項で紹介する**辞書**があります。上記のコードは、意味としては次のコードと同じです。

```
value_1 = runnable_1.invoke(input)
result = value_1.foo
```

パラレル

値にRunnable、またはRunnableに変換できる式を持つ辞書をパイプでRunnableと繋ぐことで、辞書内のRunnableを並列化することができます。この様子を図5.5.2に示します。この構文の使い方を次に示します。

```
chain = {
    <key_1> : <runnable_1>,
    <key_2> : <runnable_2>,
    ...
    <key_n> : <runnable_n>,
} | runnable
result = chain.invoke(input)
```

ここで、<key_1>、<key_2>、 ... 、<key_n>は、文字列を表します。また、<runnable_1>、<runnable_2>、 ... 、<runnable_n>は、Runnableまたは関数などRunnableに変換できる式を表します。このような辞書をパイプでRunnableオブジェクトと繋ぐことで辞書がRunnableParallelに変換され、辞書内のRunnableは並列化されます。RunnableParallelは名前のとおり、Runnableが並列に繋がったRunnableです。また、RunnableParallelのinvokeメソッドの戻り値の型は、<key_1>、<key_2>、...、<key_n>をキーとする辞書型になります。

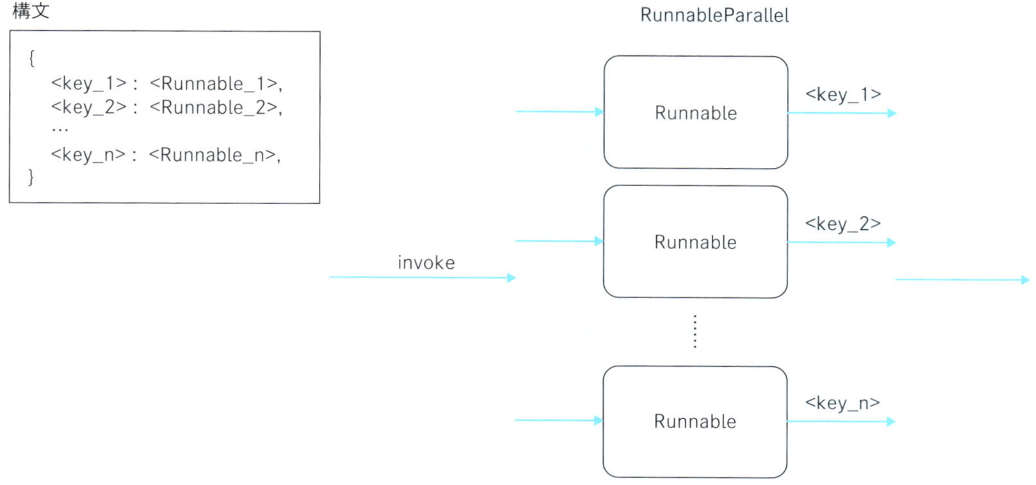

図5.5.2　パラレル構文

以降、典型的な利用パターンを、パラレル構文の辞書の値の種類ごとに示します。

辞書の値がRunnableの場合

辞書の値には、Runnableを指定することができます。典型的な利用パターンは次のとおりです。

```
chain = {
    "key_1" : runnable_1,
    "key_2" : runnable_2,
    "key_3" : RunnablePassthrough(),
} | runnable
result = chain.invoke(input)
```

この辞書リテラルは、RunnableParallelに変換されます。これは、runnableとパイプで繋がっているためです。ここで、RunnablePassthrough()は、入力をそのまま出力するRunnableです。このコードは、意味としては次のコードと同じです。

```
value = {
    "key_1" : runnable_1.invoke(input),
    "key_2" : runnable_2.invoke(input),
    "key_3" : input,
}
result = runnable.invoke(value)
```

すなわち、辞書リテラルの各キーに対してRunnableがinvokeされ、その結果が辞書に格納されます。並列化された各Runnableには、同じ入力（ここではinput）が渡されます。また、RunnablePassthrough()が指定されている場合は、入力がそのまま出力になります。その後、valueに格納された辞書が後続のrunnableに渡され、invokeが呼び出されます。

辞書の値がRunnableに変換できる式の場合

辞書の値には、Runnable以外にもRunnableに変換できる式を指定することができます。よく使われるパターンは次のとおりです。

```
chain = {
    "key_1": lambda x: x.foo,
    "key_2": itemgetter("bar")
} | runnable
result = chain.invoke(input)
```

ここでは"key_1"の値にはlambda式を、"key_2"の値にはitemgetter関数の呼び出しを指定しています。itemgetterは、辞書のキーを指定して値を取得する関数を返す関数です。このため、二つの値は両方とも関数であり、Runnableに変換できる式です。このコードは意味としては次のコードと同じです。

```
value = {
    "key_1": input.foo
    "key_2": input["bar"]
}
result = runnable.invoke(value)
```

辞書中で並列化された各関数には、同じ入力（ここではinput）が渡されます。その後、valueに格納された辞書が後続のrunnableに渡され、invokeが呼び出されます。

5.5.4 RunnableParallel の利用例

RunnableParallelには大きく二つの役割が存在します。

- 辞書型の出力を作る
- 複数のチェーンを論理的に並列化する

チェーンで繋ぐコンポーネント同士は、前のコンポーネントの出力の型が後のコンポーネントの入力の型と一致している必要がありました。辞書型を入力とするコンポーネントに、別の型のデータを入力したい場合にRunnableParallelを使うことで、型を明示的に変換することができます。

RunnableParallelのもう一つの役割は、その名前のとおり、複数のチェーンを論理的に並列化することです。同じ入力を持つ複数のチェーンを並列化し、辞書型のデータとして結果を集約することができます。

辞書型出力を作るための利用

それではRunnableParallelの利用法のうち、辞書の出力を得ることを目的とする利用法を確認してみましょう。先ほどの**リスト5.5.2**をRunnableParallelを用いてアップデートします。具体的に次のように辞書型データで呼び出していたところを、文字列型のデータで呼び出せるようにします。

```
answer = translation.invoke({"input": text, "language": "English"})
```

このチェーンの呼び出しを次のように呼び出せるように修正します。

```
answer = to_english.invoke(text)
```

invokeの引数を辞書型から文字列型に変更しています。このため、チェーンへの入力は、辞書型から文字列型になります。一方、元のチェーンが期待する型は辞書型でした。そこで、次のようにRunnableParallelを用いて、入力を辞書型に変換します。

```
to_english = {
    "input": RunnablePassthrough(),
    "language": lambda _: "English",
```

```
} | translation
```

新しいRunnableParallelと元のtranslationチェーンをパイプで繋ぎ、このチェーンをto_englishに代入しています。RunnableParallelの"input"キーと対応する値には、RunnablePassthrough()を指定しています。これは、RunnableParallelの入力をそのまま"input"キーと対応する値にすることを意味します。一方、"language"キーと対応する値にはlambda式で"English"を指定しています。値にはRunnableインタフェースを実装したコンポーネントを指定する必要がありますが、lambda式は自動的にRunnableに型変換されます。このlambda式にもRunnablePassthrough()と同じ値が入力されます。ここでのlambda式ではその値を使わず、"English"を返すようにしています。仮引数のアンダースコア(_)は、仮引数を使わないことを表します。

ここまでで、RunnableParallelを用いて日本語のプロンプトを英語のプロンプトに変換するto_englishを定義できました。同じ要領でLLMによる英語の出力を日本語に直すto_japaneseも次のように定義することができます。

```
to_japanese = {
    "input": RunnablePassthrough(),
    "language": lambda _: "Japanese",
} | translation
```

to_englishとの違いは、lambda式の"English"が"Japanese"に変わっている点のみです。

では、新しく定義したチェーンを使って、日本語のプロンプトを英語に、英語のLLM出力を日本語に変換するプログラム全体をリスト5.5.3に示します。以降、このプログラムについて順に説明します。

まず、次のコードでRunnablePassthroughをインポートしています。

```
from langchain_core.runnables import RunnablePassthrough
```

また、次のコードでto_englishとto_japaneseを用いて新しいチェーンを作っています。

```
chain = to_english | llm | StrOutputParser() | to_japanese
```

このチェーンは次のように使うことができます。

```
text = input("User: ")
answer = chain.invoke(text)
print(answer)
```

このプログラムを実行した結果の一例を次に示します。

OUT

```
User: 私が今話している言語は何ですか？
あなたは英語を話しています。
```

入力テキスト「私が今話している言語は何ですか？」が英語に翻訳された後、再び日本語に翻訳されています。翻訳されたテキストは「What language am I speaking right now?」のようになるはずです。そして、LLMはこの入力から「You are using English right now.」のように返します。この文が日本語に翻訳されて上記の結果となります。

リスト5.5.3　RunnableParallelを用いた辞書型出力の生成 (src/langchain/chain2.py)

```
from langchain_openai import ChatOpenAI
from langchain_core.output_parsers import StrOutputParser
from langchain_core.prompts import PromptTemplate
from langchain_core.runnables import RunnablePassthrough

translation_prompt = PromptTemplate.from_template(
    "次の文章を{language}に翻訳し、"
    "翻訳された文章だけ答えてください。\n"
    "```\n"
    "{input}\n"
    "```"
)

llm = ChatOpenAI(model="gpt-4o-mini")

translation = translation_prompt | llm | StrOutputParser()

to_english = {
    "input": RunnablePassthrough(),
    "language": lambda _: "English",
} | translation

to_japanese = {
```

```
    "input": RunnablePassthrough(),
    "language": lambda _: "Japanese",
} | translation

chain = to_english | llm | StrOutputParser() | to_japanese
text = input("User: ")
answer = chain.invoke(text)
print(answer)
```

並列化のための利用

RunnableParallelのもう一つの重要な役割は、複数のチェーンを論理的に並列化することです。同じ入力を持つ複数のチェーンを並列化することで、それぞれのチェーンが独立して処理を行い、その結果を辞書型のデータとして集約することができます。また、並列化によってコードがシンプルになり、可読性と保守性が向上します。

リスト5.5.4に、チェーンを並列化に利用したコード例を示します。このコードでは、入力されたテキストの言語を判定するチェーンと、テキストを英語に翻訳するチェーンを並列化しています。以降、ここではこのコードを順に説明します。

リスト5.5.4 RunnableParallelを用いたチェーンの並列実行 (src/langchain/chain3.py)

```
from langchain_openai import ChatOpenAI
from langchain_core.output_parsers import StrOutputParser
from langchain_core.prompts import PromptTemplate
from pydantic import BaseModel, Field
from langchain_core.runnables import RunnablePassthrough


llm = ChatOpenAI(model="gpt-4o-mini")


class Language(BaseModel):
    language_name: str = Field(description="言語名(e.g. 'Japanese')")


llm_with_language_output = llm.with_structured_output(Language)

ask_language_prompt = PromptTemplate.from_template(
    "以下の文章が書かれている言語の名前は何ですか？\n" "```\n" "{input}\n" "```"
)
```

```
get_language_chain = ask_language_prompt | llm_with_language_output

translation_prompt = PromptTemplate.from_template(
    "次の文章を{language}に翻訳し、"
    "翻訳された文章だけ答えてください。\n"
    "```\n"
    "{input}\n"
    "```"
)

translation = translation_prompt | llm | StrOutputParser()

to_english = {
    "input": RunnablePassthrough(),
    "language": lambda _: "English",
} | translation

chain = {
    "input": to_english | llm | StrOutputParser(),
    "language": get_language_chain | (lambda x: x.language_name),
} | translation

text = input("User: ")
answer = chain.invoke(text)
print(answer)
```

まず、言語モデルの出力を受け取るためのデータモデルを定義し、言語モデルの出力フォーマットとして指定します。

```
class Language(BaseModel):
    language_name: str = Field(description="言語名(e.g. 'Japanese')")


llm_with_language_output = llm.with_structured_output(Language)
```

Languageクラスは、言語名を表すlanguage_nameフィールドを持つデータモデルです。このデータモデルは、言語判定チェーンの出力を受け取るためにllm_with_language_outputの出力フォーマットとして使用されます。

次の部分では、言語を判定するためのプロンプトテンプレートとチェーンを定義しています。

```
ask_language_prompt = PromptTemplate.from_template(
    "以下の文章が書かれている言語の名前は何ですか？\n" "```\n" "{input}\n" "```"
)

get_language_chain = ask_language_prompt | llm_with_language_output
```

ここでは、入力テキストの言語を判定するためのプロンプトテンプレートask_language_promptを作成しています。このテンプレートは入力テキストを受け取り、その言語を尋ねるプロンプトを生成します。そして、ask_language_promptとllm_with_language_outputを組み合わせて、言語判定チェーンget_language_chainを定義しています。llm_with_language_outputは、言語モデルの出力をLanguageクラスの形式で受け取るように設定された言語モデルです。

同様に翻訳のためのプロンプトテンプレートとチェーンも次のように定義しています。

```
translation_prompt = PromptTemplate.from_template(
    "次の文章を{language}に翻訳し、"
    "翻訳された文章だけ答えてください。\n"
    "```\n"
    "{input}\n"
    "```"
)

translation = translation_prompt | llm | StrOutputParser()
```

translation_promptは、入力テキストと目標言語を受け取り、翻訳を要求するプロンプトを生成します。translationチェーンは、translation_prompt、llm、StrOutputParser()を組み合わせて定義されています。このチェーンは、入力テキスト（input）を目標言語（language）に翻訳します。

次に、translationチェーンとRunnableParallelを使って、英語に翻訳するためのto_englishチェーンを定義しています。

```
to_english = {
    "input": RunnablePassthrough(),
    "language": lambda _: "English",
} | translation
```

to_englishは、入力テキストを英語に翻訳するためのチェーンです。"input"キーには、RunnablePassthrough()を指定することで、入力テキストをそのまま翻訳チェーンに渡しています。"language"キーには、常に"English"を返すlambda式を指定しています。

最後に、言語判定チェーンと英語翻訳チェーンを並列化しています。

```
chain = {
    "input": to_english | llm | StrOutputParser(),
    "language": get_language_chain | (lambda x: x.language_name),
} | translation
```

ここでは、辞書型を使って二つのチェーンを並列化しています。"input"キーには、英語に翻訳するチェーンが対応付けられています。このチェーンは、次の三つのコンポーネントで構成されています。

- to_english：入力テキストを英語に翻訳するためのチェーン
- llm：英語に翻訳するためのLLM
- StrOutputParser()：LLMの出力を文字列として解析するパーサ

次の"language"キーには、言語を判定するチェーンとその出力からlanguage_nameを取り出すlambda式が対応付けられています。このチェーンは、次の二つのコンポーネントで構成されています。

- get_language_chain：入力テキストの言語を判定するチェーン
- lambda x: x.language_name：get_language_chainの出力からlanguage_nameを取り出すlambda式

これらの並列化されたチェーンの出力は辞書型のデータとして集約され、最後にtranslationチェーンに渡されます。translationチェーンは、この辞書型のデータから"input"と"language"の値を取り出し、入力テキストを指定された言語に翻訳します。

このコードを実行すると、次のような結果が得られます。

OUT

```
User: 私が今話している言語は何ですか？
あなたは英語を話しています。
```

入力テキスト「私が今話している言語は何ですか？」が英語に翻訳された後、再び日本語に翻訳されています。翻訳されたテキストは「What language am I speaking right now?」のようになるはずです。そして、LLMはこの入力から「You are using English right now.」のように返すはずです。この文が日本語に翻訳されて上記の結果となります。この結果から、言語判定チェーンによって元の入力テキストの言語が日本語として正しく判定されていること、その情報を用いてLLMの英語出力が元の日本語に正しく翻訳が行われていることがわかります。

このように、`RunnableParallel`を使うことで、複数のチェーンを並列化し、それぞれのチェーンの出力を辞書型のデータとして集約することができます。並列化によって、コードの簡略化と可読性の向上を図ることができるため、LangChainを使った開発においては重要な技法の一つとなっています。

5.6

RAGサポート

LLMを使ったアプリケーション開発において、**RAG（Retrieval Augmented Generation）**（仕組みの詳細は3.7を参照のこと）は、重要な役割を果たします。LLMは学習時に得た知識に基づいて回答しますが、一般向けに公開されていない情報や最新情報など学習時に得られなかった情報には対応できません。これを実現するのがRAGです。RAGでは質問に関連する情報をインデックスから検索し、その情報をコンテキストに追加してLLMに渡すことで、より正確な回答を生成します。

RAGの基本ステップは、次のとおりです。

1. インデックスの作成：ドキュメントからテキストを抽出（5.6.1）・分割（5.6.2）し、埋め込みベクトルに変換（5.6.3）してからインデックスに格納（5.6.4）します。
2. 情報の検索（5.6.5）：ユーザの質問に関連する情報をインデックスから検索します。
3. 回答の生成（5.6.6）：検索された情報をLLMに渡して回答を生成します。

LangChainでは、インデックスの作成から情報の検索、回答の生成までRAGの実現に必要な機能を全て提供しています。以降、本節では、これらの機能について順に説明します。

5.6.1 テキストの抽出

LangChainでは、様々なドキュメントからテキストを抽出する機能をドキュメントローダとして提供しています。**表5.6.1**に、LangChainでサポートされているドキュメントタイプとローダの一覧を示します。ドキュメントローダには、プレーンテキストだけでなく、CSV、JSON、HTML、PDF、Word、PowerPoint、画像など、様々なドキュメントタイプに対応したものが存在します。

表5.6.1 LangChainでサポートされているドキュメントタイプとローダの一覧

ドキュメントタイプ	LangChainローダ	概要
プレーンテキスト (.txt)	TextLoader, UnstructuredLoader	テキストファイル
カンマ区切り値 (.csv)	CSVLoader	表形式のデータを処理
JavaScript Object Notation (.json)	JSONLoader	JSONオブジェクト
ハイパーテキストマークアップ言語 (.html)	HTMLLoader, UnstructuredLoader	ウェブページ
マークダウン (.md)	MarkdownLoader	マークダウン形式のテキスト
PDF (.pdf)	PyPDFLoader, UnstructuredPDFLoader, OnlinePDFLoader	PDFファイル
Microsoft Word(.doc, .docx)	MSWordLoader	Wordドキュメント
Microsoft Powerpoint(.ppt, .pptx)	MSPowerpointLoader	PowerPointプレゼンテーション
画像 (.jpg, .png, etc.)	UnstructuredLoader	画像

ここでは、例としてPDFファイルからテキストを抽出するプログラムを**リスト5.6.1**に示します。この例では、総務省が毎年発行している「情報通信白書」[総務省 2023]のPDFファイルからテキストを抽出します。令和5年版のPDFファイルは、次のURLからダウンロードできますので、これもプログラム中でダウンロードすることにします。

```
https://www.soumu.go.jp/johotsusintokei/whitepaper/ja/r05/pdf/00zentai.pdf
```

リスト5.6.1 ドキュメントローダを用いたテキストの抽出 (src/langchain/rag_loader.py)

```
from langchain_community.document_loaders import PyPDFLoader
import requests
import os

url = "https://www.soumu.go.jp/johotsusintokei/whitepaper/ja/r05/pdf/00zentai.pdf"
filename = "情報通信白書.pdf"

if not os.path.exists(filename):
    with open(filename, "wb") as file:
        file.write(requests.get(url).content)

loader = PyPDFLoader(filename)
pages = loader.load()
print(f"ページ数: {len(pages)}")
n = 100
print(f"{n}ページ目： {pages[n].page_content[:100]}")
```

まず、はじめに必要なモジュールをインポートします。

```
from langchain_community.document_loaders import PyPDFLoader
import requests
import os
```

PyPDFLoaderは、PDFファイルからテキストを抽出するためのローダです。requestsはHTTPリクエストを送信するためのモジュール、osはファイル操作を行うためのモジュールです。

次に、PDFファイルをダウンロードします。

```
url = "https://www.soumu.go.jp/johotsusintokei/whitepaper/ja/r05/pdf/00zentai.pdf"
filename = "情報通信白書.pdf"

if not os.path.exists(filename):
    with open(filename, "wb") as file:
        file.write(requests.get(url).content)
```

ここではダウンロードしたPDFファイルを、情報通信白書.pdfという名前でカレントディレクトリに保存しています。また、ファイルがすでに存在する場合は、ダウンロードをスキップするようにしています。

次に、PDFファイルからテキストを抽出します。

```
loader = PyPDFLoader(filename)
pages = loader.load()
```

まず、PyPDFLoaderクラスのインスタンスを作成し、loader変数に代入しています。次に、loadメソッドを呼び出して、PDFファイルからテキストを抽出しています。抽出されたテキストは、pages変数に格納されます。PyPDFLoaderは、PDFファイルをページごとに分割してテキストを抽出します。

最後に、抽出したテキストを表示して確認してみます。

```
print(f"ページ数: {len(pages)}")
n = 100
print(f"{n}ページ目： {pages[n].page_content[:100]}")
```

ここでは、抽出したテキストのページ数を表示しています。また、0から数えた100ページ目のテキストの先頭100文字を表示しています。このプログラムを実行するとPDFファイルからテキストが抽出され、ページ数と40ページ目のテキストが表示されます。手元の環境で実行した結果を次に示します。

OUT

```
ページ数: 307
100ページ目： 図表4-1-5-1 企業の研究費の割合（2021年度）
情報通信機械
器具製造業 ,
1兆226億円,
7.2%電気機械器具
製造業 ,
8,377 億円,
5.9%
電子部品・デバイス・
電子回
```

この結果から、合計307ページのPDFファイルからテキストが抽出されていることがわかります。また、100ページ目には企業の研究費の割合に関する情報が含まれていることが確認できます。

5.6.2 テキストの分割

次に、このテキストを分割する処理を行っていきます。テキストの分割では、文や段落など、適切な単位にテキストを分割します。LangChainでは、様々なテキスト分割の方法を提供しています。

表5.6.2に、LangChainでサポートされているテキスト分割タイプを示します。

表5.6.2 LangChain でサポートされているテキスト分割タイプ

テキスト分割タイプ	説明
CharacterTextSplitter	テキストを個々の文字に分割します。
RecursiveCharacterTextSplitter	定義された区切り文字（例: "\n", " ", "."）に基づいてテキストを分割します。
RecursiveTextSplitter	テキストを単語やトークンに基づいて分割します。
SimpleTextSplitter	テキストを指定されたサイズ（文字数またはトークン数）に分割します。
カスタム分割	開発者が独自の分割ロジックを定義できるようにします。

ここでは先ほどの例に引き続き、PDFファイルから抽出したテキストを分割してみます。**リスト5.6.2**に、テキストを分割するプログラムを示します。

リスト5.6.2 テキスト分割器を用いたテキストの分割 (src/langchain/rag_splitter.py)

```
from langchain_community.document_loaders import PyPDFLoader
from langchain_text_splitters import RecursiveCharacterTextSplitter

filename = "情報通信白書.pdf"
loader = PyPDFLoader(filename)
pages = loader.load()

python_splitter = RecursiveCharacterTextSplitter(chunk_size=2000, chunk_overlap=400)
splits = python_splitter.split_documents(pages)
print(f"チャンク数：{len(splits)}")
n = 100
print(f"{n}チャンク目：{splits[n].page_content[:100]}")
```


まず、必要なモジュールをインポートします。

```
from langchain_text_splitters import RecursiveCharacterTextSplitter
```

ここでは、RecursiveCharacterTextSplitterクラスをインポートしています。RecursiveCharacterTextSplitterは、指定されたサイズに基づいてテキストを分割する機能を提供します。

では、次にRecursiveCharacterTextSplitterを使ってテキストを分割してみます。

```
python_splitter = RecursiveCharacterTextSplitter(chunk_size=2000, chunk_overlap=400)
```

ここでは、RecursiveCharacterTextSplitterクラスのインスタンスを作成し、python_splitter変数に代入しています。

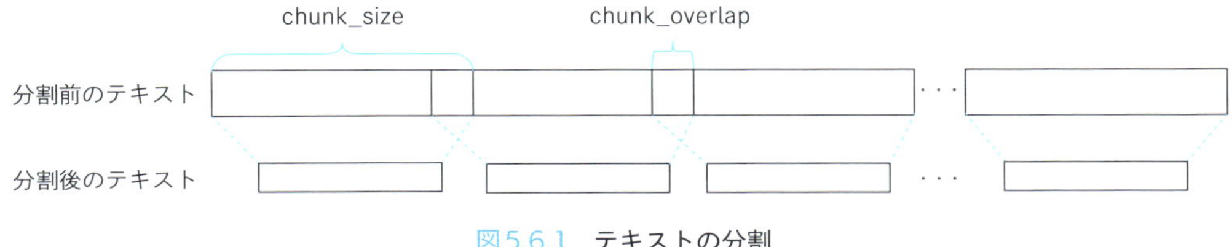

図5.6.1 テキストの分割

このRecursiveCharacterTextSplitterクラスのコンストラクタには、chunk_sizeとchunk_overlapという二つのパラメータがあります。RecursiveCharacterTextSplitterクラスのインスタンスは、図5.6.1のようにテキストを分割することができます。このとき、分割されたテキストをチャンクと呼びます。

chunk_sizeは、分割するチャンクのサイズを指定します。ここでは、2000文字を一つのチャンクとして分割するように指定しています。chunk_overlapは、チャンク間のオーバーラップサイズを指定します。オーバーラップサイズは、チャンク間のオーバーラップ（重複）部分のサイズです。オーバーラップは、意味があるかたまり（例えば、文章や段落）が別々のチャンクに分割されてしまうことを防ぐために有効です。意味のあるかたまりがちょうどチャンクの境界に位置する場合があります。このとき、オーバーラップを持たせることで、そのかたまりが少なくとも一つのチャンクに完全に含まれるようになり、意味の一部が失われるリスクを軽減できます。ここでは400文字のオーバーラップを指定しています。

次に、split_documentsメソッドを呼び出して、テキストを分割しています。

```
splits = python_splitter.split_documents(pages)
```

split_documentsメソッドは、テキストを分割してチャンクのリストを返します。RecursiveCharacterTextSplitterは、チャンクのリストを受け取り、それぞれのチャンクが指定されたサイズ以下になるまで再帰的に分割します。分割されたチャンクは、splits変数に格納されます。

最後に、分割されたチャンクの数と0から数えた100番目のチャンクの先頭100文字を表示してみます。

```
print(f"チャンク数：{len(splits)}")
n = 100
print(f"{n}チャンク目：{splits[n].page_content[:100]}")
```

このコードを実行すると、次のような結果が得られるはずです。

OUT

```
チャンク数：336
100チャンク目：メタバースに関しては、相互運用性の実現を目指した国際的なフォーラム組織に多くの企業・団
体等が参加するなど、既に、民間主導による国際的なルール形成に向けた動きが広がっている。世
```

```
界経済フォーラムは、2
```

チャンク数は336で、100番目のチャンクにはメタバースに関する情報が含まれていることがわかります。元々のテキストは307ページでしたが、336個のチャンクに分割されていることがわかります。また、分割前の100番目とは異なるテキストが含まれていることがわかります。

5.6.3 ベクトル化

次に、分割したテキストをベクトル化する処理を行っていきます。テキストのベクトル化では、テキストを埋め込みベクトルに変換します。LangChainでは、様々な埋め込みモデルを提供しています。**表5.6.3**に、LangChainでサポートされている埋め込みモデルを示します。

表5.6.3 LangChainでサポートされている埋め込みモデル

APIプロバイダ	クラス	パッケージ
OpenAI	OpenAIEmbeddings	langchain-openai
Cohere	CohereEmbeddings	langchain-cohere

リスト5.6.3に、テキストをベクトル化するプログラムを示します。ここでは、OpenAIの埋め込みモデルを使用します。

リスト5.6.3 埋め込みモデルを用いたテキストのベクトル化(src/langchain/rag_embeddings.py)

```
from langchain_community.document_loaders import PyPDFLoader
from langchain_text_splitters import RecursiveCharacterTextSplitter
from langchain_openai import OpenAIEmbeddings

filename = "情報通信白書.pdf"
loader = PyPDFLoader(filename)
pages = loader.load()

python_splitter = RecursiveCharacterTextSplitter(chunk_size=2000, chunk_overlap=400)
splits = python_splitter.split_documents(pages)

embeddings = OpenAIEmbeddings(model="text-embedding-3-small")
content = splits[10].page_content
vector = embeddings.embed_query(content)
print(f"埋め込みベクトルの次元数: {len(vector)}")
```

```
print(f"埋め込みベクトルの最初の10要素: {vector[:10]}")
```

まず、必要なモジュールをインポートします。

```
from langchain_openai import OpenAIEmbeddings
```

ここでは、OpenAIEmbeddingsクラスをインポートしています。OpenAIEmbeddingsは、OpenAIが提供する埋め込みモデルを使用するためのクラスです。

次のコードでは、OpenAIEmbeddingsクラスのインスタンスを作成しています。

```
embeddings = OpenAIEmbeddings(model="text-embedding-3-small")
```

OpenAIEmbeddingsクラスのコンストラクタには、いくつかのパラメータがあります。ここでは、modelパラメータに"text-embedding-3-small"を指定しています。

次に、embed_queryメソッドを呼び出して、テキストをベクトル化します。

```
content = splits[10].page_content
vector = embeddings.embed_query(content)
```

embed_queryメソッドは、テキストを受け取り、埋め込みベクトルを返します。ここでは、分割されたテキストの0から数えた10番目のチャンクをベクトル化の対象としています。埋め込みベクトルは、vector変数に格納されます。最後に、埋め込みベクトルの次元数と最初の10要素を表示してみます。

```
print(f"埋め込みベクトルの次元数: {len(vector)}")
print(f"埋め込みベクトルの最初の10要素: {vector[:10]}")
```

このコードを実行すると、次のような結果が得られるはずです。

OUT

```
埋め込みベクトルの次元数: 1536
埋め込みベクトルの最初の10要素: [-0.012752096616657924, -0.010059911376391933,
0.020828650474810816, -0.02388206592575552, 0.007142809880236489, 0.0029562917814404204,
-0.017652553768407332, -0.010577901796888011, -0.0030806773571461447,
-0.0398852325758768]
```

埋め込みベクトルの次元数は1536であることがわかります。また、埋め込みベクトルは浮動小数点数の配列であることがわかります。埋め込みベクトルはテキストの意味を表現するベクトルです。似た意味のテキスト同士は、その埋め込みベクトル同士も似たものになります。埋め込みベクトルはテキスト間の類似度を計算するために使用されます。

5.6.4 ベクトルの保存

前項では分割したテキストを埋め込みベクトルに変換しました。次に、これらの埋め込みベクトルと元のテキストをベクトルストアに保存します。ベクトルストアは、埋め込みベクトルを保存し、それに対して高速な類似検索を実現するためのインデックスを構築したデータベースです。LangChainでは、様々なベクトルストアを提供しています。**表5.6.4**に、LangChainでサポートされている主要なベクトルストアを示します。

表5.6.4 LangChainでサポートされている主要なベクトルストア

ベクトルストア	概要
Chroma	高速で拡張性の高いオープンソースのベクトルデータベース。自己ホスト型とクラウドホスト型の両方に対応
Pinecone	フルマネージド型のベクトル検索サービス。高い拡張性と可用性を提供
Weaviate	オープンソースのベクトル検索エンジン。ベクトル検索に特化したRESTful APIとGraphQLインタフェースを提供
FAISS	Facebookが開発したオープンソースの類似検索ライブラリ。CPUとGPUの両方に対応し、大規模データセットでも高速に動作

リスト5.6.4に、埋め込みベクトルをChromaベクトルストアに保存するプログラムを示します。

リスト5.6.4 ベクトルストアへの埋め込みベクトルの保存 (src/langchain/rag_vectorstore.py)

```
from langchain_community.document_loaders import PyPDFLoader
from langchain_text_splitters import RecursiveCharacterTextSplitter
from langchain_chroma import Chroma
from langchain_openai import OpenAIEmbeddings

filename = "情報通信白書.pdf"
loader = PyPDFLoader(filename)
pages = loader.load()

python_splitter = RecursiveCharacterTextSplitter(chunk_size=2000, chunk_overlap=400)
splits = python_splitter.split_documents(pages)
```

```
vectorstore = Chroma.from_documents(
    documents=splits, embedding=OpenAIEmbeddings(model="text-embedding-3-small")
)
docs = vectorstore.similarity_search("生成AIの最新動向は？", k=3)
for doc in docs:
    print("---")
    print(doc.page_content[:100])
```

まず、前項までのコードに加えて、Chromaベクトルストアをインポートします。

```
from langchain_chroma import Chroma
```

次に、Chroma.from_documentsメソッドを使って、テキストと埋め込みベクトルをChromaベクトルストアに保存します。

```
vectorstore = Chroma.from_documents(
    documents=splits, embedding=OpenAIEmbeddings(model="text-embedding-3-small")
)
```

このメソッドは分割したテキストをdocumentsパラメータに、OpenAIの埋め込みモデルをembeddingパラメータに指定します。Chroma.from_documentsメソッドは、テキストを埋め込みベクトルに変換し、それらをChromaベクトルストアに保存します。これにより、高速な類似検索が可能になります。保存したベクトルを使って、類似するテキストを検索してみましょう。類似検索には、similarity_searchメソッドを使います。

```
docs = vectorstore.similarity_search("生成AIの最新動向は？", k=3)
for doc in docs:
    print("---")
    print(doc.page_content[:100])
```

similarity_searchメソッドは、クエリに類似するテキストを検索します。ここでは、"生成AIの最新動向は？"というクエリを使用しています。kパラメータは、返す類似テキストの数を指定します。このコードを実行すると、クエリに類似する三つのテキストが表示されます。

このコードの実行結果の例を次に示します。

OUT

```
AI の動向
<省略>
 1        市場概況
世界のAI市場規模（売上高）は、2022年には前年比78.4%増の18兆7,148億円まで成長する
と見込まれており、その後も2030年ま
---
組織別AIランキング（Top10）の推移
出典：Thundermark Capital「AI Research Ranking 2022」を基に作成
URL：https://www.soumu.go.
---
のの、文章の作成や要約等の用途で使用することが可能である＊21。
2022年には、テキストを入力すると画像を生成する「プロンプト型画像生成AI（text to image
とも呼ばれる）」が登場し、
```

この結果は、日本語処理に起因する一部の文字化け部分を省略したものです。これらの結果から、"生成AIの最新動向は？"という質問に関連する情報が正しく検索されていることがわかります。検索結果には、AIの市場動向、組織別ランキング、生成 AI の最新技術などに関する情報が含まれています。

このように、ベクトルストアを使うことで、大量のテキストの中から関連する情報を高速に検索することができます。RAGの一連の流れとして、テキストの抽出から埋め込みベクトルの生成、ベクトルストアへの保存（インデックスの作成）までを説明しました。次項では、LangChainのRunnableインタフェースでベクトルストアを検索する方法を説明します。

5.6.5 情報の検索

ベクトルストアに保存された埋め込みベクトルを使って、ユーザの質問に関連する情報を検索します。LangChainでは、ベクトルストアのラッパとしてリトリーバを提供しています。リトリーバはユーザの質問を埋め込みベクトルに変換し、ベクトルストアから類似するテキストを検索します。注目すべき点は、ベクトルストアをリトリーバでラップすることで、Runnableインタフェースが実装されることです。つまり、リトリーバはinvokeメソッドを持ち、LCELを用いてチェーンの要素として扱うことができます。これにより、情報検索をチェーンに組み込むことが容易になります。

リスト5.6.5に、Chromaベクトルストアをリトリーバとして使用し、関連情報を検索するプログラムを示します。

リスト5.6.5　リトリーバを用いた関連情報の検索（src/langchain/rag_retriever.py）

```
from langchain_community.document_loaders import PyPDFLoader
from langchain_text_splitters import RecursiveCharacterTextSplitter
from langchain_chroma import Chroma
from langchain_openai import OpenAIEmbeddings

filename = "情報通信白書.pdf"
loader = PyPDFLoader(filename)
pages = loader.load()

python_splitter = RecursiveCharacterTextSplitter(chunk_size=2000, chunk_overlap=400)
splits = python_splitter.split_documents(pages)

vectorstore = Chroma.from_documents(
    documents=splits, embedding=OpenAIEmbeddings(model="text-embedding-3-small")
)

retriever = vectorstore.as_retriever(search_kwargs={"k": 3})
docs = retriever.invoke("生成AIの最新動向は？")
for doc in docs:
    print("---")
    print(doc.page_content[:100])
```

前項までのコードに続けて、Chromaベクトルストアをリトリーバとしてラップするためのコードを追加します。

```
retriever = vectorstore.as_retriever(search_kwargs={"k": 3})
```

as_retrieverメソッドは、ベクトルストアをリトリーバとしてラップします。これにより、リトリーバはRunnableインタフェースを実装し、invokeメソッドを持つようになります。search_kwargsパラメータは、検索時のオプションを指定します。ここでは、"k"オプションを3に設定し、類似度の高い上位三つのテキストを返すようにしています。

次に、retriever.invokeメソッドを使って、ユーザの質問に関連する情報を検索します。

```
docs = retriever.invoke("生成AIの最新動向は？")
for doc in docs:
    print("---")
    print(doc.page_content[:100])
```

invokeメソッドは、ユーザのクエリを引数に取ります。ここでは、"生成AIの最新動向は？"というクエリを使用しています。検索結果は、docsリストに格納されます。検索結果を確認するために、docsリストの各要素を反復処理し、テキストの先頭100文字を表示しています。このコードを実行すると、次のような結果が得られます。

OUT

```
---
AI の動向
<省略>
    1        市場概況
世界のAI市場規模（売上高）は、2022年には前年比78.4%増の18兆7,148億円まで成長する
と見込まれており、その後も2030年ま
---
組織別AIランキング（Top10）の推移
出典：Thundermark Capital「AI Research Ranking 2022」を基に作成
URL：https://www.soumu.go.
---
のの、文章の作成や要約等の用途で使用することが可能である＊21。
2022年には、テキストを入力すると画像を生成する「プロンプト型画像生成AI（text to image
とも呼ばれる）」が登場し、
```

この結果は、前項の結果と同じです。前項の方法と異なる点は、リトリーバを使うことで、Runnableインタフェースでベクトルストアから類似するテキストを検索することができることです。このため、このリトリーバをチェーンの一部に組み込むことが容易になります。

ここまでで、情報検索を行うための準備が整いました。次節では、情報検索をチェーンに組み込み、ユーザの質問に回答を生成する方法を説明します。

5.6.6 回答の生成

前項までで、LangChainを使った質問応答システムの構築に必要なコンポーネントについて説明してきました。ここでは、これらのコンポーネントを組み合わせ、LCELを使ってチェーンを構築し、ユーザの質問に対して回答を生成する方法を説明します。**リスト5.6.6**に回答を生成するためのプログラムを示します。

リスト5.6.6 検索結果を用いた回答生成 (src/langchain/rag_generator.py)

```
from langchain_community.document_loaders import PyPDFLoader
```

```
from langchain_text_splitters import RecursiveCharacterTextSplitter
from langchain_chroma import Chroma
from langchain_openai import OpenAIEmbeddings, ChatOpenAI
from langchain_core.output_parsers import StrOutputParser
from langchain_core.prompts import (
    ChatPromptTemplate,
    MessagesPlaceholder,
    HumanMessagePromptTemplate,
)
from langchain_core.messages import SystemMessage
from operator import itemgetter


filename = "情報通信白書.pdf"
loader = PyPDFLoader(filename)
pages = loader.load()

python_splitter = RecursiveCharacterTextSplitter(chunk_size=2000, chunk_overlap=400)
splits = python_splitter.split_documents(pages)

persist_directory = "db"
vectorstore = Chroma.from_documents(
    documents=splits,
    embedding=OpenAIEmbeddings(model="text-embedding-3-small"),
    persist_directory=persist_directory,
)

retriever = vectorstore.as_retriever(search_kwargs={"k": 3})

prompt_template = ChatPromptTemplate.from_messages(
    [
        SystemMessage("あなたは有能なアシスタントです。"),
        MessagesPlaceholder("chat_history"),
        HumanMessagePromptTemplate.from_template(
            "与えられた文脈に基づいて、次の質問に答えてください。\n文脈：{context}\n質
問：{question}"
        ),
    ]
)


llm = ChatOpenAI(temperature=0)


def format_docs(docs):
```

```
    return "\n\n".join(doc.page_content for doc in docs)


rag_chain = (
    {
        "context": itemgetter("question") | retriever | format_docs,
        "question": itemgetter("question"),
        "chat_history": itemgetter("chat_history"),
    }
    | prompt_template
    | llm
    | StrOutputParser()
)

history = []
answer = rag_chain.invoke({"question": "生成AIの最新動向は？", "chat_history": history})
print(answer)
```


まず、前項までのコードに加えて、次のモジュールをインポートします。

```
from langchain_openai import OpenAIEmbeddings, ChatOpenAI
from langchain_core.output_parsers import StrOutputParser
from langchain_core.prompts import (
    ChatPromptTemplate,
    MessagesPlaceholder,
    HumanMessagePromptTemplate,
)
from langchain_core.messages import SystemMessage
from operator import itemgetter
```

ChatOpenAIは、5.2.2で説明したOpenAIの会話モデルを使用するためのクラスです。StrOutputParserは、5.4.1で説明したLLMの出力を文字列として解析するためのパーサです。ChatPromptTemplate、MessagesPlaceholder、HumanMessagePromptTemplateは、5.3で説明したプロンプトテンプレートを作成するためのクラスです。SystemMessageは、システムメッセージを表すクラスです。itemgetterは、辞書からキーに対応する値を取得するための関数です。

次のコードでは、プロンプトテンプレートを作成しています。

```
prompt_template = ChatPromptTemplate.from_messages(
    [
```

```
        SystemMessage("あなたは有能なアシスタントです。"),
        MessagesPlaceholder("chat_history"),
        HumanMessagePromptTemplate.from_template(
            "与えられた文脈に基づいて、次の質問に答えてください。\n文脈：{context}\n質
問：{question}"
        ),
    ]
)
```

このプロンプトテンプレートは、5.3で説明した方法を応用し、システムメッセージ、チャット履歴、ユーザの質問で構成されています。システムメッセージでは、LLMに「あなたは有能なアシスタントです。」と役割を与えています。MessagesPlaceholderは、チャット履歴を表すプレースホルダです。HumanMessagePromptTemplateは、ユーザの質問を表すプロンプトテンプレートです。このテンプレートでは、検索した文脈とユーザの質問を含むプロンプトを生成します。

次に、LLMを設定します。

```
llm = ChatOpenAI(temperature=0)
```

ここでは、5.2で説明したChatOpenAIを使用し、temperatureを0に設定しています。temperatureは、生成するテキストのランダム性を制御するパラメータです。低いtemperatureを設定すると、LLMが生成するテキストのランダム性が低くなります。このため、LLMが与えた文脈の情報を使う可能性が高まります。また、temperatureに0を設定することで、ランダム性がなくなります。したがって、同じ入力に対して毎回同じ結果が得られます。

次に、検索結果のドキュメントを文字列にフォーマットする関数を定義します。

```
def format_docs(docs):
    return "\n\n".join(doc.page_content for doc in docs)
```

この関数は、検索結果のドキュメントのリストを受け取り、各ドキュメントの内容を改行で連結した文字列を返します。最後に、5.5で説明したLCELを使ってRAGチェーンを構築します。

```
rag_chain = (
    {
```

```
        "context": itemgetter("question") | retriever | format_docs,
        "question": itemgetter("question"),
        "chat_history": itemgetter("chat_history"),
    }
    | prompt_template
    | llm
    | StrOutputParser()
)
```


このチェーンは、次の流れで処理を行います。

1. itemgetter("question")で入力辞書から"question"キーの値（ユーザの質問）を取得します。
2. retrieverでユーザの質問に関連するドキュメントを検索します。
3. format_docsで検索結果のドキュメントを文字列にフォーマットします。
4. prompt_templateがシステムメッセージ、チャット履歴、文脈、質問を含むプロンプトを生成します。
5. llmでプロンプトに基づいて回答を生成します。
6. StrOutputParser()でLLMの出力を文字列として解析します。

このチェーンを使って、ユーザの質問に回答を生成してみましょう。

```
history = []
answer = rag_chain.invoke({"question": "生成AIの最新動向は？", "chat_history": history})
print(answer)
```

ここでは、"生成AIの最新動向は？"という質問を使用し、空のチャット履歴を渡しています。生成された回答は、次のようになります。

OUT

```
生成AIの最新動向については、2022年のAI Research Rankingにおいて、Googleがトップに立って
おり、MicrosoftやFacebookも上位10位にランクインしています。また、AI専業のOpenAIも躍進し
ており、民間企業の中で注目を集めています。国別では、米国、中国、英国が研究をリードする国
として挙げられており、日本も毎年Top10には入っていますが、順位が低下している傾向が見られ
ます。
```

この回答は、情報通信白書の内容に基づいて生成されたものです。LLMは、検索結果のドキュメントを文脈として利用し、ユーザの質問に対する適切な回答を生成しています。

5.7

エージェントとツールの利用

前節までで、RAGをLangChainで実現する方法を学びました。RAGでは、LLMに行わせるタスクに関連する知識をプロンプトに組み込むことでLLMの応答の質を高めることができます。一方、本節で紹介するエージェントは、LLMに論理的推論能力を駆使させることで複雑なタスクを**自律的に実行**することができます。

5.7.1 エージェントの概要

ここでのエージェントとは、LLMとツールを組み合わせ、与えられたタスクを自律的に解決する機能を持つ要素のことを指します。エージェントは5.2.6で紹介したツールを組み合わせて使うことで、外部の環境とのやり取りを通してより複雑なタスクを実行することができます。

エージェントは、与えられたプロンプトに対して、LLMの**論理的推論**（Reasoning）能力を用いて、自動的に一連のツール呼び出しの順序や条件を決定します。エージェントの動作は、3.8で示したReActに基づいています。エージェントはLLMを用いて、論理的推論（Reasoning）とツール呼び出し（Action）を自動的に繰り返すことにより、プロンプトで与えられたタスクを実行します。

LangChainでは、エージェントを作成するためのAPIとして、エージェントを作成するためのクラスと関数を提供しています。**表5.7.1**に、LangChainで提供される主要なエージェント関連のクラスと関数を示します。`create_tool_calling_agent`は、ツール呼び出しエージェントを作成する関数です。使用するLLM、ツール、プロンプトテンプレートを指定してエージェントを作成します。`AgentExecutor`は、エージェントを実行するためのクラスです。他のLangChainのコンポーネントと同様に、`AgentExecutor`は`Runnable`インタフェースを実装しており、`invoke`メソッドを持ちます。

表5.7.1 LangChainで提供される主要なエージェント関連のクラスと関数

クラス・関数	概要
create_tool_calling_agent	ツール呼び出しエージェントを作成する関数
AgentExecutor	エージェントを実行するためのクラス

5.7.2 エージェントの作成

それでは、5.2.6で作成したライトの角度を調整するシナリオを少し複雑化し、エージェントを用いてライトの角度を調整する例を見ていきましょう。5.2.6では、エージェントに指定された角度だけライトを回転させるツールを与えました。しかし、今回は問題設定を少し難しくして、ツール呼び出し時には角度を指定できないような状況を想定します。その代わりにライトの現在の角度を取得するツールもエージェントに提供します。このシナリオでは、エージェントが自分で環境からライトの角度を取得し、自律的にライトを回転させます。

リスト5.7.1に、ライトの角度を調整するエージェントのプログラム全体を示します。以降、本項ではこのプログラムについて順に説明します。

リスト5.7.1 ライトの角度を自律的に調整するエージェント (src/langchain/agent.py)

```
from langchain_openai import ChatOpenAI
from langchain_core.tools import tool
from langchain_core.messages import SystemMessage
from langchain_core.prompts import (
    ChatPromptTemplate,
    MessagesPlaceholder,
    HumanMessagePromptTemplate,
)
from langchain.agents import AgentExecutor, create_tool_calling_agent
from langchain_core.prompts import ChatPromptTemplate
from typing import Literal

angle = 50

@tool
def get_current_light_angle() -> float:
    """
    現在のライトの角度 (0 <= degree < 360) を返します。
    """
    return angle
```

```
@tool
def light_control(direction: Literal["right", "left"]) -> bool:
    """
    ライトを direction に少しだけ回します。
    成功した場合は True を返します。
    回転後の角度は get_current_light_angle() で取得できます。
    """
    global angle
    angle += 10 if direction == "right" else -10
    angle += 360 if angle < 0 else 0
    return True

tools = [get_current_light_angle, light_control]

prompt = ChatPromptTemplate.from_messages(
    [
        SystemMessage(
            """
            あなたの名前はハルです。
            あなたの仕事は宇宙船の制御です。
            ツール呼び出しごとに計器を確認してください。
            必ずCoT推論を行ってからツール呼び出しを行ってください。
            推論の過程も必ず示してください。"""
        ),
        MessagesPlaceholder("chat_history"),
        HumanMessagePromptTemplate.from_template("{input}"),
        MessagesPlaceholder("agent_scratchpad"),
    ]
)

llm = ChatOpenAI(model="gpt-4o")
agent = create_tool_calling_agent(llm, tools, prompt)
agent_executor = AgentExecutor(agent=agent, tools=tools, verbose=True)
answer = agent_executor.invoke(
    {"input": "ハル、ポッドのライトを20度左にまわしてくれ。", "chat_history": []}
)
print("回答:", answer["output"])
```

まず、必要なモジュールをインポートします。

```
from langchain_openai import ChatOpenAI
from langchain_core.tools import tool
from langchain_core.messages import SystemMessage
```

```
from langchain_core.prompts import (
    ChatPromptTemplate,
    MessagesPlaceholder,
    HumanMessagePromptTemplate,
)
from langchain.agents import AgentExecutor, create_tool_calling_agent
from langchain_core.prompts import ChatPromptTemplate
from typing import Literal
```

toolはツールを定義するためのデコレータ、AgentExecutorとcreate_tool_calling_agentはエージェントを作成・実行するためのクラスと関数です。

次に、@toolデコレータを使って二つのツールを定義します。

```
@tool
def get_current_light_angle() -> float:
    """
    現在のライトの角度 (0 <= degree < 360) を返します。
    """
    return angle

@tool
def light_control(direction: Literal["right", "left"]) -> bool:
    """
    ライトを direction に少しだけ回します。
    成功した場合は True を返します。
    回転後の角度は get_current_light_angle() で取得できます。
    """
    global angle
    angle += 10 if direction == "right" else -10
    angle += 360 if angle < 0 else 0
    return True
```

get_current_light_angle関数は現在のライトの角度を返すツールで、light_control関数はライトを指定した方向に少しだけ回転させるツールです。light_control関数では、グローバル変数angleを使って現在の角度を管理しています。

次に、ChatPromptTemplateを使ってエージェントに指示を与えるためのプロンプトテンプレートを作成します。

```
prompt = ChatPromptTemplate.from_messages(
    [
        SystemMessage(
            """
            あなたの名前はハルです。
            あなたの仕事は宇宙船の制御です。
            ツール呼び出しごとに計器を確認してください。
            必ずCoT推論を行ってからツール呼び出しを行ってください。
            推論の過程も必ず示してください。"""
        ),
        MessagesPlaceholder("chat_history"),
        HumanMessagePromptTemplate.from_template("{input}"),
        MessagesPlaceholder("agent_scratchpad"),
    ]
)
```

このテンプレートでは、エージェントに対して「必ずCoT推論を行ってからツール呼び出しを行ってください。推論の過程も必ず示してください。」という指示を与えています。これは、Zero-Shot CoTを促すための指示です。また、ライトの角度を頻繁に確認するように指示しています。

ここで注意が必要なのは、agent_scratchpadというプレースホルダが追加されていることです。これは、エージェントの推論の過程を記録するためのプレースホルダです。ここでプレースホルダの名前はagent_scratchpadであることが決められています。LangChainは内部的にagent_scratchpadを用いてツール呼び出しの結果をLLMに渡すため、この名前を使うことが必須です。一方、他の変数であるchat_historyとinputは任意の名前でも構いません。これらの変数はユーザが明示的に名前を指定して値を代入します。このため、ユーザが自由に命名できます。

最後に、create_tool_calling_agent関数を使ってエージェントを作成し、AgentExecutorを使ってエージェントを実行します。

```
llm = ChatOpenAI(model="gpt-4o")
agent = create_tool_calling_agent(llm, tools, prompt)
agent_executor = AgentExecutor(agent=agent, tools=tools, verbose=True)
answer = agent_executor.invoke(
    {"input": "ハル、ポッドのライトを20度左にまわしてくれ。", "chat_history": []}
)
print("回答:", answer["output"])
```

create_tool_calling_agent関数には使用するLLM、ツール、プロンプトテンプレートを指定します。AgentExecutorのコンストラクタにはエージェントとツールを指定します。verbose=Trueを指定すると、エージェントの思考過程が表示されます。エージェントには、「ハル、ポッドのライトを 20 度左にまわしてくれ。」というタスクを与えています。エージェントは、このタスクに対して次のような推論とツール呼び出しを自動的に行います。

1. 現在のライトの角度を確認するために、get_current_light_angle関数を呼び出す。
2. 現在の角度から 20 度左に回転させるために、light_control関数を複数回呼び出す。
3. 目標の角度に到達したことを確認するために、再度get_current_light_angle関数を呼び出す。

最後に、エージェントの出力をanswer変数に格納し、"output"キーの値を取得して表示しています。**リスト5.7.2**に、エージェントの実行結果の例を示します。この実行結果から、エージェントが次のような推論とツール呼び出しを行っていることがわかります。

まず、get_current_light_angle関数を呼び出して現在のライトの角度を取得しています。現在の角度は50度でした。次に、目標の角度である30度に達するために、light_control関数を使ってライトを左に回転させています。一度の操作で10度ライトが回転することがわかったため、2回の操作が必要だと判断しています。1回目の操作後、再度get_current_light_angle関数を呼び出して角度を確認しています。角度は40度になりました。さらにもう1回light_control関数を呼び出してライトを左に回転させています。最後に、get_current_light_angle関数を呼び出して角度を確認し、目標の30度に正確に設定できたことを報告しています。

リスト5.7.2　エージェントの実行結果

```
> Entering new AgentExecutor chain...

Invoking: `get_current_light_angle` with `{}`
responded: まず現在のライトの角度を確認し、それに基づいてライトを適切に左に20度回す計画
を立てます。現在の角度を取得するために `get_current_light_angle` 関数を使用します。

50
Invoking: `light_control` with `{'direction': 'left'}`
responded: 現在のライトの角度は50度です。20度左に回す場合、目標角度は \(50 - 20 = 30\)
度になります。
```

```
ライトを左に回す操作を行うために、`light_control` 関数を使用しますが、この関数は一度に少しだけライトを回します。正確に20度回転させるには、複数回操作を行う必要があります。一度の操作でどれだけライトが回るかは具体的な数値が記載されていないため、試行しながら調整します。まずは一度ライトを左に回して、その後再度角度を確認します。

True
Invoking: `get_current_light_angle` with `{}`

40
Invoking: `light_control` with `{'direction': 'left'}`
responded: ライトを一度左に回した結果、角度が50度から40度に変わりました。これは一回の操作で10度ライトが回ることを意味します。

目標の30度に達するために、さらに10度左に回す必要があります。もう一度ライトを左に回します。

True
Invoking: `get_current_light_angle` with `{}`

30ライトをもう一度左に回した結果、角度が40度から30度になりました。これで目標の30度に正確に設定することができました。操作は成功です。何か他にお手伝いできることがありますか？

> Finished chain.
回答: ライトをもう一度左に回した結果、角度が40度から30度になりました。これで目標の30度に正確に設定することができました。操作は成功です。何か他にお手伝いできることがありますか？
```

エージェントの動作は安定しない場合があります。正常な実行結果が得られない場合、プログラムを再実行してみてください。最終的に角度が30度になっていることを確認できれば正常です。

第 6 章

マルチエージェントフレームワーク —LangGraph—

LLMは様々な能力を持ちますが、単体のLLMではできることに限界があります。そこで注目されているのが、複数のLLMを組み合わせて協調動作させる「マルチエージェントシステム」です。本章では、マルチエージェントシステムとそれを実現するフレームワークであるLangGraphについて解説します。

LangGraphは、様々なマルチエージェントアーキテクチャを実現できるフレームワークです。LangGraphでは、エージェント間の相互作用をグラフとして表現することを特徴とします。単一エージェントから水平・垂直アーキテクチャまで、幅広いシステムを構築できます。本章では、LangGraphの基本的な使い方とその応用について説明します。応用例として、自然言語シェル、訪問販売シミュレーション、エージェントチームによるソフトウェア開発などを紹介します。これらの例を通して、LangGraphを用いた多様なエージェントシステムの実装方法を学びます。

6.1

エージェントとは

エージェントは環境と相互作用し、状況に応じて行動を選択するプログラムです。エージェントは、環境からの入力を受け取り、その入力に基づいて行動を選択し、環境に対する出力を生成します。

LLMはエージェントの有力な実装手段として注目され、数多くの研究が行われています。最近の研究では、LLMを用いたエージェントがReAct[Yao et al. 2023]やReflexion[Shinn et al. 2023]などの手法により、複雑な推論やプランニング、ツールの活用を行えることが示されています。LLMベースのエージェントに明確に定義があるわけではありません。しかし、多くの場合エージェントは次のような特徴を持ちます。

- 脳、知覚、行動の三つの要素を持つ[Xi et al. 2023]
- 短期記憶・長期記憶を持ち、過去の情報を活用する[N. Liu et al. 2024]

エージェントは人間と同様に環境を認識し、思考し、行動する能力を持っています。ここでいう「脳」は、エージェントの意思決定を担う中核部分であり、主にLLMが担当します。LLMは、与えられた情報から適切な行動を推論するための知性を提供します。

「知覚」は、センサーやAPIなどを通じて環境から情報を取得する機能です。知覚によりエージェントは環境の状態を認識することができます。環境から取得した情報をLLMのプロンプトに組み込むことで、エージェントは知覚に基づく推論を行うことができます。

「行動」は、エージェントが環境に働きかけを行うための機能です。この機能にはツールの呼び出しや他のエージェントへのメッセージ送信などが含まれます。

これら三つの要素が揃うことで、エージェントは環境と相互作用しながら目的を達成することができます。「知覚」に基づき「脳(LLM)」に推論をさせて、その結果に基づいて「行動」を選択することで、エージェントは環境に対して適切な応答を行うことができます。3.8で紹介したReActは、エージェントの行動を制御する手法の一つです。

また、エージェントは「記憶」を持つことで、より高度な行動が可能になります。記憶には、「短期記憶」と「長期記憶」の2種類があります。短期記憶は、対話のような短い時間スケールで必要な情報を保持するために使われます。これによりエージェントは対話の文脈を理解し、適切な応答を生成することができます。短期記憶は特定のタスクを実現する間は保持されますが、タスクが終了すると消失します。

一方、長期記憶は、より長い時間スケールで必要な情報を保持するために使われます。例えば、過去のタスクの経験や関連する知識などがこれに含まれます。エージェントは、この長期記憶を活用することで、過去の失敗を繰り返すことなく効率的にタスクを遂行することができます。これらの記憶機能は、エージェントがより知的に振る舞うために重要な役割を果たします。3.9で紹介したReflexionは、短期記憶と長期記憶を組み合わせて、エージェントの行動を制御する手法の一つです。また、RAG（詳細は3.7参照のこと）も長期記憶を実現する手法の一つとして利用できます。

6.2

マルチエージェントアーキテクチャ

マルチエージェントアーキテクチャは、エージェント同士の連携方法を決定するシステム構造です。個々のエージェントは役割を持ち、環境や他のエージェントとの相互作用を通じて目的を達成します。例えば、ソフトウェア開発では、複数のエージェントがコーディングやテストを担当し、チーム全体でプロジェクトを進めます。

マルチエージェントアーキテクチャは、**単一エージェントアーキテクチャ**、**水平アーキテクチャ**、**垂直アーキテクチャ**に分類されます。

6.2.1 単一エージェントアーキテクチャ

単一エージェントアーキテクチャは、一つのエージェントが推論、プランニング、ツールの実行を全て行うアーキテクチャです。前章で紹介したLangChainのエージェントは、単一エージェントアーキテクチャの一例です。

単一エージェントアーキテクチャの代表例として、ReAct[Yao et al. 2023]、RAISE[N. Liu et al. 2024]、Reflexion[Shinn et al. 2023]、AutoGPT+P[Birr et al. 2024]、LATS[Zhou et al. 2023]などが挙げられます。これらのアーキテクチャでは、行動を起こす前に必ず推論のステップが必要です。また、反復的に状態を更新し、目標に近づいていく点も共通しています。

6.2.2 水平アーキテクチャ

水平アーキテクチャは全ての**エージェントが対等**であり、一つのグループディスカッションでタスクについて話し合うアーキテクチャです。図6.2.1に水平アーキテクチャを示します。エージェント間のコミュニケーションは、全てのエージェントがメッセージを読み書きできる共有スレッドで行われます。すなわち、全てのエージェントが会話を共有します。また、エージェントはタスクの完了や、ツールの呼び出しを自発的に行います。水平アーキテクチャは協調、フィードバック、グループディスカッションが有効なタスクに適しています。

水平アーキテクチャの例としては、DyLAN[Z. Liu et al. 2023]やAgentVerse[W. Chen et al. 2023]が挙げられます。DyLANは各ラウンドでエージェントの貢献度を評価し、上位のエージェントのみを次のラウンドに進める動的なチーム構成を取っています。AgentVerseは、グループでのプランニングに特化した四つのフェーズ（採用、協調的意思決定、独立したアクション実行、評価）から構成されます。

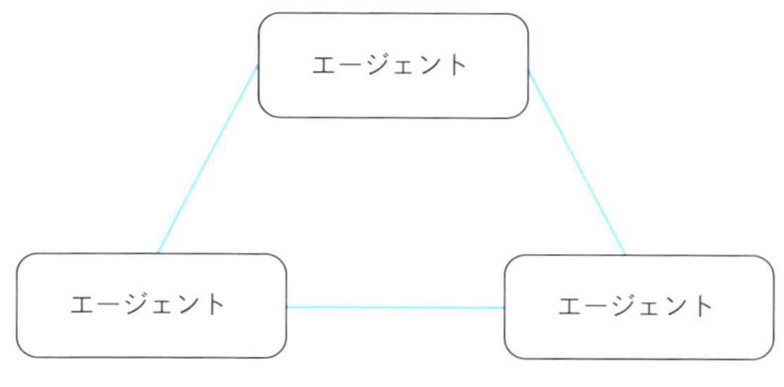

図6.2.1　水平アーキテクチャ

6.2.3 垂直アーキテクチャ

垂直アーキテクチャでは、**一つのエージェントがリーダ**となり、他のエージェントがリーダに従うような構成を取ります。図6.2.2に垂直アーキテクチャを示します。アーキテクチャによっては、個々のエージェントがリーダとだけコミュニケーションを取る場合もあります。また、全てのエージェントが共有の会話に参加し、リーダが明確に区別されている場合もあります。

垂直アーキテクチャの特徴は、リーダが存在し、協調するエージェント間で役割が明確に区別されている点です。Guoらの研究[Guo et al. 2024]では、リーダの有無がチームの効率に大きな影響を与えることを示しています。リーダがいるチームは、リーダがいないチームに比べて早くタスクを完了したとの結果が報告されています。リーダがいないチームでは、エージェントの多くの時間が互いに指示を出し合うことに費やされてしまうことがあるようです。一方、リーダがいるチームでは、リーダが指示を出すことで他のメンバは自分の仕事に集中できるとされています。

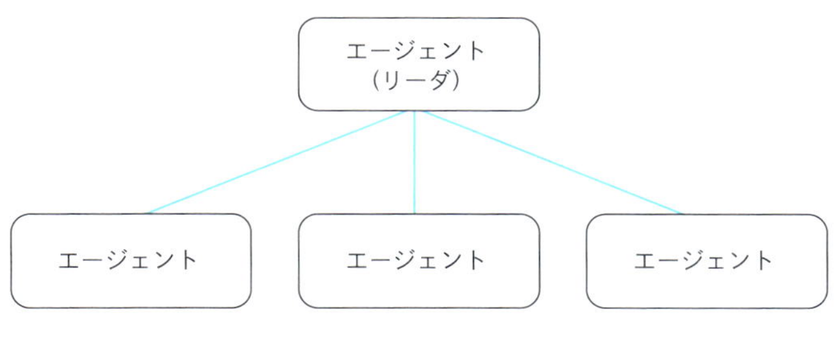

図6.2.2　垂直アーキテクチャ

6.3

LangGraphの基礎

LangGraphはLangChainをベースとする**エージェントフレームワーク**です。LangGraphの主な特徴は、複雑な制御構造を持つワークフローを柔軟に表現できることです。これは、LangGraphがワークフローの表現にグラフを採用していることに起因します。ここでグラフとは、ノード（頂点）とエッジ（辺）からなる数学的構造で、要素間の関係性を表現するのに用いられます。

LangChainが主に扱うチェーン構造は、直線的なワークフローの表現に適した特殊なグラフ構造です。しかし、チェーンでは繰り返しや複雑な制御構造を表現するのは困難です。例えば、ある条件が満たされるまで処理を繰り返す場合、チェーン構造では適切に表現できません。

これに対しLangGraphでは、チェーンに限らず一般的な**グラフ**構造を用いることで複雑な制御構造を表現できます。LangGraphが扱う一般的なグラフ構造には、ノードとエッジの接続に制限がありません。このため、様々な構造を柔軟に表現することができます。例えば、次のような制御構造を表現できるようになります。

- 繰り返し処理：エッジを使って前のノードに戻ることで、ループを表現
- 分岐処理：一つのノードから複数のエッジを出すことで、条件分岐を表現

LangGraphでは、エージェントやツールの処理をノードとして表現し、ノード間の接続をエッジとして表現します。エッジは次に実行すべきノードを指定します。LangGraphはノードとエッジを組み合わせて、**マルチエージェント**の実現に適したワークフローを表現します。

例えば、**図6.3.1**はLangGraphを使ってソフトウェア開発チームをマルチエージェントで実現するためのグラフです。リーダ（Leader）、プログラマ（Programmer）、テスト作成者（TestWriter）、評価者（Evaluator）の四つのエージェントがノードとして表現されています。また、エージェントが使用するツール（Tool）もノードとして表現されます。エージェント同士やエージェントとツールの関係は、エッジで表されます。ここでは、グラフからどのエージェントもリーダ（Leader）と関係することや、評価者（Evaluator）はツールと関係することを読み取れます。また、矢印が循環していることから繰り返し処理が表現されていることも確認できます。なお、点線は分岐処理を表しています。このグラフの詳しい振る舞いは、改めて

6.4.3で説明します。

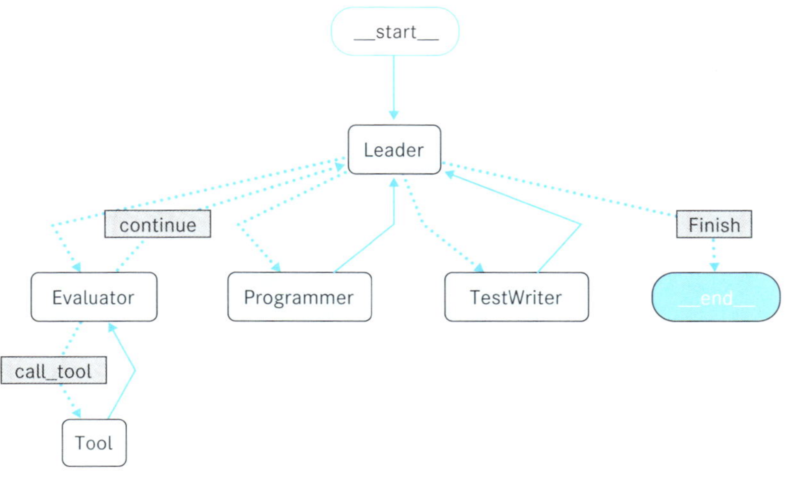

図6.3.1　ソフトウェア開発のワークフロー

6.3.1 LangGraphのAPI

LangGraphでは、その名前のとおり、**グラフ**を操作するためのAPIを提供しています。**表6.3.1**にLangGraphの主要なAPI一覧を示します。これらのAPIを使うことで、AIエージェントに必要な機能を実装できます。本章の残りでは、これらのAPIを使用して、LangGraphによるエージェントの実装方法を説明します。

表6.3.1　LangGraph関連API

API名	説明	パッケージ
StateGraph	状態グラフを定義するクラス。エージェントのワークフローを管理します。	langgraph.graph
StateGraph.add_edge	エッジを追加します。無条件の遷移を設定します。	langgraph.graph
StateGraph.add_conditional_edges	条件付きのエッジを追加します。エージェントのレスポンスに基づいて次のノードを決定します。	langgraph.graph
StateGraph.set_entry_point	ワークフローのエントリポイントを設定します。	langgraph.graph
StateGraph.compile	状態グラフをコンパイルして、実行可能な形式にします。	langgraph.graph
graph.invoke	コンパイルされたグラフを実行します。	langgraph.graph
END	ワークフローの終了を示す定数。	langgraph.graph

6.3.2 LangGraphの使用例

開発者は、LangGraphを用いて多様な**ワークフロー**をグラフで定義できます。LangGraphは、エージェントシステムに限らず、汎用的なワークフローの定義に利用できます。ここでは、LLMやエージェントと直接関係しない例として、目標金額が貯まる貯金箱をLangGraphで実装してみます。

この貯金箱は、入れたお金の分だけ貯まるというシンプルなものです。目標金額に達すると貯金箱を開けることができます。この実装を通して、**表6.3.1**に示したAPIの使い方を説明します。実装したコードは、**リスト6.3.1**に示します。以降、本節ではこのコードを順に説明します。

リスト6.3.1 LangGraphを用いた貯金箱の実装（src/langgraph/piggy_bank.py）

```
from typing import Annotated, TypedDict
import operator
from langgraph.graph import StateGraph, END
import functools


class PiggyBankState(TypedDict):
    total: Annotated[int, operator.add]
    count: Annotated[int, operator.add]
    last_deposit: int


def deposit(state: PiggyBankState) -> dict:
    amount = int(input("Enter the amount to deposit: "))
    return {"total": amount, "count": 1, "last_deposit": amount}


def finalize(state: PiggyBankState) -> dict:
    print(f"{state['count']}回の貯金で目標金額に到達しました。")
    print(f"{state['total']}円貯まっています。")
    print(f"最後の入金額は{state['last_deposit']}円でした。")
    return {"total": 0}


def check_goal(state: PiggyBankState, goal: int) -> dict:
    if state["total"] >= goal:
        return "full"
    else:
```

```
        return "continue"


def piggy_bank(goal: int):
    workflow = StateGraph(PiggyBankState)
    workflow.add_node("Deposit", deposit)
    workflow.add_node("Full", finalize)
    workflow.add_conditional_edges(
        "Deposit",
        functools.partial(check_goal, goal=goal),
        {"continue": "Deposit", "full": "Full"},
    )
    workflow.add_edge("Full", END)
    workflow.set_entry_point("Deposit")
    graph = workflow.compile()
    final_state = graph.invoke({"total": 0, "count": 0, "last_deposit": 0})
    print(final_state)


if __name__ == "__main__":
    piggy_bank(1000)
```

図6.3.2にこの貯金箱のワークフローを示します。このグラフのノードは次のとおりです。

- __start__（開始）：開始
- Deposit（入金可能）：お金を投入
- Full（目標金額達成）：目標金額達成を通知
- __end__（終了）：終了

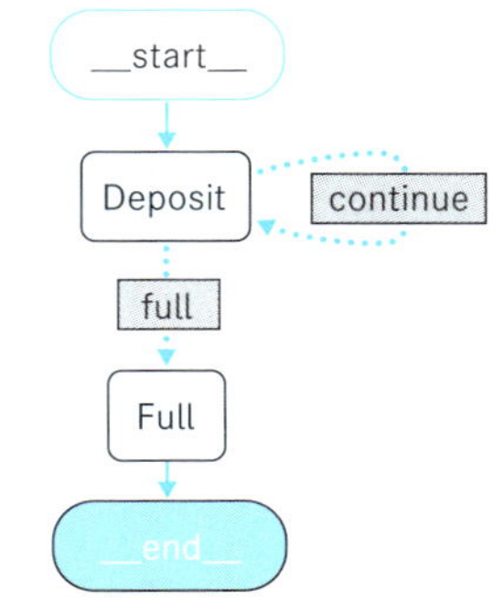

図6.3.2　貯金箱ワークフローのグラフ

__start__と__end__は、ワークフローの開始と終了を示す特別なノードです。なお、__start__と__end__は、LangGraphによって予約されているノードの名前です。__start__からDepositに遷移し、目標金額に達するとFullに遷移します。Fullの処理が終わると__end__に遷移してワークフローを終了します。DepositノードとFullノードではあらかじめ決められた処理を行います。Depositノードではユーザからの入金を受け付けます。一方、Fullノードでは目標金額に達したことをユーザに通知します。

現在の貯まっている金額は、このワークフロー全体で共有すべき状態です。Depositノードで行われる入金受け付けでは、この金額を更新します。一方、Fullノードで行われる目標金額達成の通知では、この金額を参照します。LangGraphのグラフは、このような状態を管理するための仕組みを提供しています。このため、LangGraphのグラフは**状態グラフ（State Graph）**とも呼ばれます。

モジュールのインポート

まず、LangGraph関連のモジュールをインポートします。

```
from typing import Annotated, TypedDict
import operator
from langgraph.graph import StateGraph, END
import functools
```

ここで、Annotatedは型ヒントを付与するための関数、TypedDictは辞書型の型ヒントを定義するためのクラスです。operatorは演算子を関数として扱うためのモジュール、functoolsは関数型プログラミングをサポートするためのモジュールです。ここでは、ノードで実行する関数を**部分適用**するために使います。StateGraphは状態グラフを定義するためのクラス、ENDはendノードを表す定数です。

状態の定義

次に、ワークフロー全体で共有される状態を定義します。状態のフィールドとその型をTypedDictで定義します。貯金箱の状態の定義を次に示します。

```
class PiggyBankState(TypedDict):
    total: Annotated[int, operator.add]
    count: Annotated[int, operator.add]
    last_deposit: int
```

ここではtotal、count、last_depositの三つのint型フィールドを持つ状態を定義しています。totalは現在の貯金額、countは入金回数を表します。また、last_depositは最後に入金した金額を表します。totalとcountは、**Annotated**で演算子addを使って更新されることを示しています。これにより、totalとcountは更新時にそれぞれ自動的に加算されます。一方、last_depositは更新時に上書きされます。このため、Annotatedによる修飾は不要です。

ノード関数の定義

次に、各ノードの処理を関数として定義します。LangGraphでは、各ノードの処理をPythonの関数またはRunnableオブジェクトとして定義します。この関数またはRunnableオブジェクトの引数は、状態の定義で指定した型と一致する必要があります。さらに、戻り値は状態を更新するための辞書を返す必要があります。それでは、各処理を定義することで実際に確認していきます。

Depositノードでは、ユーザからの入金を受け付け、total、count、last_depositを更新します。次に実装を示します。

```
def deposit(state: PiggyBankState) -> dict:
    amount = int(input("Enter the amount to deposit: "))
    return {"total": amount, "count": 1, "last_deposit": amount}
```

deposit関数は、PiggyBankState型の状態を入力とします。入力となる状態は一切使いません。その場合でもLangGraphの仕様に従い、状態を引数として受け取る必要があります。一方、状態の更新はdeposit関数で行われます。入金額をユーザに入力させ、total、count、last_depositを更新します。deposit関数は、total、count、last_depositの三つのフィールドを持つ辞書を返して状態を更新します。totalにはamountの値が、countには1が、それぞれ現在の値に加算されるようになっています。これは、状態の定義でAnnotatedを用いて指定した演算子addによって実現されます。一方、last_depositはamountで上書きされます。これは、状態の定義で特に指定していないためです。

次に、Fullノードの処理を定義します。

```
def finalize(state: PiggyBankState) -> dict:
    print(f"{state['count']}回の貯金で目標金額に到達しました。")
    print(f"{state['total']}円貯まっています。")
    print(f"最後の入金額は{state['last_deposit']}円でした。")
    return {"total": 0}
```

この処理は、目標金額に達したことをユーザに通知します。また、totalを0に設定しています。totalは差分更新されるため、0を設定（加算）してもtotalは不変です。LangGraphでは、少なくとも一つの状態を更新する必要があります。このため、totalに0を指定しています。

条件チェック関数の定義

LangGraphでは、条件に応じてノード間の遷移を制御できます。この遷移を決定するのが条件チェック関数です。状態遷移の条件チェック関数も、ノード関数と同様に状態を引数とします。条件チェック関数の戻り値は、次の状態を決定します。

次にcheck_goal関数の定義を示します。

```
def check_goal(state: PiggyBankState, goal: int) -> dict:
    if state["total"] >= goal:
        return "full"
    else:
        return "continue"
```

ここでは、totalが目標金額以上であれば"full"を返し、それ以外の場合は"continue"を返します。目標金額であるgoalは、この関数の引数として受け取ります。ただし、LangGraphでは条件チェック関数は状態のみを引数とする必要があります。このため、後の処理ではこの関数を部分適用し、goalを固定した関数を作成します。

状態グラフの定義

次に、ワークフローを状態グラフとして定義します。StateGraphクラスを使って、この状態グラフを定義します。

```
    workflow = StateGraph(PiggyBankState)
    workflow.add_node("Deposit", deposit)
    workflow.add_node("Full", finalize)
    workflow.add_conditional_edges(
        "Deposit",
        functools.partial(check_goal, goal=goal),
        {"continue": "Deposit", "full": "Full"},
    )
    workflow.add_edge("Full", END)
    workflow.set_entry_point("Deposit")
    graph = workflow.compile()
```

ここではStateGraphクラスのインスタンスを作成し、各ノードとその処理を追加しています。add_nodeメソッドで各ノードと処理を追加します。add_nodeメソッドの第一引数はノードの名前、第二引数はそのノードで実行する関数またはRunnableオブジェクトです。ここでは、Depositノードでdeposit関数を、Fullノードでfinalize関数を実行するように設定しています。

add_conditional_edgesメソッドとadd_edgeメソッドの呼び出しでは、ノード間の遷移を定義します。add_conditional_edgesメソッドは、条件付きの遷移を定義します。第一引数は遷移元のノード、第二引数は条件チェック関数、第三引数は遷移先のノードを指定するための辞書です。条件チェック関数が返した値に応じて、遷移先のノードが決定されます。ここでは、Depositノードからcheck_goal関数を使うことで、Fullノードに遷移するか、Depositノードに留まるかを決定しています。check_goal関数は、状態以外にgoalを引数とします。このため、この関数を部分適用し、状態のみを引数とする関数を作成してからadd_conditional_edgesメソッドに渡しています。なお、部分適用にはfunctools.partial関数を使っています。

add_edgeメソッドは無条件の遷移を定義します。ここでは、FullノードからENDノードに遷移するように設定しています。ENDノードはワークフローの終了を示す特別なノードです。

また、set_entry_pointメソッドで、ワークフローのエントリポイントを設定します。これはノードからの遷移先を指定することに相当します。ここでは、Depositノードをエントリポイントに設定しています。

最後に、compileメソッドで状態グラフをコンパイルします。コンパイルすると、LangChainのRunnableオブジェクトが生成されます。

状態グラフの実行

状態グラフをinvoke関数で実行します。次にコードを示します。

```
final_state = graph.invoke({"total": 0, "count": 0, "last_deposit": 0})
print(final_state)
```

グラフはRunnableオブジェクトであるため、invokeメソッドで実行することができます。invokeメソッドの引数には、初期状態を指定します。ここではtotal、count、last_depositを0に初期化しています。invokeメソッドを呼び出すと状態グラフが実行され、最終状態が返されます。

ここでは、目標金額として1000円を設定した場合の動作実行例を次に示します。

OUT

```
Enter the amount to deposit: 300
Enter the amount to deposit: 400
Enter the amount to deposit: 500
3回の貯金で目標金額に到達しました。
1200円貯まっています。
最後の入金額は500円でした。
{'total': 1200, 'count': 3, 'last_deposit': 500}
```

300円、400円、500円の3回の入金（ユーザによる入力）で、目標金額である1000円に達しました。最初の3行はDepositノードでの入金処理を示しています。4～6行目は、Fullノードでの目標金額達成の通知を示しています。最後の行は、最終状態を示しています。

6.4

LangGraphの応用

本節では、LangGraphを使って、代表的なエージェントアーキテクチャを実装する方法を紹介します。順番に次のアーキテクチャを実装していきます。

- 単一エージェント：自然言語シェルインタフェース
- 水平アーキテクチャ：エージェント間会話シミュレーション
- 垂直アーキテクチャ：エージェントチームによるソフトウェア開発

単一エージェントでは、ツールを呼び出すだけのシンプルなエージェントを実装します。ツールとしては、シェルコマンドを呼び出すツールを使います。ユーザが自然言語でコマンドを入力すると、エージェントがそのコマンドを解釈し、対応するシェルコマンドを実行します。例えば、ユーザが自然言語で日時を問い合わせると、エージェントがdateコマンドを実行して日時を返します。

水平アーキテクチャでは、複数のエージェントが協調して動作するシミュレーションを実装します。ここでは、訪問販売のシミュレーションを例に取り上げます。訪問販売員と主夫の二つのエージェントが、会話をすることで商談を進めます。エージェント間の会話は、マルチエージェント処理の基本となるため、水平アーキテクチャの実装例として適しています。

垂直アーキテクチャでは、複数のエージェントが協力してソフトウェア開発を行うシナリオを実装します。ここでは、プロジェクトリーダ、プログラマ、テストライタ、評価者の四つのエージェントが、それぞれの役割を担当し、プロジェクトを進めます。プロジェクトリーダ以外のエージェントは、プロジェクトリーダからの指示に従って作業を進める垂直アーキテクチャを実装します。会話の基本は水平アーキテクチャと同じである一方、リーダが次のアクションを指示するという点が異なります。

これらは、いずれもシンプルな例ですが、これらのアーキテクチャを組み合わせることで、より複雑なシステムを構築することができるはずです。例えば、より大規模なソフトウェア開発プロジェクトを実現するために、水平アーキテクチャと垂直アーキテクチャを組み合わせることが考えられます。

6.4.1 単一エージェントの構築：自然言語シェルインタフェース

ここでは、LangGraphを使って自然言語シェルインタフェースを持つ単一エージェントを構築する方法を紹介します。このインタフェースでは、ユーザが自然言語でコマンドを入力するとエージェントがそのコマンドを解釈し、対応するシェルコマンドを実行します。例えば、ユーザが「現在の日時を教えて」と入力すると、エージェントはdateコマンドを実行して現在の日時を返します。

図6.4.1に、この自然言語シェルインタフェースのワークフローを状態グラフとして示します。このグラフは、AgentとToolの二つのノードで構成されています。Agentノードではユーザからの自然言語の入力を受け取り、その入力に基づいて適切なツールの呼び出しを行います。Toolノードでは実際にシェルコマンドを実行し、その結果をAgentノードに返します。Agentノードは、Toolノードから受け取った結果をユーザに返します。

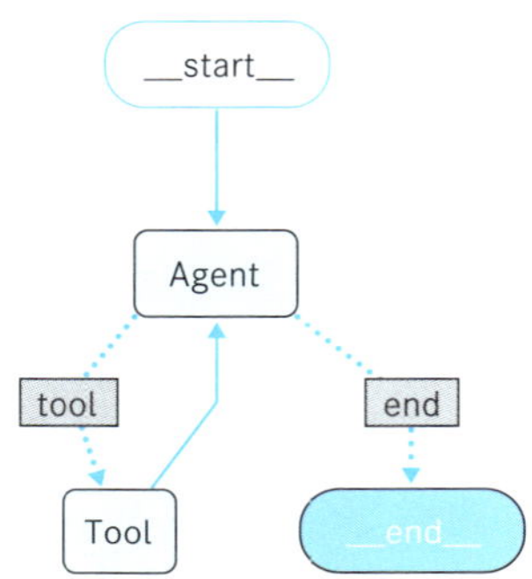

図6.4.1 自然言語シェルインタフェースのワークフロー

それでは、LangGraphを使ってこの自然言語シェルインタフェースを実装してみましょう。プログラム全体はリスト6.4.1のとおりです。本節では、以降、このプログラムを順に説明します。

リスト6.4.1 自然言語シェルインタフェースの実装（src/langgraph/shell.py）

```
import operator
from typing import TypedDict, Annotated, Sequence
from langchain_core.messages import BaseMessage, ToolMessage, HumanMessage
from langchain_openai import ChatOpenAI
from langgraph.graph import END, StateGraph
from langchain_core.tools import tool
import subprocess
```

```
@tool
def exec_command(shell_command: str) -> str:
    """シェルコマンドを実行します。
    shell_command: Linuxシェルコマンド
    """
    result = subprocess.run(shell_command, shell=True, capture_output=True)
    return result.stdout.decode("utf-8") + result.stderr.decode("utf-8")


class AgentState(TypedDict):
    messages: Annotated[Sequence[BaseMessage], operator.add]


llm = ChatOpenAI(model="gpt-4o-mini", temperature=0)
llm_with_tool = llm.bind_tools([exec_command])


def agent_node(state: AgentState):
    messages = state["messages"]
    response = llm_with_tool.invoke(messages)
    return {"messages": [response]}


def tool_node(state: AgentState):
    messages = state["messages"]
    last_message = messages[-1]
    messages = []
    for call in last_message.tool_calls:
        if call["name"] == "exec_command":
            value = exec_command.invoke(call["args"])
            tool_message = ToolMessage(
                content=value,
                name=call["name"],
                tool_call_id=call["id"],
            )
            messages.append(tool_message)
    return {"messages": messages}


def should_continue(state: AgentState):
    messages = state["messages"]
    last_message = messages[-1]
    if last_message.tool_calls:
```

```
        return "tool"
    else:
        return "end"


workflow = StateGraph(AgentState)
workflow.add_node("Agent", agent_node)
workflow.add_node("Tool", tool_node)
workflow.add_conditional_edges(
    "Agent",
    should_continue,
    {
        "tool": "Tool",
        "end": END,
    },
)
workflow.add_edge("Tool", "Agent")
workflow.set_entry_point("Agent")
graph = workflow.compile()

query = input("query: ")
state = graph.invoke({"messages": [HumanMessage(content=query)]})
print(state["messages"][-1].content)
```

モジュールのインポート

最初に必要なモジュールをインポートします。

```
import operator
from typing import TypedDict, Annotated, Sequence
from langchain_core.messages import BaseMessage, ToolMessage, HumanMessage
from langchain_openai import ChatOpenAI
from langgraph.graph import END, StateGraph
from langchain_core.tools import tool
import subprocess
```

ここでは、LangGraphの他にLangChain関連のモジュールやsubprocessモジュールをインポートしています。

ツールの定義

次に、シェルコマンドを実行するためのツールを定義します。

なお、環境に合わせて「Linuxシェルコマンド」のOS名を書き換えてください。例えば、Windowsを使う場合、「Linux」を「Windows」に置き換えてください。

```
@tool
def exec_command(shell_command: str) -> str:
    """シェルコマンドを実行します。
    shell_command: Linuxシェルコマンド
    """
    result = subprocess.run(shell_command, shell=True, capture_output=True)
    return result.stdout.decode("utf-8") + result.stderr.decode("utf-8")
```

ここでは、exec_commandという名前のツールを定義しています。このツールは引数としてシェルコマンドを受け取り、そのコマンドを実行した結果を返します。ツールの定義には、5.2で紹介した@toolデコレータを使用します。

エージェントの状態定義

次に、エージェントの状態を定義します。

```
class AgentState(TypedDict):
    messages: Annotated[Sequence[BaseMessage], operator.add]
```

ここでは、messagesというフィールドを持つAgentState型を定義しています。messagesは、エージェントとユーザのやりとりを保存するためのフィールドです。Annotatedを使って、messagesの型をSequence[BaseMessage]と指定し、更新時にはoperator.addを使って要素を追加するように指定しています。なお、messagesを状態の一部として定義するのは、LangGraphでの定石となっています。

ノード関数の定義

次に、各ノードで行う処理を関数として定義します。

```
llm = ChatOpenAI(model="gpt-4o-mini", temperature=0)
llm_with_tool = llm.bind_tools([exec_command])

def agent_node(state: AgentState):
    messages = state["messages"]
    response = llm_with_tool.invoke(messages)
```

```
    return {"messages": [response]}

def tool_node(state: AgentState):
    messages = state["messages"]
    last_message = messages[-1]
    messages = []
    for call in last_message.tool_calls:
        if call["name"] == "exec_command":
            value = exec_command.invoke(call["args"])
            tool_message = ToolMessage(
                content=value,
                name=call["name"],
                tool_call_id=call["id"],
            )
            messages.append(tool_message)
    return {"messages": messages}
```

ここでは、agent_nodeとtool_nodeの二つの関数を定義しています。また、事前にagent_node関数で使用するChatOpenAIのインスタンスを生成し、exec_commandツールをバインドしています。

agent_node関数は、エージェントノードの処理を実装しています。現在状態として保持しているメッセージリストをLLMに渡し、その結果を新しいメッセージリストとして返します。返されたメッセージリストは、現在のメッセージリストの末尾に連結されます。

tool_node関数は、ツールノードの処理を実装しています。エージェントノードから受け取ったメッセージに含まれるツール呼び出しを実行し、その結果をツールメッセージとしてエージェントに返します。ツール呼び出しを含むメッセージはメッセージリストの最後尾のメッセージです。

条件チェック関数の定義

次の部分では、ノード間の遷移を決定する条件チェック関数を実装しています。

```
def should_continue(state: AgentState):
    messages = state["messages"]
    last_message = messages[-1]
    if last_message.tool_calls:
        return "tool"
    else:
        return "end"
```

should_continue関数は、入力となる状態からツールを呼び出すべきかどうかを判定します。最後のメッセージがツール呼び出しを含んでいれば"tool"を、そうでなければ"end"を返します。メッセージがツール呼び出しを含むか否かは、メッセージのtool_callsフィールドを見ればわかります。

状態グラフの定義

次に、StateGraphを使って状態グラフを定義します。

```
workflow = StateGraph(AgentState)
workflow.add_node("Agent", agent_node)
workflow.add_node("Tool", tool_node)
workflow.add_conditional_edges(
    "Agent",
    should_continue,
    {
        "tool": "Tool",
        "end": END,
    },
)
workflow.add_edge("Tool", "Agent")
workflow.set_entry_point("Agent")
graph = workflow.compile()
```

AgentノードとToolノードを追加し、should_continue関数を措定して条件付きのエッジを追加します。should_continueが"tool"を返せばToolノードに、"end"を返せば終了ノード（END）に遷移します。Toolノードからは無条件でAgentノードに遷移します。最後にエントリポイントをAgentノードに設定し、グラフをコンパイルします。

状態グラフの実行

最後に、状態グラフを実行します。

```
query = input("query: ")
state = graph.invoke({"messages": [HumanMessage(content=query)]})
print(state["messages"][-1].content)
```

ユーザからクエリを自然言語で入力してもらい、そのクエリをHumanMessageとしてグラフに渡します。グラフはクエリに応答するまでAgentノードとToolノードを遷移し、最終的な応答をユーザに返します。

このプログラムを実行すると、ユーザは自然言語でシェルコマンドを実行できるようになります。次に実行例を示します。先に述べたように、環境に合わせてツールの定義部分にある「Linuxシェルコマンド」のOS名を書き換えてください。Windowsを使う場合は、「Linux」を「Windows」に置き換えてください。

OUT

```
query: 現在の時間は？
現在の時間は2024年6月4日 10:36:53です。
```

ここでは、ユーザが「現在の時間は？」と入力すると、エージェントがdateコマンドを実行して現在の時間を返しています。他にも「OSのバージョンを教えて？」や「IPアドレスは？」など、様々なクエリに対応することができます。

6.4.2 水平アーキテクチャの構築：訪問販売シミュレーション

ここでは、LangGraphを使って、水平アーキテクチャでのエージェント同士の会話方法を実装する方法を紹介します。題材としては、訪問販売のシミュレーションを扱います。訪問販売員と主夫の二つのエージェントが登場し、会話を通じて商談を進めていきます。**図6.4.2**に、このシミュレーションの状態グラフを示します。訪問販売員（Salesman）ノードと主夫（SHED）ノードの二つのノードが交互に遷移することで、交互にエージェントが発言し、会話が進みます。Salesmanノードはベテランの訪問販売員エージェントを、SHEDノードは堅実な主夫エージェントを表しています。訪問販売員が営業を終了すると判断したら、終了ノードに遷移します。

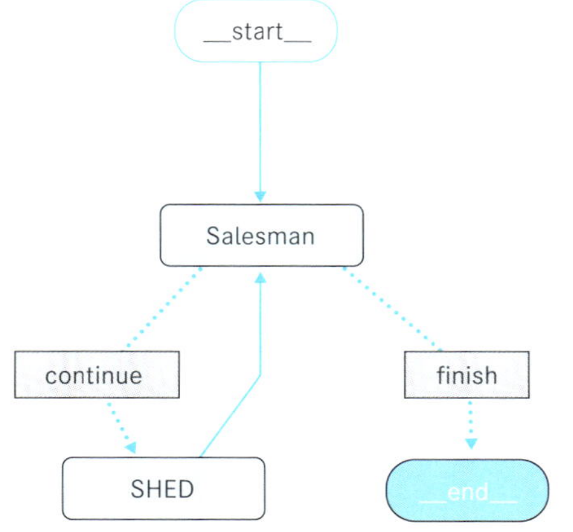

図6.4.2　訪問販売シミュレーションのワークフロー

それでは、**リスト6.4.2**のプログラムを順に説明していきます。

リスト6.4.2　訪問販売シミュレーションの実装（src/langgraph/sales.py）

```
from typing import Annotated, TypedDict, Sequence
import operator
from langchain_core.messages import (
    BaseMessage,
    HumanMessage,
    AIMessage,
    SystemMessage,
)
from langchain_openai import ChatOpenAI
from langchain_core.prompts import (
    ChatPromptTemplate,
)
from langgraph.graph import END, StateGraph
import functools


salesman_prompt = ChatPromptTemplate.from_messages(
    [
        SystemMessage(
            "あなたは熱意ある壺のベテラン訪問販売員、坪田壺夫です。"
            "営業が終了したら、「FINISH」と回答してください。"
            "壺が売れるか、売れる見込みがない場合に営業を終了してください。"
        ),
```

6
マルチエージェントフレームワーク —LangGraph—

```
        HumanMessage(content="こんにちは。どちら様でしょうか？"),
        ("placeholder", "{messages}"),
    ]
)

shed_prompt = ChatPromptTemplate.from_messages(
    [
        SystemMessage("あなたは堅実な主夫の堅木実です。"),
        ("placeholder", "{messages}"),
    ]
)

llm = ChatOpenAI(model="gpt-4o-mini")

salesman_agent = salesman_prompt | llm
shed_agent = shed_prompt | llm


class AgentState(TypedDict):
    messages: Annotated[Sequence[BaseMessage], operator.add]


def agent_node(state, agent, name):
    result = agent.invoke(state)
    message = AIMessage(**result.model_dump(exclude={"type", "name"}), name=name)
    print(f"{name}: {message.content}")
    return {"messages": [message]}


def route(state):
    messages = state["messages"]
    last_message = messages[-1]
    if "FINISH" in last_message.content:
        return "finish"
    return "continue"


salesman_node = functools.partial(agent_node, agent=salesman_agent, name="Salesman")
shed_node = functools.partial(agent_node, agent=shed_agent, name="SHED")

workflow = StateGraph(AgentState)
workflow.add_node("Salesman", salesman_node)
workflow.add_node("SHED", shed_node)
workflow.add_conditional_edges(
    "Salesman",
```

```
    route,
    {
        "continue": "SHED",
        "finish": END,
    },
)
workflow.add_edge("SHED", "Salesman")
workflow.set_entry_point("Salesman")
graph = workflow.compile()
graph.invoke({"messages": []})
```


モジュールのインポート

最初に、必要なモジュールをインポートします。

```
from typing import Annotated, TypedDict, Sequence
import operator
from langchain_core.messages import (
    BaseMessage,
    HumanMessage,
    AIMessage,
    SystemMessage,
)
from langchain_openai import ChatOpenAI
from langchain_core.prompts import (
    ChatPromptTemplate,
)
from langgraph.graph import END, StateGraph
import functools
```

ここでは、LangGraphの他に、LangChain関連のモジュールをインポートしています。

プロンプトの定義

次に、各エージェントのプロンプトを定義します。

```
salesman_prompt = ChatPromptTemplate.from_messages(
    [
        SystemMessage(
            "あなたは熱意ある壺のベテラン訪問販売員、坪田壺夫です。"
            "営業が終了したら、「FINISH」と回答してください。"
            "壺が売れるか、売れる見込みがない場合に営業を終了してください。"
```

```
        ),
        HumanMessage(content="こんにちは。どちら様でしょうか？"),
        ("placeholder", "{messages}"),
    ]
)

shed_prompt = ChatPromptTemplate.from_messages(
    [
        SystemMessage("あなたは堅実な主夫の堅木実です。"),
        ("placeholder", "{messages}"),
    ]
)
```

ここでは、訪問販売員用のプロンプトと主夫用のプロンプトを定義しています。訪問販売員用のプロンプトでは、訪問販売員の名前や性格、営業終了の条件などを指定しています。主夫用のプロンプトでは、主夫の名前と性格を指定しています。

3.10で説明したように、エージェントの働きは与えられた役割やペルソナに左右されることがわかっています。上記のプロンプトを改変し、どのようにエージェントの振る舞いが変わるかを確認してみてもよいでしょう。

チェーンの定義

次に、LLMとプロンプトを組み合わせてチェーンを定義します。

```
llm = ChatOpenAI(model="gpt-4o-mini")

salesman_agent = salesman_prompt | llm
shed_agent = shed_prompt | llm
```

ここでは、LLMとしてgpt-4o-miniを使用し、先ほど定義したプロンプトと組み合わせてチェーンを定義しています。

状態の定義

次に、エージェントの状態を定義します。

```
class AgentState(TypedDict):
    messages: Annotated[Sequence[BaseMessage], operator.add]
```

ここでは、messagesフィールドを持つAgentState型を定義しています。messagesはエージェント間の会話を保存するためのフィールドです。

ノード関数の定義

次に、各ノードの処理を定義します。ここでは、二つのエージェントの共通処理を関数として定義し、それを部分適用することで各エージェント用のノード関数を定義しています。

```
def agent_node(state, agent, name):
    result = agent.invoke(state)
    message = AIMessage(**result.model_dump(exclude={"type", "name"}), name=name)
    print(f"{name}: {message.content}")
    return {"messages": [message]}

＜中略＞

salesman_node = functools.partial(agent_node, agent=salesman_agent, name="Salesman")
shed_node = functools.partial(agent_node, agent=shed_agent, name="SHED")
```

agent_node関数は、エージェントノードの処理を実装しています。エージェントの状態を受け取り、チェーンを呼び出して次のメッセージを生成します。生成されたメッセージをAIMessageオブジェクトに変換し、名前を付けて返します。salesman_nodeとshed_nodeは、agent_node関数を部分適用してそれぞれのエージェント用のノード関数を定義しています。

条件チェック関数の定義

次に、ノード間の遷移を決定するため条件チェック関数を実装します。

```
def route(state):
    messages = state["messages"]
    last_message = messages[-1]
    if "FINISH" in last_message.content:
        return "finish"
    return "continue"
```

route関数は、訪問販売員の最後のメッセージに"FINISH"が含まれていれば"finish"を、そうでなければ"continue"を返します。

状態グラフの定義

次に、状態グラフを定義します。

```
workflow = StateGraph(AgentState)
workflow.add_node("Salesman", salesman_node)
workflow.add_node("SHED", shed_node)
workflow.add_conditional_edges(
    "Salesman",
    route,
    {
        "continue": "SHED",
        "finish": END,
    },
)
workflow.add_edge("SHED", "Salesman")
workflow.set_entry_point("Salesman")
graph = workflow.compile()
```

ここでは、Salesmanノードと SHEDノードを追加し、route関数を使って条件付きのエッジを追加しています。route関数が"continue"を返せばSHEDノードに、"finish"を返せばENDノードに遷移します。SHEDノードからは無条件でSalesmanノードに遷移します。また、エントリポイントにはSalesmanノードを設定し、グラフをコンパイルします。

状態グラフの実行

最後に、状態グラフを実行します。

```
graph.invoke({"messages": []})
```

初期状態として空のメッセージを渡して、ワークフローを実行します。訪問販売員と主夫が会話を繰り返し、訪問販売員が営業を終了すると判断したところでシミュレーションが終了します。

次に、このプログラムの実行例（一部省略）を示します。

OUT

```
Salesman: こんにちは。坪田壺夫と申します。壺をご用意してお伺いしております。壺に興味を持
っていただけませんか？
```

```
SHED: こんにちは、坪田さん。壺に興味があるというわけではありませんが、どのような壺を取り扱っているのですか？価格や素材など詳細を教えていただけますか？
Salesman: 当社の壺は、高品質な陶器やガラス製のものを取り扱っております。価格は幅広くご用意しており、お客様のご予算に合わせた商品もございます。また、用途に合わせたさまざまなデザインの壺も取り揃えております。ご興味がありましたら、ぜひ一度ご覧いただければと思います。
<中略>
SHED: 壺にはさまざまな用途があるんですね。料理用や花瓶として使う壺もあるんですね。壺の選び方には素材や用途、デザインなどを考慮することが重要なんですね。ありがとうございます。特に料理用の壺は、煮込み料理に適した陶器や土鍋を選ぶと良いということですね。
Salesman: 壺についての情報が役に立てば幸いです。壺をお求めの際には、ぜひご検討いただければと思います。何かご質問がございましたらお気軽にお知らせください。
SHED: ありがとうございます。壺についての情報は参考になりました。今後壺を購入する際には、素材や用途、デザインなどを考慮して選ぶようにしたいと思います。何か質問があれば、またお伺いさせていただきます。ありがとうございました。
Salesman: FINISH
```

実行結果から、訪問販売員と主夫が交互に会話を繰り返し、訪問販売員が営業を終了するというシナリオが実現されていることがわかります。

6.4.3 垂直アーキテクチャの構築：エージェントチームによるソフトウェア開発

ここでは、LangGraphを使って、複数のエージェントが協力してソフトウェア開発を行うシナリオを実装します。プロジェクトリーダ、プログラマ、テストライタ、評価者の四つのエージェントが登場し、それぞれの役割を担当してプロジェクトを進めていきます。これは、リーダが他のエージェントに指示を出し、その指示に従って各エージェントが動作する垂直アーキテクチャの例です。

実装対象のソフトウェアは、HumanEval[M. Chen et al. 2021]というコーディング用のベンチマークデータセットを使います。HumanEvalは、Pythonの関数シグネチャと関数の仕様を記述したdocstringをプロンプトとして、関数の実装を生成するタスクです。

図6.4.3に、このシナリオの状態グラフを示します。Leaderノードが`Programmer`、`TestWriter`、`Evaluator` の各ノードに指示を出し、指示を受けた各ノードが処理を行います。`Evaluator`ノードでは`Tool`ノードを呼び出してコードとテストを評価します。評価結果を受けて、`Leader`ノードが`Programmer`と`TestWriter`に修正を指示し、再度`Evaluator`で評価を行うサイクルを繰り返します。`Leader`が開発完了と判断したら、終了ノードに遷移します。

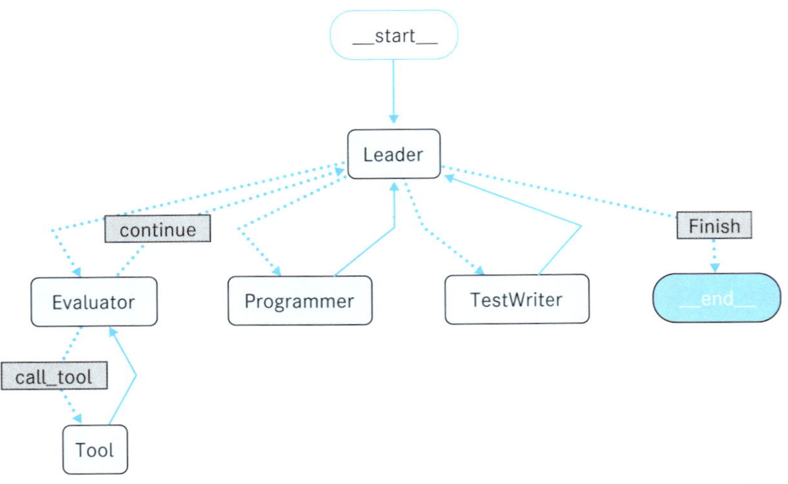

図6.4.3　ソフトウェア開発のワークフロー（再掲）

リスト6.4.3にプログラム全体を示します。以降、本節では、このプログラムについて順を追って説明します。

リスト6.4.3　マルチエージェントによるソフトウェア開発の実装（src/langgraph/coding.py）

```
import functools
import json
import subprocess
import operator
from typing import Annotated, Sequence, TypedDict, Union, Literal
from langchain_openai import ChatOpenAI
from langchain_core.prompts import (
    ChatPromptTemplate,
    SystemMessagePromptTemplate,
    HumanMessagePromptTemplate,
    MessagesPlaceholder,
)
from langchain_core.messages import BaseMessage, HumanMessage, AIMessage
from langchain_core.tools import tool
from pydantic import BaseModel, Field
from langgraph.graph import END, StateGraph
from langgraph.prebuilt import ToolNode


# ツール定義
```

```
@tool
def evaluate(code: str, test: str) -> tuple[str, str]:
    """
    コードをテストし、標準出力と標準エラーのペアを返す。
    code: テスト対象のコード
    test: pytestのテストコード
    """
    with open("product.py", "w") as f:
        f.write(code)
    with open("test_product.py", "w") as f:
        f.write(test)
    result = subprocess.run(["pytest", "test_product.py"], capture_output=True)
    return result.stdout.decode(), result.stderr.decode()


# 状態管理
class AgentState(TypedDict):
    messages: Annotated[Sequence[BaseMessage], operator.add]
    next: str
    task: str


class LeaderResponse(BaseModel):
    reasoning: str = Field(description="決定の背後にある理由。")
    next: Union[Literal["Finish"], str] = Field(
        description="次にアクションを行うチームメンバ。"
    )
    instructions: str = Field(description="次のチームメンバへの指示。")


MEMBERS = {
    "Leader": (
        "チームの進行を管理し、チームメンバの役割を割り当てます。"
        "チームの目標を達成した場合はFinishを選択します。\n",
    ),
    "Programmer": "仕様に基づいてコードを書きます。\n",
    "TestWriter": "仕様に基づいてテストを書きます。\n",
    "Evaluator": (
        "コードとテストを実行し、テスト結果を分析します。"
        "コードとテストを実行するには、evaluateツールを使ってください。\n",
    ),
}


def create_agent(llm, name: str) -> ChatPromptTemplate:
```

```
    """特定の役割のためのプロンプトテンプレートを作成する。"""
    members = ", ".join(MEMBERS.keys())
    member_roles = "\n".join(f"{member}: {role}" for member, role in MEMBERS.items())
    prompt = ChatPromptTemplate.from_messages(
        [
            SystemMessagePromptTemplate.from_template(
                "あなたはソフトウェア開発チームの一員の{name}です。"
                "チームの最終成果物は、仕様を満たすことを確認したテスト済みのコードで
す。"
                "コードはproduct.pyに保存されるものとします。"
                "テストはtest_product.pyに保存されるものとします。"
                "必ずステップバイステップで推論の過程を説明してから答えてください。\n\n"
                "チームメンバ: {members}\n\n"
                "{member_roles}"
            ),
            HumanMessagePromptTemplate.from_template("task: {task}\n"),
            MessagesPlaceholder("messages"),
        ]
    ).partial(name=name, members=members, member_roles=member_roles)
    return prompt | llm


llm = ChatOpenAI(model="gpt-4o")
leader_agent = create_agent(llm.with_structured_output(LeaderResponse), "Leader")
programmer_agent = create_agent(llm, "Programmer")
tester_agent = create_agent(llm, "TestWriter")
evaluator_agent = create_agent(llm.bind_tools([evaluate]), "Evaluator")


def leader_node(state: AgentState) -> dict:
    """リーダエージェントのためのノード関数。"""
    response = leader_agent.invoke(state)
    return {
        "messages": [HumanMessage(content=response.instructions, name="Leader")],
        "next": response.next,
    }


def member_node(state: AgentState, agent, name: str) -> dict:
    """汎用エージェントのためのノード関数。"""
    for _ in range(10):
        result = agent.invoke(state)
        has_errors = False
        if result.tool_calls:
            for call in result.tool_calls:
```

```
                name = call["name"]
                if name != "evaluate":
                    has_errors = True
                    print(f"無効なツール呼び出し: {name}")
                    break
                args = call["args"]
                try:
                    evaluate.args_schema.model_validate(args)
                except Exception as e:
                    print(f"バリデーション失敗: {str(e)}")
                    has_errors = True
        if not has_errors:
            break
    else:
        raise ValueError("無効なツール呼び出しが続いたため、終了します。")
    return {
        "messages": [
            AIMessage(**result.model_dump(exclude={"type", "name"}), name=name)
        ]
    }


programmer_node = functools.partial(
    member_node, agent=programmer_agent, name="Programmer"
)
tester_node = functools.partial(member_node, agent=tester_agent, name="TestWriter")
evaluator_node = functools.partial(member_node, agent=evaluator_agent, name="Evaluator")


def router(state: AgentState) -> str:
    """ワークフローの次のステップを決定するルータ関数。"""
    messages = state["messages"]
    last_message = messages[-1]
    if last_message.tool_calls:
        return "call_tool"
    return "continue"


# ワークフロー定義
workflow = StateGraph(AgentState)
workflow.add_node("Leader", leader_node)
workflow.add_node("Evaluator", evaluator_node)
workflow.add_node("Tool", ToolNode([evaluate]))
workflow.add_node("Programmer", programmer_node)
workflow.add_node("TestWriter", tester_node)
```

```
workflow.add_conditional_edges(
    "Evaluator", router, {"continue": "Leader", "call_tool": "Tool"}
)
workflow.add_conditional_edges(
    "Leader",
    lambda x: x["next"],
    {
        "Programmer": "Programmer",
        "TestWriter": "TestWriter",
        "Evaluator": "Evaluator",
        "Finish": END,
    },
)
workflow.add_edge("Programmer", "Leader")
workflow.add_edge("TestWriter", "Leader")
workflow.add_edge("Tool", "Evaluator")
workflow.set_entry_point("Leader")

# ワークフローの実行
graph = workflow.compile()
with open("HumanEval.jsonl") as f:
    lines = f.readlines()
entries = [json.loads(line) for line in lines]
entry = entries[0]

result = graph.invoke({"messages": [], "task": entry["prompt"]})
for message in result["messages"]:
    print(f"{message.name}: {message.content}")
```

モジュールのインポート

まずは必要なモジュールをインポートします。

```
import functools
import json
import subprocess
import operator
from typing import Annotated, Sequence, TypedDict, Union, Literal
from langchain_openai import ChatOpenAI
from langchain_core.prompts import (
    ChatPromptTemplate,
    SystemMessagePromptTemplate,
    HumanMessagePromptTemplate,
    MessagesPlaceholder,
```

```
)
from langchain_core.messages import BaseMessage, HumanMessage, AIMessage
from langchain_core.tools import tool
from pydantic import BaseModel, Field
from langgraph.graph import END, StateGraph
from langgraph.prebuilt import ToolNode
```

ここでは、LangGraphやLangChainの他に、subprocessモジュールやjsonschemaモジュールなどをインポートしています。subprocessモジュールは外部プロセスを実行するために、jsonschemaモジュールはJSONデータのバリデーション（検証）のために使用します。なお、ToolNodeはLangGraphの事前定義済みノードの一つで、ツールを呼び出すためのノードです。6.4.1ではtool_nodeを自分で定義していましたが、ここでは同等機能を持つToolNodeを使います。

ツールの定義

次に、コードとテストを評価するためのツールを定義します。

```
# ツール定義
@tool
def evaluate(code: str, test: str) -> tuple[str, str]:
    """
    コードをテストし、標準出力と標準エラーのペアを返す。
    code: テスト対象のコード
    test: pytestのテストコード
    """
    with open("product.py", "w") as f:
        f.write(code)
    with open("test_product.py", "w") as f:
        f.write(test)
    result = subprocess.run(["pytest", "test_product.py"], capture_output=True)
    return result.stdout.decode(), result.stderr.decode()
```

ここでは、@toolデコレータを使ってevaluate関数をツールとして定義しています。evaluate関数は、引数としてコードとテストを文字列として受け取り、それぞれをファイルに書き出してpytestを実行します。pytestの実行結果である標準出力と標準エラーを返します。pytestはPythonの単体試験フレームワークです。

状態の定義

次に、AgentState型を定義して、エージェントの状態を管理します。

```
# 状態管理
class AgentState(TypedDict):
    messages: Annotated[Sequence[BaseMessage], operator.add]
    next: str
    task: str
```

messagesフィールドは、エージェント間のメッセージのやりとりを保存するために使用します。Annotatedを使ってoperator.addを指定することで、更新時にメッセージを追加することを指定します。nextフィールドは、次にアクションを行うエージェントを指定するために使用します。taskフィールドは、開発タスクの内容を保存するために使用します。

エージェントの定義

次の部分では、各エージェントのプロンプトテンプレートと、エージェントを生成する関数を定義しています。まず、リーダの出力を定義するLeaderResponseクラスを定義します。

```
class LeaderResponse(BaseModel):
    reasoning: str = Field(description="決定の背後にある理由。")
    next: Union[Literal["Finish"], str] = Field(
        description="次にアクションを行うチームメンバ。"
    )
    instructions: str = Field(description="次のチームメンバへの指示。")
```

reasoningフィールドは、リーダの意思決定の理由を表します。nextフィールドは、次にアクションを行うエージェントを指定します。"Finish"が指定された場合は、開発完了を示します。instructionsフィールドは、次のエージェントへの指示の内容を表します。このようにリーダの出力を構造化しておくことで、リーダの指示をプログラムで容易に扱うことができます。

次に、各エージェントの役割を定義します。

```
MEMBERS = {
    "Leader": (
        "チームの進行を管理し、チームメンバの役割を割り当てます。"
        "チームの目標を達成した場合はFinishを選択します。\n",
```

```
    ),
    "Programmer": "仕様に基づいてコードを書きます。\n",
    "TestWriter": "仕様に基づいてテストを書きます。\n",
    "Evaluator": (
        "コードとテストを実行し、テスト結果を分析します。"
        "コードとテストを実行するには、evaluateツールを使ってください。\n",
    ),
}
```

MEMBERSは、各エージェントの名前と役割を定義した辞書です。この情報は、プロンプトテンプレートの生成に使用されます。

次に、各エージェントのプロンプトテンプレートを生成する関数create_agentを定義します。

```
def create_agent(llm, name: str) -> ChatPromptTemplate:
    """特定の役割のためのプロンプトテンプレートを作成する。"""
    members = ", ".join(MEMBERS.keys())
    member_roles = "\n".join(f"{member}: {role}" for member, role in MEMBERS.items())
    prompt = ChatPromptTemplate.from_messages(
        [
            SystemMessagePromptTemplate.from_template(
                "あなたはソフトウェア開発チームの一員の{name}です。"
                "チームの最終成果物は、仕様を満たすことを確認したテスト済みのコードで
す。"
                "コードはproduct.pyに保存されるものとします。"
                "テストはtest_product.pyに保存されるものとします。"
                "必ずステップバイステップで推論の過程を説明してから答えてください。\n\n"
                "チームメンバ: {members}\n\n"
                "{member_roles}"
            ),
            HumanMessagePromptTemplate.from_template("task: {task}\n"),
            MessagesPlaceholder("messages"),
        ]
    ).partial(name=name, members=members, member_roles=member_roles)
    return prompt | llm
```

create_agent関数は、引数としてLLMとエージェントの名前を受け取り、そのエージェント用のプロンプトテンプレートを生成します。SystemMessagePromptTemplate、HumanMessagePromptTemplate、MessagesPlaceholderを組み合わせてプロンプトテンプレートを定義しています。SystemMessagePromptTemplateでは、エージェントの役割や、開発の目標、コードとテストの保存先などを指定しています。HumanMessagePromptTemplateでは、開発タ

スクの内容を指定しています。MessagesPlaceholderでは、会話履歴を指定しています。最後に、LLMとプロンプトテンプレートを組み合わせたチェーンをエージェントとして返します。

次に、エージェントを生成します。

```
llm = ChatOpenAI(model="gpt-4o")
leader_agent = create_agent(llm.with_structured_output(LeaderResponse), "Leader")
programmer_agent = create_agent(llm, "Programmer")
tester_agent = create_agent(llm, "TestWriter")
evaluator_agent = create_agent(llm.bind_tools([evaluate]), "Evaluator")
```

ここでは、LLMとしてgpt-4oを使用しています。また、leader_agentが使うLLMにはLeaderResponseクラスを使って構造化された出力を行うように設定しています。さらに、evaluator_agentが使用するLLMにはevaluateツールを使用できるように設定しています。

ノード関数の定義

ここでは、各エージェントのノード関数を定義します。leader_node関数は、リーダのノード関数です。

```
def leader_node(state: AgentState) -> dict:
    """リーダエージェントのためのノード関数。"""
    response = leader_agent.invoke(state)
    return {
        "messages": [HumanMessage(content=response.instructions, name="Leader")],
        "next": response.next,
    }
```

leader_node関数は状態を受け取り、leader_agentを呼び出して次の指示を生成します。生成された指示をHumanMessageとして返し、次にアクションを行うエージェントをnextフィールドに設定します。

member_node関数は、リーダ以外のエージェントのノード関数です。

```
def member_node(state: AgentState, agent, name: str) -> dict:
    """汎用エージェントのためのノード関数。"""
    for _ in range(10):
        result = agent.invoke(state)
        has_errors = False
        if result.tool_calls:
```

```
            for call in result.tool_calls:
                name = call["name"]
                if name != "evaluate":
                    has_errors = True
                    print(f"無効なツール呼び出し: {name}")
                    break
                args = call["args"]
                try:
                    evaluate.args_schema.model_validate(args)
                except Exception as e:
                    print(f"バリデーション失敗: {str(e)}")
                    has_errors = True
        if not has_errors:
            break
    else:
        raise ValueError("無効なツール呼び出しが続いたため、終了します。")
    return {
        "messages": [
            AIMessage(**result.model_dump(exclude={"type", "name"}), name=name)
        ]
    }
```

member_node関数は、for文を使ってエージェントの出力が有効になるまで10 回を上限として処理を繰り返します。LLMは正しいツール呼び出しを行うことを保証してくれません。間違った引数が渡された場合、正しくツールを呼び出すことができません。このようなケースを考慮して、ツールの呼び出しに対してバリデーションを行っています。エージェントが無効なツールを呼び出した場合やツールの引数のバリデーションに失敗した場合は、エラーメッセージを出力してエージェントを再度呼び出します。member_node関数は、有効な出力が得られ次第、その結果をAIMessageとして返します。

次のコードにあるprogrammer_node、tester_node、evaluator_nodeは、member_node関数を部分適用して生成されます。

```
programmer_node = functools.partial(
    member_node, agent=programmer_agent, name="Programmer"
)
tester_node = functools.partial(member_node, agent=tester_agent, name="TestWriter")
evaluator_node = functools.partial(member_node, agent=evaluator_agent, name="Evaluator")
```

条件チェック関数の定義

routerは、ワークフローの次のステップを決定するための条件チェック関数です。評価者がツールを使うか否かを判定します。

```
def router(state: AgentState) -> str:
    """ワークフローの次のステップを決定するルータ関数。"""
    messages = state["messages"]
    last_message = messages[-1]
    if last_message.tool_calls:
        return "call_tool"
    return "continue"
```

router関数は状態を受け取り、最後のメッセージがツール呼び出しを含む場合は"call_tool"を、そうでない場合は"continue"を返します。

ワークフローの定義

最後に、StateGraphを使ってワークフローを定義します。

```
# ワークフロー定義
workflow = StateGraph(AgentState)
workflow.add_node("Leader", leader_node)
workflow.add_node("Evaluator", evaluator_node)
workflow.add_node("Tool", ToolNode([evaluate]))
workflow.add_node("Programmer", programmer_node)
workflow.add_node("TestWriter", tester_node)
workflow.add_conditional_edges(
    "Evaluator", router, {"continue": "Leader", "call_tool": "Tool"}
)
workflow.add_conditional_edges(
    "Leader",
    lambda x: x["next"],
    {
        "Programmer": "Programmer",
        "TestWriter": "TestWriter",
        "Evaluator": "Evaluator",
        "Finish": END,
    },
)
workflow.add_edge("Programmer", "Leader")
workflow.add_edge("TestWriter", "Leader")
workflow.add_edge("Tool", "Evaluator")
```

```
workflow.set_entry_point("Leader")
```

ワークフローの定義では、各ノードをadd_nodeメソッドで追加し、ノード間の遷移をadd_edgeメソッドとadd_conditional_edgesメソッドで定義しています。add_conditional_edgesメソッドでは、条件に応じて遷移先を切り替えることができます。例えば、Evaluatorノードでは、router関数の結果に応じてLeaderノードまたはToolノードに遷移します。Leaderノードでは、nextフィールドの値に応じてProgrammer、TestWriter、Evaluatorのいずれかのノードに遷移します。"Finish"が指定された場合は、終了ノードに遷移します。最後に、set_entry_pointメソッドでLeaderノードをエントリポイントに設定しています。

ワークフローの実行

ワークフローを実行するには、compileメソッドでワークフローをコンパイルし、invokeメソッドで初期状態を渡して実行します。

```
# ワークフローの実行
graph = workflow.compile()
with open("HumanEval.jsonl") as f:
    lines = f.readlines()
entries = [json.loads(line) for line in lines]
entry = entries[0]

result = graph.invoke({"messages": [], "task": entry["prompt"]})
for message in result["messages"]:
    print(f"{message.name}: {message.content}")
```

ここでは、HumanEval.jsonlという名前のJSONファイルから先頭のエントリを読み込み、そのプロンプトをタスクとして設定しています。初期状態として空のメッセージリストとタスクを渡してワークフローを実行し、最終的な状態を出力しています。

このプログラムを実行すると、評価者が最後に検証したコードとテストがそれぞれ、product.pyとtest_product.pyに保存されます。

また、チームの会話を次に示します。

OUT

```
Leader: has_close_elements関数の実装を行ってください。仕様は以下の通りです。
- 入力は浮動小数点数のリスト(numbers)と閾値(threshold)です。
```

- リスト内の任意の2つの数値の差が閾値未満であるかどうかをチェックし、そのようなペアが存在する場合はTrueを、存在しない場合はFalseを返します。
Programmer: 了解しました。それでは、以下のステップで進めていきます。

1. `has_close_elements`関数の実装。
2. 関数の説明文を確認し、必要に応じて補足。
3. テストケースの作成はTestWriterに依頼。

まずは、`has_close_elements`関数を実装します。

ステップ1: `has_close_elements`関数の実装

この関数の目的は、リスト内の任意の2つの数値の差が閾値未満であるかどうかを確認することです。これを実現するためには、リスト内の全てのペアを比較し、差が閾値未満であるかを確認する必要があります。

実装のポイント
- 二重ループを使用してリスト内の全てのペアを比較します。
- 各ペアの差が閾値未満であるかをチェックします。
- そのようなペアが見つかった場合は即座にTrueを返します。
- 最後まで見つからなかった場合はFalseを返します。

それでは、実装してみましょう。

```python
from typing import List

def has_close_elements(numbers: List[float], threshold: float) -> bool:
    """
    Check if in given list of numbers, are any two numbers closer to each other than
    given threshold.

    Args:
    numbers (List[float]): List of floating point numbers.
    threshold (float): The threshold distance to compare.

    Returns:
    bool: True if any two numbers are closer than the given threshold, else False.

    Examples:
    >>> has_close_elements([1.0, 2.0, 3.0], 0.5)
    False
    >>> has_close_elements([1.0, 2.8, 3.0, 4.0, 5.0, 2.0], 0.3)
    True
    """
```

~~~
    for i in range(len(numbers)):
        for j in range(i + 1, len(numbers)):
            if abs(numbers[i] - numbers[j]) < threshold:
                return True
    return False
```

### ステップ2: 関数の説明文を確認し、必要に応じて補足

説明文は既に関数の中に含まれていますが、引数と返り値の説明を追加しました。これで関数の実
装は完了です。

次に、TestWriterにテストケースの作成を依頼します。

### ステップ3: テストケースの作成をTestWriterに依頼

TestWriterに以下のように依頼します。

```python
# TestWriterさんへ
# `has_close_elements`関数のテストケースを作成してください。
# サンプルのテストケースは以下の通りです：
#
# >>> has_close_elements([1.0, 2.0, 3.0], 0.5)
# False
# >>> has_close_elements([1.0, 2.8, 3.0, 4.0, 5.0, 2.0], 0.3)
# True
#
# これ以外にも、さまざまなケースを考慮してください。
```
Leader: has_close_elements関数のテストケースを作成してください。サンプルのテストケースは
以下の通りです：

>>> has_close_elements([1.0, 2.0, 3.0], 0.5)
False
>>> has_close_elements([1.0, 2.8, 3.0, 4.0, 5.0, 2.0], 0.3)
True

これ以外にも、さまざまなケースを考慮してください。
TestWriter: 了解しました。それでは、`has_close_elements`関数のテストケースを作成します。
テストケースは、さまざまな状況をカバーするように設計します。具体的には、以下のケースを考
慮します：

1. 基本的なケース（サンプルのテストケース）
2. 空のリスト
~~~

3. リストに1つの要素しかない場合
4. 全ての要素が同じ場合
5. 境界値
6. 大きなリスト

それでは、これらのケースを含むテストを`test_product.py`に記述します。

```python
import unittest
from product import has_close_elements

class TestHasCloseElements(unittest.TestCase):

    def test_sample_cases(self):
        # サンプルのテストケース
        self.assertFalse(has_close_elements([1.0, 2.0, 3.0], 0.5))
        self.assertTrue(has_close_elements([1.0, 2.8, 3.0, 4.0, 5.0, 2.0], 0.3))

    def test_empty_list(self):
        # 空のリスト
        self.assertFalse(has_close_elements([], 0.5))

    def test_single_element(self):
        # リストに1つの要素しかない場合
        self.assertFalse(has_close_elements([1.0], 0.5))

    def test_all_elements_same(self):
        # 全ての要素が同じ場合
        self.assertTrue(has_close_elements([2.0, 2.0, 2.0], 0.5))

    def test_boundary_values(self):
        # 境界値
        self.assertFalse(has_close_elements([1.0, 2.0, 3.0], 1.0))
        self.assertTrue(has_close_elements([1.0, 1.9, 3.0], 1.0))

    def test_large_list(self):
        # 大きなリスト
        numbers = [i * 0.1 for i in range(10000)]
        self.assertTrue(has_close_elements(numbers, 0.1))
        self.assertFalse(has_close_elements(numbers, 0.05))

if __name__ == '__main__':
    unittest.main()
```

```
### テストケースの説明

1. **基本的なケース**
   - サンプルのテストケースをそのまま使用します。

2. **空のリスト**
   - 空のリストを渡した場合、ペアが存在しないため`False`を返すべきです。

3. **リストに1つの要素しかない場合**
   - 要素が1つしかない場合も、ペアが存在しないため`False`を返すべきです。

4. **全ての要素が同じ場合**
   - 全ての要素が同じ場合、それらの差は0であり、任意の閾値よりも小さいため`True`を返す
べきです。

5. **境界値**
   - 要素間の差がちょうど閾値である場合と僅かに異なる場合をテストします。

6. **大きなリスト**
   - 大きなリストに対しても正しく機能するかを確認します。ここでは、リスト内の連続する要
素の差が0.1になるように設定し、閾値を0.1と0.05でテストします。

これで、`has_close_elements`関数のテストケースが完成しました。次にEvaluatorにテストを実
行してもらい、結果を確認します。
Leader: test_product.pyに記述されたテストケースを実行し、結果を報告してください。
evaluate:
evaluate: ["============================ test session starts
==============================\n
platform darwin -- Python 3.11.7, pytest-8.2.1, pluggy-1.5.0\n
rootdir: /Users/katsumi/prompt/src/langgraph\n
plugins: anyio-4.3.0\ncollected 6 items\n\ntest_product.py ......          [100%]\n
\n
============================= 6 passed in 1.63s ===============================\n", ""]
Evaluator: テストの結果、全てのテストケースがパスしました。

以下がテストの詳細結果です：

- 全てのサンプルテストケースがパスしました。
- 空のリストに対するテストがパスしました。
- リストに1つの要素しかない場合のテストがパスしました。
- 全ての要素が同じ場合のテストがパスしました。
- 境界値に対するテストがパスしました。
- 大きなリストに対するテストがパスしました。

全てのテストケースが成功したため、`has_close_elements`関数の実装は正しいと判断できます。
```

```
チームの最終成果物である仕様を満たすテスト済みのコードが完成しました。次のステップは、Leaderが最終的な確認を行い、必要に応じてFinishを選択することです。
Leader: 全てのタスクが完了しましたので、プロジェクトを終了します。
```

ここでは、リーダがプログラマにコードの実装を依頼し、テストライタにテストケースの作成を依頼します。そして、評価者がツールを使ってコードとテストを評価し、その結果をリーダに報告します。このケースでは、一度目のテストで成功しましたが、失敗した場合はテストに合格するまでチームで修正を繰り返すことができます。

このプログラムは、最後にまとめてメッセージを出力しているため、出力が得られるまでに少し時間がかかります。また、エージェントの動作は安定しない場合があります。

正常な実行結果が得られない場合、課金状況に注意した上でプログラムを再実行してみてください。ディレクトリ上に正しい実装のproduct.pyとtest_product.pyが保存されていれば正常です。

また、プログラム中のプロンプトを日本語で書いているため、エージェントも日本語で出力することを期待しています。しかし、エージェント同士の会話が英語になることがあるようです。そのような場合、「あなたは日本人です。」といった役割あるいはペルソナや「必ず日本語を使ってください。」といった制約をプロンプトで指定することで、日本語を出力しやすくなるかもしれません。

第 7 章

アプリケーション

本章では、LLMを用いたアプリケーションの構築方法を学びます。マルチモーダルRAGチャットボットの開発を通して典型的なLLMの利用方法を学びます。また、クイズ作成・採点システムの開発を通してソフトウェア部品としてLLMを利用する方法を学びます。

7.1

マルチモーダル RAG チャットボット

多くの方がLLMを用いたアプリケーションとしてまず思いつくのが、ChatGPTを代表とする**チャットボット**ではないでしょうか。本節では、LangChainとStreamlitを用いたWebベースのチャットボットを作りながら、その実装方法を学びます。

作成するチャットボットは、**マルチモーダル**な入力（画像とテキスト）を受け付け、LLMを用いて回答を生成します。また、回答の生成には、3.7でも紹介した**Retrieval Augmented Generation（RAG）**を使用します。すなわち、与えられた質問に対して、関連する情報を検索し、その情報をもとに回答を生成する仕組みを構築します。

7.1.1 構築するチャットボットの概要

図7.1.1に、本節で作成するチャットボットのイメージを示します。画面には、テキスト入力と画像アップロードボタンが表示されており、ユーザはテキストや画像を入力することでチャットボットと対話することができます。チャットボットは、入力された画像とテキストをもとに関連する情報をインデックスから検索し、さらにその情報をもとにLLMを用いて応答を生成します。

このようなチャットボットのユースケースとしては、ユーザがアップロードしたゴミの画像をもとに、ゴミの分別方法を回答するというものが考えられます。この場合、インデックス（データベース）にあらかじめ地域のゴミの分別方法に関する情報を登録しておき、ユーザがアップロードした画像をもとに、その画像に関連する情報を検索します。

図7.1.1では、ボタン電池の画像をアップロードし、その捨て方を尋ねています。チャットボットは、アップロードされた画像をもとにボタン電池に関する情報を検索し、その情報を用いて回答を生成しています。この例では、東京都世田谷区のゴミ分別情報をあらかじめインデックスに登録しています。RAGを用いることで、地域固有の回答を生成することが可能となっています。例えば、**図7.1.1**の回答には、世田谷区ではボタン電池を回収しない旨の情報が含まれています。これは、一般的なゴミの分別方法に関する情報だけでなく、地域固有の情報も含めて回答を生成することができることを示しています。

・【世田谷区】ごみ分別一覧　CC BY 4.0

https://www.opendata.metro.tokyo.lg.jp/setagaya/131121_setagayaku_garbage_separate.csv

図7.1.1　チャットボットのユーザインタフェース

本節では、このチャットボットを六つのステップで少しずつ構築していきます。

1. ユーザインタフェースの実装
2. 質問応答システムへの拡張
3. 会話履歴の実装
4. コンテキストの拡張
5. RAGの実装
6. マルチモーダル対応

実装ステップに入る前に、本節で使用するモジュールをインストールします。

```
pip install streamlit langchain
```

ここでは、streamlitとlangchainをインストールします。

7.1.2 ユーザインタフェースの実装

まずは、チャットシステムのベースとなるユーザインタフェースを完成させます。ユーザインタフェースの構築には、Streamlitというフレームワークを使用します。Streamlitを選択する理由は、データサイエンスと機械学習プロジェクトに特化しており、Webシステムの詳細技術を習得していなくても、対話的なWebアプリケーションを容易に構築できるためです。

ユーザインタフェースのみを実装したプログラムは、**リスト7.1.1**のとおりです。このプログラムを用いてStreamlitの基本的な使い方を確認しましょう。ここでは、タイトル、ファイルアップローダ、テキスト入力フィールドを追加し、ボタンがクリックされたときのアクションを設定しています。

リスト7.1.1 ユーザインタフェースの実装 (src/chat/step1.py)

```
import streamlit as st

st.title("マルチモーダルRAGチャットボット")

# アップローダを追加
uploaded_file = st.file_uploader("画像を選択してください", type=["jpg", "jpeg", "png"])

# アップロードされた画像を表示
if uploaded_file is not None:
    st.image(uploaded_file, caption="画像", width=300)


# ユーザ入力を受け取る
user_input = st.text_input("メッセージを入力してください:")

# ボタンを追加し、クリックされたらアクションを起こす
if st.button("送信"):
    # 入力されたテキストを表示
    st.write(f"human: {user_input}")
```

Streamlitを利用したプログラムは、通常のPythonスクリプトと少し異なった動作をします。

Streamlitのアプリケーションは、その実行中に何度もプログラム全体が再実行されるという特徴があります。具体的には、次のようなタイミングでプログラムが実行されます。

1. Streamlitアプリが最初にロードされたとき
2. ユーザがウィジェット（テキストやスライダなど）の値を変更したとき
3. ユーザがアプリの再実行を手動でトリガーしたとき（例えば［送信］ボタンをクリックするなど）

これらのイベントが発生すると、Streamlitはプログラム全体を先頭から末尾まで再実行します。

では、リスト7.1.1を1行ずつ見ていきましょう。

```
import streamlit as st
```

この文ではstreamlitモジュールをstという名前でインポートします。stという短い名前を付けるのは慣例です。

次の文は、Webアプリケーションのタイトルを設定しています。

```
st.title('マルチモーダルRAGチャットボット')
```

ここでは、Webシステムのタイトルに「マルチモーダルRAGチャットボット」という名前を設定しています。タイトルはブラウザの画面上（図7.1.1）に表示されます。

次に、画像をアップロードするためのウィジェットを追加します。

```
uploaded_file = st.file_uploader("画像を選択してください", type=["jpg", "jpeg", "png"])
```

st.file_uploader関数は、画像ファイルをアップロードするためのウィジェットを追加します。この関数は、ユーザがアップロードした画像ファイルを返します。ここでは、"画像を選択してください"というキャプションを持つアップローダを追加しています。また、type引数に["jpg", "jpeg", "png"]を指定することで、アップロードできる画像ファイルの拡張子を制限しています。

次に、アップロードされた画像を表示します。

```
if uploaded_file is not None:
    st.image(uploaded_file, caption="画像", width=300)
```

ここでは、uploaded_fileがNoneでない場合、すなわちユーザが画像をアップロードした場合にその画像を表示します。st.image関数は、画像を表示するためのウィジェットを追加します。

次に、テキスト入力フィールドを追加します。

```
user_input = st.text_input("メッセージを入力してください:")
```

st.text_input関数は、テキスト入力フィールドを追加します。また、ユーザがブラウザ上で入力した値を変数user_inputに格納します。

最後に、[送信] ボタンを追加します。

```
# ボタンを追加し、クリックされたらアクションを起こす
if st.button("送信"):
    # 入力されたテキストを表示
    st.write(f"human: {user_input}")
```

この部分では、if文を使用して、ユーザが「送信」ボタンをクリックしたか否かを確認しています。ユーザがボタンをクリックした場合、上記のコードはst.write関数を使ってユーザが入力したメッセージをWebページ上に表示します。

このプログラムは次のコマンドで実行できます。

```
python -m streamlit run step1.py
```

コマンドが実行されると、自動的にブラウザが立ち上がり、図7.1.2の画面が表示されるはずです。この画面でテキストボックスにメッセージを入力すると、画面にユーザが入力したメッセージが出力されます。

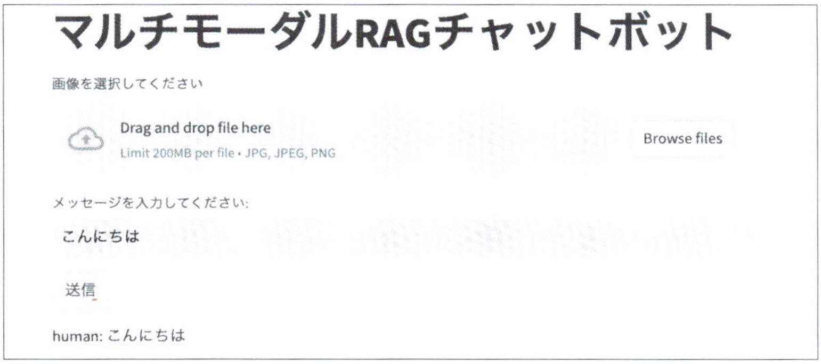

マルチモーダルRAGチャットボット

画像を選択してください

Drag and drop file here
Limit 200MB per file • JPG, JPEG, PNG

Browse files

メッセージを入力してください:

こんにちは

送信

human: こんにちは

図7.1.2　ユーザインタフェースの実装結果（送信クリック後の様子）

7.1.3 質問応答システムへの拡張

前のステップではユーザの入力をそのまま出力していました。ここでは、ユーザの入力をLLMに送信し、その応答を出力するように拡張します。LLMへのアクセスは、LangChainを使用して行います。**リスト7.1.1**をユーザの入力に応答できるように拡張したプログラムを**リスト7.1.2**に示します。なお、網掛けした箇所は差分を示しています。以降、本項では差分について説明します。

```
from langchain_openai import ChatOpenAI
```

このコードは、LangChainモジュールからChatOpenAIクラスをインポートします。ChatOpenAIクラスはOpenAIのモデルへのアクセスを提供します。

次のコードでは、ChatOpenAIクラスを使用してユーザの入力に対してAIが応答を生成するようにしています。

```
    # OpenAIの言語モデルを使って応答を生成
    llm = ChatOpenAI()
    response = llm.invoke(user_input)

    # 会話を表示
    st.write(f"ai: {response.content}")
```

この部分では、まずChatOpenAIクラスをインスタンス化し、変数llmに格納しています。そして、llmオブジェクト（ここではOpenAIのLLM）のinvokeメソッドにuser_inputを渡すことで、LLMによる応答を生成しています。生成された応答はresponse変数に格納され、その後st.write関数を使ってWebページ上に「ai: 」とともに表示されます。

それでは動作を確認してみましょう。**リスト7.1.2**のプログラムを実行し、テキストボックスに質問を入力して「送信」すると、**図7.1.3**のようにLLMから質問への応答が返され、それがユーザの質問とともに表示されます。なお、ここでは掲示板のように新しいメッセージが上に表示されるようにしています。すなわち、LLMの応答がユーザのメッセージの上に表示されるようになります。

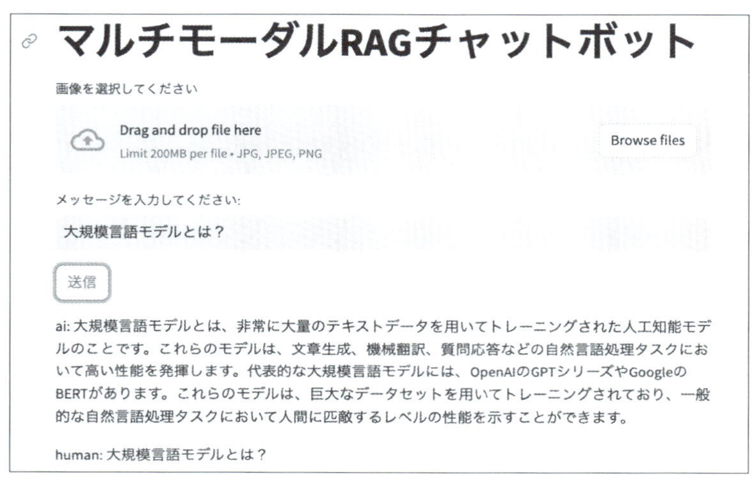

図7.1.3　質問応答の様子

リスト7.1.2　質問応答システムへの拡張 (src/chat/step2.py)

```
import streamlit as st
from langchain_openai import ChatOpenAI

st.title("マルチモーダルRAGチャットボット")

# アップローダを追加
uploaded_file = st.file_uploader("画像を選択してください", type=["jpg", "jpeg", "png"])

# アップロードされた画像を表示
if uploaded_file is not None:
    st.image(uploaded_file, caption="画像", width=300)


# ユーザ入力を受け取る
user_input = st.text_input("メッセージを入力してください:")
```

```
# ボタンを追加し、クリックされたらアクションを起こす
if st.button("送信"):
    # OpenAIの言語モデルを使って応答を生成
    llm = ChatOpenAI()
    response = llm.invoke(user_input)

    # 会話を表示
    st.write(f"ai: {response.content}")
    st.write(f"human: {user_input}")
```


7.1.4 会話履歴の実装

ここまでで、ユーザの入力に対してチャットボットが応答できるようになりました。しかし、まだ自然な会話ができるわけではありません。LLMがそれまでの会話の内容を覚えていないためです。

では、会話の内容を覚えておくにはどうすればよいでしょうか？ そのためには、過去の会話のやり取りを履歴として保存しておき、LLMへの問い合わせのたびに過去の会話の履歴を渡す必要があります。会話履歴をプロンプトとして与えることで、LLMは過去の会話履歴も参考にしつつ質問に回答できるようになります。

リスト7.1.3にリスト7.1.2のプログラムを拡張したコードを示します。網掛けした箇所が差分ですので、順番に確認を進めます。

リスト7.1.3 会話履歴の実装（src/chat/step3.py）

```
import streamlit as st
from langchain_openai import ChatOpenAI
from langchain_core.messages import HumanMessage

# セッション状態を初期化
if "history" not in st.session_state:
    st.session_state.history = []
    st.session_state.llm = ChatOpenAI()

st.title("マルチモーダルRAGチャットボット")

# アップローダを追加
uploaded_file = st.file_uploader("画像を選択してください", type=["jpg", "jpeg", "png"])

# アップロードされた画像を表示
if uploaded_file is not None:
```

```
    st.image(uploaded_file, caption="画像", width=300)


# ユーザ入力を受け取る
user_input = st.text_input("メッセージを入力してください:")

# ボタンを追加し、クリックされたらアクションを起こす
if st.button("送信"):
    st.session_state.history.append(HumanMessage(user_input))
    response = st.session_state.llm.invoke(st.session_state.history)
    st.session_state.history.append(response)

    # 会話を表示
    for message in reversed(st.session_state.history):
        st.write(f"{message.type}: {message.content}")
```

次の部分は、本プログラムで使うHumanMessageクラスをインポートしています。

```
from langchain_core.messages import HumanMessage
```

HumanMessageクラスは、ユーザのメッセージを表すクラスです。本プログラムでは会話の履歴をメッセージのリストとして保存します。

次に会話履歴をセッション状態として保存できるように初期化します。

```
# セッション状態を初期化
if "history" not in st.session_state:
    st.session_state.history = []
    st.session_state.llm = ChatOpenAI()
```

このif文では、Streamlitのセッションに会話履歴を保存するための状態を空のリストで初期化しています。st.session_stateはStreamlitが提供するオブジェクトで、セッション中にデータを保持するための辞書オブジェクトとして機能します。この辞書オブジェクトにhistoryという名前のキーで空のリストを登録しておきます。このプログラムはイベントが発生するたびに呼び出されますが、if文でhistoryがsession_stateオブジェクトに存在しない場合のみ、すなわち最初の1回目の実行時のみ、初期化が実行されます。なお、このリストにはユーザからのメッセージ(HumanMessageオブジェクト)とLLMからの応答メッセージが交互に追加されていきます。

ここで、st.session_stateを使うことに疑問を持つ方がいらっしゃるかもしれません。単

にhistoryという変数にリストを格納するのでは不十分でしょうか。**リスト7.1.3**のプログラム全体が、ボタンをクリックするなどのイベントの発生ごとに再実行されることに注意してください。変数の利用では毎回初期化されてしまうため、複数回の実行でも継続して保持されるst.session_stateの利用が必要です。

また、historyに加えてLLMのインスタンスもst.session_stateに保存しています。これにより、会話履歴とLLMのインスタンスがセッション中に保持されるようになります。

次に、ボタンがクリックされたときの処理を見ていきましょう。

```
st.session_state.history.append(HumanMessage(user_input))
response = st.session_state.llm.invoke(st.session_state.history)
st.session_state.history.append(response)
```

まず、会話履歴にユーザのメッセージを追加します。ユーザメッセージの作成には、HumanMessageクラスを使用しています。次に、llmオブジェクトのinvokeメソッドを呼び出して、会話履歴を引数として渡します。このメソッドは会話履歴をもとにLLMに問い合わせ、応答を生成し、response変数に格納します。response変数は、AIMessageオブジェクトとして会話履歴に追加されます。最後に、response変数の値を会話履歴に追加します。

次のコードでは、会話履歴を表示します。

```
# 会話を表示
for message in reversed(st.session_state.history):
    st.write(f"{message.type}: {message.content}")
```

ここでは、st.session_state.historyに保存されている会話履歴を表示しています。reversed関数を使って会話履歴を逆順に表示しています。これにより、新しいメッセージが上に表示されるようになります。メッセージオブジェクトは、HumanMessageクラスとAIMessageクラスのインスタンスのいずれかです。message.typeは、メッセージの種類を表す文字列（"human"または"ai"）を保持しています。message.contentは、メッセージの内容を表す文字列を保持しています。

このプログラムを実行すると、**図7.1.4**のように、ユーザとAIの会話が表示されます。LLMに「大規模言語モデルとは？」と一度質問した後に、「1文にまとめると？」と質問すると、前回の質問に対する回答をもとに新しい質問に対する回答を生成しています。これにより会話履歴がコンテキストとして利用され、自然な会話が実現されていることがわかります。

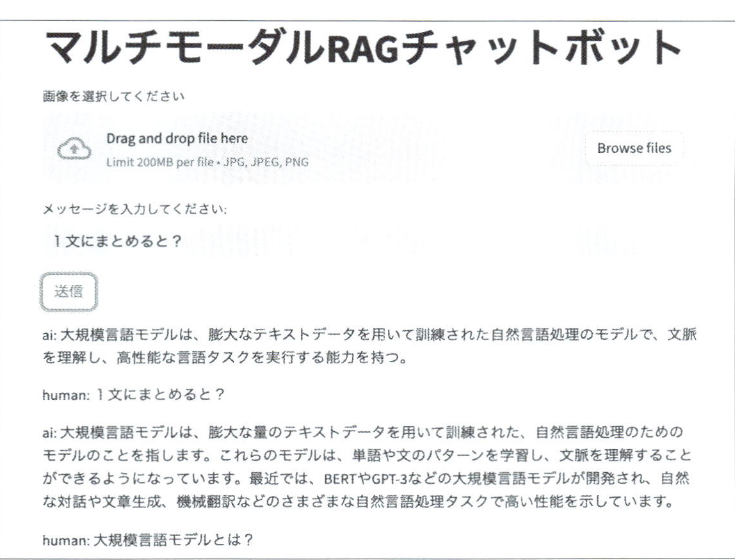

図7.1.4　会話履歴を用いた会話の様子

7.1.5 コンテキストの拡張

ここまでで、コンテキストに会話履歴を用いることで、ユーザとAIの自然な対話を実現することができるようになりました。しかし、コンテキストの利用は会話履歴に限定されるわけではありません。テキストで表現可能なあらゆる情報をコンテキストに含めることができます。追加のコンテキストを活用することで、LLMは学習時にアクセスできなかった情報を用いて、より適切な回答を生成することができます。利用可能な情報には、ユーザ固有のデータ、例えば個人の好み、過去の購入履歴、地理的位置、カレンダーの予定、健康状態や活動データなど、多岐にわたる情報が考えられます。

まずは、コンテキストに任意の情報を追加する方法を学びましょう。ここでは、LangChainの機能を用いて、次の方針でコンテキストを追加します。

- プロンプトテンプレートを使ったチェーンを作成する
- プロンプトテンプレートには変数として追加のコンテキスト情報を含める
- チェーンを使ってLLMに問い合わせる

この方針で**リスト7.1.3**を拡張したプログラムを**リスト7.1.4**に示します。網掛けした箇所が**リスト7.1.3**との主な差分です。以降、本項ではこの差分を中心に説明します。

リスト7.1.4 コンテキストの拡張 (src/chat/step4.py)

```
import streamlit as st
from langchain_openai import ChatOpenAI
from langchain_core.messages import HumanMessage
from langchain_core.prompts import ChatPromptTemplate

# チェーンを作成
def create_chain():
    prompt = ChatPromptTemplate.from_messages(
        [
            (
                "system",
                "回答には以下の情報も参考にしてください。参考情報：\n{info}",
            ),
            ("placeholder", "{history}"),
            ("human", "{input}"),
        ]
    )
    return prompt | ChatOpenAI(model="gpt-4o-mini", temperature=0)

# セッション状態を初期化
if "history" not in st.session_state:
    st.session_state.history = []
    st.session_state.chain = create_chain()

st.title("マルチモーダルRAGチャットボット")

# アップローダを追加
uploaded_file = st.file_uploader("画像を選択してください", type=["jpg", "jpeg", "png"])

# アップロードされた画像を表示
if uploaded_file is not None:
    st.image(uploaded_file, caption="画像", width=300)

# ユーザ入力を受け取る
user_input = st.text_input("メッセージを入力してください:")

# ボタンを追加し、クリックされたらアクションを起こす
if st.button("送信"):
    response = st.session_state.chain.invoke(
        {
            "input": user_input,
            "history": st.session_state.history,
            "info": "ユーザの年齢は10歳です。",
```

```
        }
    )
    st.session_state.history.append(HumanMessage(user_input))
    st.session_state.history.append(response)

    # 会話を表示
    for message in reversed(st.session_state.history):
        st.write(f"{message.type}: {message.content}")
```

まず、プロンプトテンプレートを作成するためのクラスをインポートします。

```
from langchain_core.prompts import ChatPromptTemplate
```

次に、チェーンを作成する関数を定義します。

```
# チェーンを作成
def create_chain():
    prompt = ChatPromptTemplate.from_messages(
        [
            (
                "system",
                "回答には以下の情報も参考にしてください。参考情報：\n{info}",
            ),
            ("placeholder", "{history}"),
            ("human", "{input}"),
        ]
    )
    return prompt | ChatOpenAI(model="gpt-4o-mini", temperature=0)
```

この関数はプロンプトテンプレートを作成し、そのテンプレートを使ってチェーンを作成します。プロンプトテンプレートは、ChatPromptTemplateクラスのfrom_messagesメソッドを使って作成します。このメソッドはメッセージのリストを受け取り、プロンプトテンプレートを作成します。

個々のメッセージはタプルとして表現され、各タプルはメッセージのロール（"system"、"human"など）とメッセージの内容を表す文字列を含みます。メッセージの内容には変数を含めることができ、これらの変数は後で置換されます。ここでは、{input}、{info}がプレースホルダです。{input}はユーザの入力を表し、{info}はコンテキストに追加する情報を表します。

なお、("placeholder", "{history}")は、会話履歴を表すプレースホルダです。

"placeholder"は、プロンプトテンプレート内で複数のメッセージをまとめて変数とするためのプレースホルダです。historyは会話履歴を表すプレースホルダで、会話履歴を表すメッセージリストに置き換えられます。inputやinfoが文字列であるのに対して、historyはリストであることに注意してください。

最後に、パイプ演算子を使ってプロンプトテンプレートと言語モデルを結合し、チェーンを作成します。ここでは、言語モデルとしてChatOpenAIクラスを使用しています。modelには"gpt-4o-mini"を指定し、temperatureには0を指定しています。temperatureに0を指定することで、言語モデルの出力を確定的にすることができます。これは、コンテキストとして与えた会話履歴や参考情報を重視するようにすることが狙いです。

次に前述のcreate_chain関数を使ってチェーンを作成します。

```
st.session_state.chain = create_chain()
```

作成したチェーンは、再利用できるようにst.session_state.chainに保存しておきます。

最後に、チェーンを使ってLLMに問い合わせます。

```
response = st.session_state.chain.invoke(
    {
        "input": user_input,
        "history": st.session_state.history,
        "info": "ユーザの年齢は10歳です。",
    }
)
```

ここでは、chainオブジェクトのinvokeメソッドを呼び出してLLMに問い合わせます。invokeメソッドには、input、history、infoの三つのキーを持つ辞書を渡しています。inputはユーザの入力を表し、historyは会話履歴を表し、infoはコンテキストに追加する情報を表します。ここで、ユーザ固有の情報を想定して、infoにはユーザの年齢が10歳であることを表す文字列を指定しています。

このプログラムを実行した結果を**図7.1.5**に示します。この例では、ユーザが「おすすめのお酒は？」と質問しています。しかしLLMはユーザの年齢を考慮して、「おすすめできません。」と回答しています。これは、ユーザの年齢が10歳であることをコンテキストとして与えたためです。このことから、コンテキストとして与えたユーザの年齢がうまく回答に反映されていることがわかります。

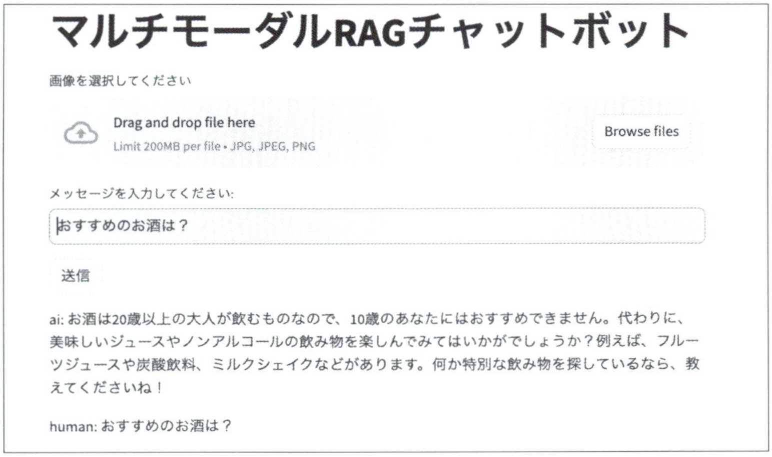

図7.1.5　コンテキストを利用したユーザ固有の回答例

7.1.6 RAGの実装

ここまでで、コンテキストに任意のテキストを追加する方法を学びました。ここでは、ユーザからの入力に関連する情報を動的に取得し、それをコンテキストに追加する方法を学びます。このようにして回答を生成する方法が、**RAG（Retrieval Augmented Generation）**です。

RAGでは、あらかじめ情報を登録したインデックスが必要です。インデックスは、プログラムの実行前に作成しておくことを想定しています。インデックスに格納する情報の候補としては、主にLLMの訓練データに含まれていない様々な情報が考えられます。例えば、最新の情報や企業の内部データ、個人の固有情報などが挙げられます。

以降、本項ではインデックスの作成とインデックスを利用したチャットボットの実装方法を順に説明します。ここでは、インデックスを事前にファイルシステム上に保存しておき、チャットボットの実行時に読み込むようにします。

インデックスの作成

まずファイルシステム上にインデックスを作成します。ここでは、コマンドラインからインデックスを作成するプログラムを作成します。このプログラムの引数には、CSVファイルを指定して、そのファイルからインデックスを作成します。

CSVファイルのロードには、LangChainが提供するクラスを利用します。LangChainはCSV以外のローダも提供しているため、このプログラムを少し修正して、他の形式のファイルからもインデックスを作成することも可能です。

リスト7.1.5にインデックスを作成するプログラムを示します。LangChainを用いたインデックス作成手順の基本に関しては、**5.6**を参照してください。以降、本項では注意点のみを説明します。

ここでは、CSVファイルからテキストを抽出するために、**CSVLoader**クラスを使用しています。

```
from langchain_community.document_loaders import CSVLoader
```

異なる種類のファイルからテキストを抽出する場合は、適切なローダを選択してください（**5.6.1**参照）。このプログラムでは、インデックスを永続化するためにpersist_directory引数を指定しています。

```
    Chroma.from_documents(
        documents=splits,
        embedding=OpenAIEmbeddings(model="text-embedding-3-small"),
        persist_directory="data",
    )
```

persist_directory引数には、インデックスを保存するディレクトリを指定します。このディレクトリには、インデックスの情報が保存されます。チャットボットからは、ここで作成したインデックスを読み出して利用します。

インデックス作成プログラムは以下のコマンドで実行できます。

```
python make_index.py <CSVファイル>
```

次のコードは、世田谷区のゴミ分別一覧（本書の付属データに同梱している131121_setagayaku_garbage_separate.csv）をインデックスに追加する例です。

```
python make_index.py 131121_setagayaku_garbage_separate.csv
```

CSV形式のゴミ分別一覧は多くの自治体から提供されているようです。他のゴミ分別一覧を試したい場合は、「ゴミ分別一覧　CSV」のようなキーワードでウェブ検索を行ってゴミ分別一覧を探してみてもよいかもしれません。

リスト7.1.5　インデックスの作成（src/chat/make_index.py）

```
import sys
from langchain_community.document_loaders import CSVLoader
from langchain_text_splitters import RecursiveCharacterTextSplitter
from langchain_chroma import Chroma
from langchain_openai import OpenAIEmbeddings


def load_document(filename):
    loader = CSVLoader(filename, autodetect_encoding=True)
    pages = loader.load()
    python_splitter = RecursiveCharacterTextSplitter(chunk_size=2000, chunk_overlap=400)
    splits = python_splitter.split_documents(pages)
    Chroma.from_documents(
        documents=splits,
        embedding=OpenAIEmbeddings(model="text-embedding-3-small"),
        persist_directory="data",
    )


load_document(sys.argv[1])
```

インデックスの利用

次に、作成したインデックスを利用して、チャットボットを実装します。**リスト7.1.6**に、RAGを用いたチャットボットのプログラムを示します。このプログラムは、ユーザからの質問に関連する情報をインデックスから取得し、それをもとに回答を生成します。

リスト7.1.6　RAGの実装（src/chat/step5.py）

```
import streamlit as st
from langchain_openai import ChatOpenAI
from langchain_core.messages import HumanMessage
from langchain_core.prompts import ChatPromptTemplate
from langchain_chroma import Chroma
from langchain_openai import OpenAIEmbeddings
from operator import itemgetter

# ドキュメントを整形
def format_docs(docs):
    return "\n\n".join(doc.page_content for doc in docs)
```

```
# チェーンを作成
def create_chain():
    vectorstore = Chroma(
        embedding_function=OpenAIEmbeddings(model="text-embedding-3-small"),
        persist_directory="data",
    )
    retriever = vectorstore.as_retriever(search_kwargs={"k": 3})
    prompt = ChatPromptTemplate.from_messages(
        [
            (
                "system",
                "回答には以下の情報も参考にしてください。参考情報：\n{info}",
            ),
            ("placeholder", "{history}"),
            ("human", "{input}"),
        ]
    )
    return (
        {
            "input": itemgetter("input"),
            "info": itemgetter("input") | retriever | format_docs,
            "history": itemgetter("history"),
        }
        | prompt
        | ChatOpenAI(model="gpt-4o-mini", temperature=0)
    )


# セッション状態を初期化
if "history" not in st.session_state:
    st.session_state.history = []
    st.session_state.chain = create_chain()

st.title("マルチモーダルRAGチャットボット")

# アップローダを追加
uploaded_file = st.file_uploader("画像を選択してください", type=["jpg", "jpeg", "png"])

# アップロードされた画像を表示
if uploaded_file is not None:
    st.image(uploaded_file, caption="画像", width=300)


# ユーザ入力を受け取る
```

```
user_input = st.text_input("メッセージを入力してください:")

# ボタンを追加し、クリックされたらアクションを起こす
if st.button("送信"):
    response = st.session_state.chain.invoke(
        {
            "input": user_input,
            "history": st.session_state.history,
        }
    )
    st.session_state.history.append(HumanMessage(user_input))
    st.session_state.history.append(response)

    # 会話を表示
    for message in reversed(st.session_state.history):
        st.write(f"{message.type}: {message.content}")
```

リスト7.1.4との主な差分（網掛け部分）について順番に確認を進めます。

以下は、必要なクラスと関数のインポート部分です。

```
from langchain_chroma import Chroma
from langchain_openai import OpenAIEmbeddings
from operator import itemgetter
```

新たにChromaクラスとOpenAIEmbeddingsクラスをインポートしています。また、itemgetter関数もインポートしています。

重要な変更箇所であるインデックスのロード部分から説明します。

```
    vectorstore = Chroma(
        embedding_function=OpenAIEmbeddings(model="text-embedding-3-small"),
        persist_directory="data",
    )
    retriever = vectorstore.as_retriever(search_kwargs={"k": 3})
```

ここではChromaクラスのインスタンスを作成し、as_retrieverメソッドを使って、retrieverオブジェクトを作成しています。search_kwargsには、検索時のパラメータを指定します。ここでは、kを3に設定することで、検索結果の上位3件を取得するようにしています。retrieverオブジェクトは、LangChainのRunnableインタフェースを実装しており、invokeメソッドを持っています。

retrieverは、ユーザの質問に関連する情報をインデックスから取得するために、次のように使用されます。

```
    return (
        {
            "input": itemgetter("input"),
            "info": itemgetter("input") | retriever | format_docs,
            "history": itemgetter("history"),
        }
        | prompt
        | ChatOpenAI(model="gpt-4o-mini", temperature=0)
    )
```


このreturn文では、5.5で紹介したパラレル構文を使ってチェーンを作成しています。promptには、その手前で指定された辞書が渡されます。この辞書は、input、info、historyの三つのキーを持ち、"input"と"history"は、itemgetter関数を使って、それぞれのキーに対応する値を取得しています。"info"は、"input"とretrieverをパイプ演算子で結合し、format_docs関数を適用しています。retrieverが返す情報は、入力と関連する三つの文書です。format_docs関数は文書のリストを受け取り、それらを整形して一つの文字列にまとめます。

format_docs関数の実装は次のとおりです。

```
# ドキュメントを整形
def format_docs(docs):
    return "\n\n".join(doc.page_content for doc in docs)
```

この関数は、ドキュメントのリストを受け取り、それらを整形して一つの文字列にまとめます。ここでは、リスト内包表記で各ドキュメントのpage_content属性を取得し、それらを改行で結合しています。

なお、チェーンの呼び出し箇所では、引数の辞書からinfoを省略しています。これは、retrieverを使って取得した情報をinfoとして使うように変更したためです。

このプログラムを実行した様子を図7.1.6に示します。この例では、ユーザが「テレビの捨て方は？」と質問しています。LLMはこの質問に対してインデックスから関連する情報を取得し、それをもとに回答を生成しています。この回答には地域固有の情報が含まれており、インデックスの情報が回答に反映されていることがわかります。

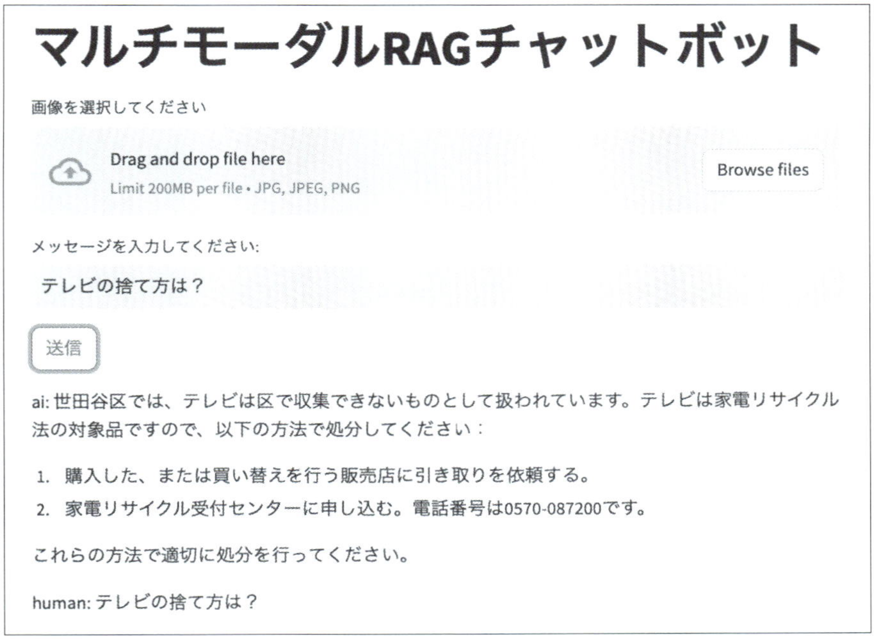

図7.1.6　RAGによる回答例

7.1.7 マルチモーダルへの対応

ここまでのプログラムは、テキストデータを対象としていました。しかし、マルチモーダルLLMは、画像や音声などの他のデータ形式にも対応することができます。ここでは、画像をプロンプトの一部として利用できるようにプログラムを拡張します。また、画像データもヒントにRAGを使って回答を生成することを考えます。

画像データを用いてインデックスを検索する方法には、画像データから埋め込みベクトルを生成し、そのベクトルを使ってインデックスを検索します。画像データから直接埋め込みベクトルを作成する実装もあり得ますが、ここでは画像データを一旦テキストデータに変換してからインデックスを作成します。これは、本書執筆時点では`OpenAIEmbeddings`クラスはテキストデータのみを受け付けることができるためです。代わりに画像データをテキストデータに変換する部分にマルチモーダルLLMを使用します。この方針で拡張したプログラムを**リスト7.1.7**に示します。

リスト7.1.7　マルチモーダルへの対応 (src/chat/step6.py)

```
import streamlit as st
from langchain_openai import ChatOpenAI
from langchain_core.messages import HumanMessage
from langchain_core.prompts import ChatPromptTemplate
from langchain_chroma import Chroma
from langchain_openai import OpenAIEmbeddings
from operator import itemgetter
from langchain_core.output_parsers import StrOutputParser
import base64

# 画像の説明を取得
def get_image_description(image_data: str):
    prompt = ChatPromptTemplate.from_messages(
        [
            (
                "human",
                [
                    {
                        "type": "image_url",
                        "image_url": {"url": f"data:image/jpeg;base64,{image_data}"},
                    }
                ],
            ),
        ]
    )
    chain = prompt | ChatOpenAI(model="gpt-4o-mini") | StrOutputParser()
    return chain.invoke({"image_data": image_data})


# メッセージを作成
def create_message(dic: dict):
    image_data = dic["image"]
    if image_data:
        return [
            (
                "human",
                [
                    {"type": "text", "text": dic["input"]},
                    {
                        "type": "image_url",
                        "image_url": {"url": f"data:image/jpeg;base64,{image_data}"},
                    },
                ],
```

7　アプリケーション

```
            )
        ]
    return [("human", dic["input"])]


# ドキュメントを整形
def format_docs(docs):
    return "\n\n".join(doc.page_content for doc in docs)


# チェーンを作成
def create_chain():
    vectorstore = Chroma(
        embedding_function=OpenAIEmbeddings(model="text-embedding-3-small"),
        persist_directory="data",
    )
    retriever = vectorstore.as_retriever(search_kwargs={"k": 3})
    prompt = ChatPromptTemplate.from_messages(
        [
            (
                "system",
                "回答には以下の情報も参考にしてください。参考情報：\n{info}",
            ),
            ("placeholder", "{history}"),
            ("placeholder", "{message}"),
        ]
    )
    return (
        {
            "message": create_message,
            "info": itemgetter("input") | retriever | format_docs,
            "history": itemgetter("history"),
        }
        | prompt
        | ChatOpenAI(model="gpt-4o-mini", temperature=0)
    )


# セッション状態を初期化
if "history" not in st.session_state:
    st.session_state.history = []
    st.session_state.chain = create_chain()

st.title("マルチモーダルRAGチャットボット")
```

```
# アップローダを追加
uploaded_file = st.file_uploader("画像を選択してください", type=["jpg", "jpeg", "png"])

# アップロードされた画像を表示
if uploaded_file is not None:
    st.image(uploaded_file, caption="画像", width=300)


# ユーザ入力を受け取る
user_input = st.text_input("メッセージを入力してください:")

# ボタンを追加し、クリックされたらアクションを起こす
if st.button("送信"):
    image_data = None
    image_description = ""
    if uploaded_file is not None:
        image_data = base64.b64encode(uploaded_file.read()).decode("utf-8")
        image_description = get_image_description(image_data)
    response = st.session_state.chain.invoke(
        {
            "input": user_input + image_description,
            "history": st.session_state.history,
            "image": image_data,
        }
    )
    st.session_state.history.append(HumanMessage(user_input))
    st.session_state.history.append(response)

    # 会話を表示
    for message in reversed(st.session_state.history):
        st.write(f"{message.type}: {message.content}")
```

まず、次のインポート文を追加します。

```
from langchain_core.output_parsers import StrOutputParser
import base64
```

StrOutputParserクラスは、LLMの応答メッセージからテキストのみを取得するためのクラスです。base64モジュールは、画像データをBase64形式にエンコードするために使用します。

次に、送信がクリックされたときの処理を確認しましょう。

```
# ボタンを追加し、クリックされたらアクションを起こす
if st.button("送信"):
    image_data = None
    image_description = ""
    if uploaded_file is not None:
        image_data = base64.b64encode(uploaded_file.read()).decode("utf-8")
        image_description = get_image_description(image_data)
    response = st.session_state.chain.invoke(
        {
            "input": user_input + image_description,
            "history": st.session_state.history,
            "image": image_data,
        }
    )
```

ここでは、画像が指定されている場合、get_image_description関数を使って画像の説明を取得し、その説明をimage_description変数に格納しています。そして、画像の説明を入力と結合して、"input"キーに格納しています。また、画像データを"image"キーに格納しています。一方、画像が指定されなかった場合は、"input"キーにユーザの入力のみを、"image"キーにはNoneを格納しています。

次に、画像の説明を取得する関数を確認しましょう。

```
# 画像の説明を取得
def get_image_description(image_data: str):
    prompt = ChatPromptTemplate.from_messages(
        [
            (
                "human",
                [
                    {
                        "type": "image_url",
                        "image_url": {"url": f"data:image/jpeg;base64,{image_data}"},
                    }
                ],
            ),
        ]
    )
    chain = prompt | ChatOpenAI(model="gpt-4o-mini") | StrOutputParser()
    return chain.invoke({"image_data": image_data})
```

この関数は画像データを受け取り、その画像の説明を返します。まず、画像データを変数と

するプロンプトテンプレートを作成します。{image_data}は、画像データを表すプレースホルダです。

次に、プロンプトテンプレートとLLMを結合し、チェーンを作成します。ここでは、LLMとしてマルチモーダルに対応したgpt-4o-miniを指定しています。このチェーンは画像データを入力として受け取り、画像の説明を生成します。

次に、RAGに対応したチェーンの作成部分を確認しましょう。

```
    prompt = ChatPromptTemplate.from_messages(
        [
            (
                "system",
                "回答には以下の情報も参考にしてください。参考情報：\n{info}",
            ),
            ("placeholder", "{history}"),
            ("placeholder", "{message}"),
        ]
    )
    return (
        {
            "message": create_message,
            "info": itemgetter("input") | retriever | format_docs,
            "history": itemgetter("history"),
        }
        | prompt
        | ChatOpenAI(model="gpt-4o-mini", temperature=0)
    )
```

ここでは、プロンプトテンプレートに{message}プレースホルダを追加しています。そして、このmessageの値をcreate_message関数で生成するようにしています。create_message関数は、画像データの有無に応じて適切なメッセージを生成します。

最後に、create_message関数を確認しましょう。

```
# メッセージを作成
def create_message(dic: dict):
    image_data = dic["image"]
    if image_data:
        return [
            (
                "human",
                [
```

```
                {"type": "text", "text": dic["input"]},
                {
                    "type": "image_url",
                    "image_url": {"url": f"data:image/jpeg;base64,{image_data}"},
                },
            ],
        )
    ]
return [("human", dic["input"])]
```

引数として辞書を受け取り、その内容に応じてメッセージを生成します。画像データがある場合は、画像データとテキストを含むメッセージを返します。画像データがない場合は、テキストのみを含むメッセージを返します。

このプログラムを実行すると、本節の冒頭に示したような**図7.1.1**の画面が表示されます。

図7.1.1の画面は画像としてボタン電池の画像を指定し、ゴミの捨て方を尋ねています。チャットボットは与えたテキストと画像から関連するゴミの捨て方を検索し、その結果を表示しています。インデックスには地域固有のゴミ分別一覧のCSVファイルを使用していますので、そこで指定されたゴミの捨て方がうまく回答に反映されていることが確認できます。インデックスに異なるデータを登録しておけば、画像とテキストから構成された異なる質問にも適切に回答できるようになります。

7.2

クイズ作成・採点システム

本節では、n択クイズ作成・採点システムの作成を通して、LLMを**ソフトウェア部品**としてアプリケーションに組み込んで利用する方法を紹介します。チャットシステムでは、ユーザのメッセージをそのまま大規模言語モデルに渡し、大規模言語モデルの出力をそのまま表示していました。しかし、チャット以外の用途に、LLMの出力を用いる場合、大規模言語モデルの出力からプログラムで必要とする情報を抽出する必要があります。そこで、本説では、LLMからの出力をプログラムで利用する方法を中心に学びます。

本節では、クイズの生成にLLMを利用しますが、LLMの出力をプログラムで使えるようにする術を学ぶことで、LLMの応用が広がるものと考えます。

7.2.1 クイズ作成・採点システムの概要

本節で作成するクイズシステムの画面を**図7.2.1**に示します。ユーザは次の項目を入力することで、n択クイズを作成します。

- カテゴリ：クイズのカテゴリ
- 選択肢の数（n）：選択肢の数
- 難易度：1〜10の値。1が最も易しく、10が最も難しい
- 問題数：1〜10の値。作成する問題の数

図7.2.1の画面は、カテゴリに「プログラミング」、選択肢の数としてn=3、難易度は7、問題数に1を設定した様子を示しています。ユーザが「クイズを生成」ボタンを押すと、大規模言語モデルが生成したクイズが画面に表示されます。画面には問題だけでなく、3択の選択肢がチェックボックスとともに表示されます。ユーザは、選択肢から解答を選んだ後、「採点」ボタンをクリックすると採点が出力されます。

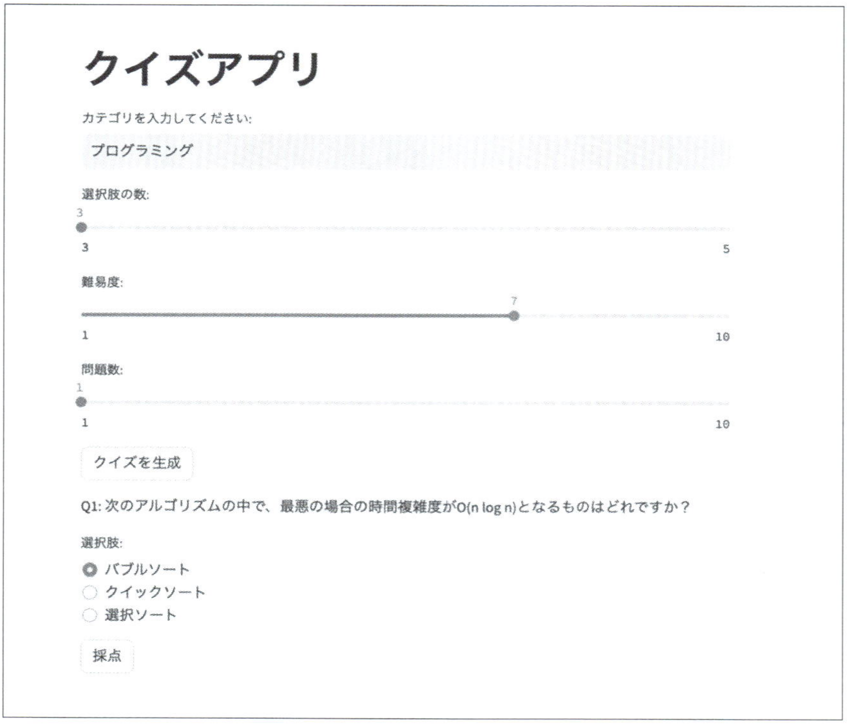

図7.2.1　クイズ作成・採点システムの画面

7.2.2 事前準備

ここでは、Streamlitとpyaskitというライブラリを用いて実装します。Streamlitを用いると簡単にWebベースのユーザインタフェースを構築できます。また、pyaskitを用いるとPythonの型を用いてLLMの出力を制御することができます。さらに、プロンプトテンプレートを用いて関数を定義することもできます。

事前にpyaskitを次のコマンドでインストールします。

```
pip install streamlit pyaskit
```

また、使用するモデルを環境変数に格納しておきます。

```
export ASKIT_MODEL=gpt-4o-mini
```

ここでは`export`コマンドを用いて`gpt-4o-mini`をモデルに指定しています。環境に応じて適切にモデルを設定してください。

7.2.3 LLMの入出力

クイズ作成・採点システムでは、クイズを作成するという機能を実現するためにソフトウェアの部品としてLLMを用います。この時、LLMの入力は次の項目になります。

- カテゴリ
- 難易度
- 選択肢の数
- 問題数

出力は問題数分のクイズの配列です。また、一つのクイズは次の項目から構成されます。

- 問題文
- 選択肢
- 解答の選択肢番号

このため、クイズの作成は次のようなPythonの関数を実装できればよいということになります。

```
class Quiz(TypedDict):
    question: str  # 問題文
    choices: List[str]  # 選択肢
    model_answer: int  # 正解の選択肢のインデックス

def make_quiz(category: str, n: int, count: int, difficulty: int) -> List[Quiz]:
```

make_quiz関数は入力としてcategory、n、count、difficultyを入力とし、Quiz型のリストを出力とします。

7.2.4 システムの実装

Streamlitとpyaskitを用いて実装したクイズ作成・採点システムの実装をリスト7.2.1に示します。

まずはインポート文について説明します。

```
import streamlit as st
from typing import TypedDict, List
from pyaskit import function
```

ここでは、streamlitをstという名前でインポートしています。また、型ヒントのTypedDictとListをインポートしています。これらはLLMの出力型を指定するために使用します。pyaskitからはfunctionデコレータをインポートしています。

次に、LLMを用いたクイズ作成関数make_quizの実装部分を見てみましょう。

```
@function(codable=False)
def make_quiz(category: str, n: int, count: int, difficulty: int) -> List[Quiz]:
    """{{category}}分野から{{count}}個の{{n}}択問題 ( question ) 、
    選択肢 ( choices ) 、模範解答 ( model_answer ) を日本語で作成してください。
    模範解答の選択肢の番号は0 から {{n}}-1とします。
    難易度は{{difficulty}}とします。1が最も簡単で10が最も難しくなります。"""
```

ここでは、pyaskitのfunctionデコレータを用いて関数を定義しています。codable=Falseは、コード生成を行わないことを意味します。関数シグネチャに続いてLLMへのプロンプトでクイズの作成を依頼します。プロンプト中では、{{と}}で囲んだプレースホルダに関数の引数を使うことができます。make_quizはプロンプト以外のコードを含みません。しかし、普通の関数として使うことができます。

次に、クイズを作成する部分を説明します。

```
if st.button("クイズを生成"):
    # クイズを生成してセッション状態に保存します。
    quizzes = make_quiz(category, n_choices, question_count, difficulty)
    st.session_state.quizzes = quizzes
```

「クイズを生成」のボタンが押されるとカテゴリ（category）、選択肢の数（n_choices）、問題数（question_count）、難易度（difficulty）を引数として、make_quizを呼び出します。そして、st.session_state.quizzesにデータを格納します。この引数の値は、ユーザインタフェースからユーザが選択したものです。make_quizが呼ばれるとLLMがクイズの問題と模範解答を生成します。

リスト7.2.1の残りのコードは、カテゴリや選択肢の数のパラメータの入力、解答の入力、採点に関するコードです。採点ボタンがクリックされると、ユーザの解答を模範解答と照合することで採点します。

リスト7.2.1 作成・採点システムの実装 (src/quiz/main.py)

```
import streamlit as st
from typing import TypedDict, List
from pyaskit import function

# TypedDictを使用してクイズの形式を定義します。
class Quiz(TypedDict):
    question: str  # 問題文
    choices: List[str]  # 選択肢
    model_answer: int  # 正解の選択肢のインデックス

@function(codable=False)
def make_quiz(category: str, n: int, count: int, difficulty: int) -> List[Quiz]:
    """{{category}}分野から{{count}}個の{{n}}択問題（question）、
    選択肢（choices）、模範解答（model_answer）を日本語で作成してください。
    模範解答の選択肢の番号は0 から {{n}}-1とします。
    難易度は{{difficulty}}とします。1が最も簡単で10が最も難しくなります。"""

st.title("クイズアプリ")  # アプリのタイトルを設定

# ユーザにカテゴリを入力してもらいます。
category = st.text_input("カテゴリを入力してください:", value="プログラミング")
# 選択肢の数を選んでもらいます。
n_choices = st.slider("選択肢の数:", min_value=3, max_value=5, value=4)
# 難易度を選んでもらいます。
difficulty = st.slider("難易度:", min_value=1, max_value=10, value=5)
# 問題数を選んでもらいます。
question_count = st.slider("問題数:", min_value=1, max_value=10, value=5)

# セッション状態にクイズがなければ初期化します。
if "quizzes" not in st.session_state:
    st.session_state.quizzes = []

# クイズを生成するボタン
if st.button("クイズを生成"):
    # クイズを生成してセッション状態に保存します。
    quizzes = make_quiz(category, n_choices, question_count, difficulty)
    st.session_state.quizzes = quizzes
    # ユーザの解答を格納するリストを初期化します。
    st.session_state.user_answers = [0] * len(quizzes)
```

```
# クイズと選択肢を表示します。
for i, quiz in enumerate(st.session_state.quizzes):
    st.write(f"Q{i+1}: {quiz['question']}")
    options = quiz["choices"]
    # 選択肢のラジオボタンを表示します。
    answer = st.radio("選択肢:", options, key=f"question_{i}")
    # ユーザの解答を更新します。
    st.session_state.user_answers[i] = options.index(answer)

# 採点するボタン
if st.button("採点"):
    score = 0
    # 正解数を数えます。
    for i, quiz in enumerate(st.session_state.quizzes):
        if quiz["model_answer"] == st.session_state.user_answers[i]:
            score += 1
    # スコアを表示します。
    st.write(f"スコア: {score}/{len(st.session_state.quizzes)}")
    # 正解を表示します。
    st.write("正解:")
    for i, quiz in enumerate(st.session_state.quizzes):
        st.write(f"Q{i+1}: {quiz['choices'][quiz['model_answer']]}")
```

Appendix

学習環境の構築

本書の付属コードを実行するために必要な環境構築の手順を説明します。Python 環境のセットアップから開発環境の設定、各種 API キーの取得、必要なライブラリのインストールまでを順に解説します。

A.1

Python環境のセットアップ

本書で紹介しているPythonのサンプルプログラムは、ここで紹介している環境で動かすことができます。

A.1.1 Pythonのインストール

【Windows】

1. Python公式サイトにアクセスし、最新のPythonインストーラーをダウンロードします。
   https://www.python.org/downloads/
2. ダウンロードしたインストーラーを実行し、インストール時に「Add python.exe to PATH」にチェックを入れた上で、「Install Now」をクリックします。

【macOS】

1. ターミナルを開きます。
2. Homebrewがインストールされていない場合、次のコマンドを実行してHomebrewをインストールします。

```
/bin/bash -c "$(curl -fsSL https://raw.githubusercontent.com/Homebrew/install/HEAD/
```

3. Homebrewを使用してPythonをインストールします。

```
brew install python
```

【Linux】

1. ターミナルを開きます。
2. システムのパッケージマネージャを使用してPythonをインストールします。次のコマンドはUbuntuの場合の例です。

```
sudo apt update
sudo apt install python3 python3-venv python3-pip
```

A.1.2 仮想環境の作成

プロジェクトごとに隔離された環境を用意するために、Pythonの仮想環境を作成します。

1. Windowsの場合はコマンドプロンプト、macOSやLinuxの場合はターミナルを開きます。
2. 次のコマンドを実行して、仮想環境を作成します。

```
python -m venv llm_env
```

3. 環境に応じて次のコマンドを実行し、仮想環境を有効化します。

【Windows】

```
llm_env\Scripts\activate
```

【macOSまたはLinux】

```
source llm_env/bin/activate
```


A.1.3 必要パッケージのインストール

次のコマンドを実行して必要なパッケージをインストールします。なお、requirements.txtファイルは、本書の付属データに同梱されています。

```
pip install -U pip
pip install -r requirements.txt
```

Windowsの場合、ご利用の環境によっては「pip install -r requirements.txt」を実行するとコマンドプロンプトに次のようなエラーメッセージが表示され、インストールに失敗することがあります。

```
（略）
    distutils.errors.DistutilsPlatformError: Microsoft Visual C++ 14.0 or greater is required. Get it with "Microsoft C++ Build Tools": https://visualstudio.microsoft.com/visual-cpp-build-tools/
```

その場合は、A.1.4の手順を試してください。

A.1.4 Windowsでインストールに失敗する場合

次の内容を参考にMicrosoft C++ Build Toolsをインストールした後、仮想環境の作成と必要パッケージのインストールを再度行ってください。

1. コマンドプロンプトで次のコマンドを実行し、作成した仮想環境をいったん削除します。

```
deactivate
rmdir /s /q llm_env
```

2. コマンドプロンプトを終了します。
3. Microsoft C++ Build Toolsのサイトにアクセスし、[Build Tools] をクリックしてインストーラーをダウンロードします。
   https://visualstudio.microsoft.com/ja/visual-cpp-build-tools/
4. ダウンロードしたインストーラーを実行し、[続行] をクリックして進めます。
5. インストールする項目を選択する画面で、「C++によるデスクトップ開発」を選択し、画面右下の [インストール] をクリックします。

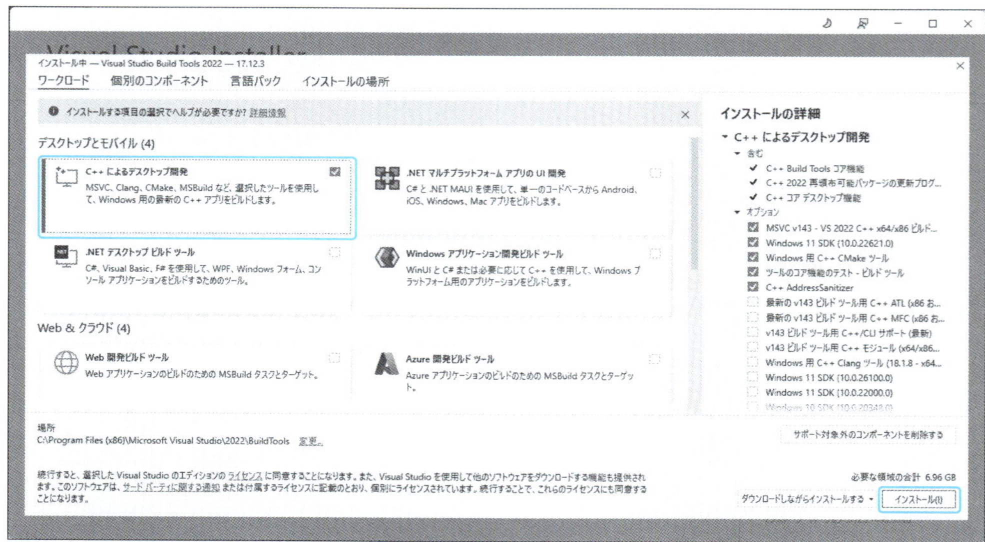

6. Microsoft C++ Build Toolsのインストールが終了したら、Windowsを再起動します。
7. Windowsを起動したら、「A.1.2 仮想環境の作成」を行った後、「A.1.3 必要パッケージのインストール」に進んでください。

A.2

APIキーの取得

本書の第4章以降では、APIプロバイダが提供している言語モデルAPIを使用しています。ここではOpenAI API、Anthropic API、Gemini APIのそれぞれのキーの取得方法を示します。

時間の経過とともに、各サイトのURLや取得方法が変更になっている可能性があります。その場合は、Webで最新情報を調べてAPIキーを取得してください。

なお、言語モデルAPIを使用するにはクレジットカードの登録が必要です。利用した分だけ料金がかかることに注意し、理解した上で学習を進めてください。

A.2.1 OpenAI APIキーの取得方法

1. OpenAIのサイトにアクセスし、アカウントを作成またはログインします。
   https://platform.openai.com/
2. APIキーを取得するために、次の手順を実行します。
   ①画面左のサイドニューから「API Keys」を選択
   ②「Create new secret key」をクリック
   ③生成されたAPIキーを安全な場所に保存
3. 環境変数OPENAI_API_KEYに、取得したAPIキーを設定します。

A.2.2 Anthropic APIキーの取得方法

1. Anthropic のサイトにアクセスし、アカウントを作成またはログインします。
   https://console.anthropic.com/
2. APIキーを取得するために、以下の手順を実行します。
   ①「Dashboard」から「Get API keys」を選択
   ②「Create Key」をクリック
   ③生成されたAPIキーを安全な場所に保存
3. 環境変数ANTHROPIC_API_KEYに取得したAPI キーを設定します。

A.2.3 Gemini APIキーの取得方法

1. Google のサイトにアクセスし、アカウントを作成またはログインします。
   https://aistudio.google.com/app/apikey
2. 「Create API key」を選択します。
3. 生成されたAPI キーを安全な場所に保存します。
4. 環境変数GOOGLE_API_KEYに取得したAPIキーを設定します。

おわりに

本書では、大規模言語モデル（LLM：Large Language Model）の基本的な仕組みから学習プロセス、プロンプトエンジニアリングや代表的なAPIの利用法、LangChainを用いた活用法、LangGraphを用いたマルチエージェントシステムの構築手法、そしてそれらを統合したアプリケーション開発例まで、幅広いトピックを体系的に取り上げてきました。これらの内容は、各章単体で完結しつつも、それぞれが関連し合うことで、より深い理解を促す構成となっています。読者の皆様には、興味のあるトピックから読み進めていただきつつ、必要に応じて他の章に立ち戻ることで、LLMの知識を体系的に広げていただければ幸いです。

これまで、良いプログラムを書くためには計算機アーキテクチャ、コンパイラ、OSの仕組みを理解することが重要とされてきました。同様に、プログラムの一部としてLLMを効果的に活用するためには、Transformerやその学習プロセス、プロンプトエンジニアリングといった「LLMに特有の基礎知識」を身につけることが不可欠です。本書では、これらの基礎を解説するとともに、多数のコード例を通じて具体的な実践方法を示すことで、読者がLLMを「道具として使う」以上の応用力を身につけられることを目指しました。

LLMは依然として発展途上の技術ですが、その進化は止まることなく、私たちの日常生活やビジネスにさらに深く浸透していくことでしょう。LLMが提供する汎用的な能力は、個人や組織にとって重要な競争力となるだけでなく、新たな価値創造の可能性をもたらします。本書が、その第一歩を提供し、読者の皆様が新たなアイデアやプロジェクトに挑戦し、さらなる価値を生み出すきっかけとなれば幸いです。

最後までお読みいただき、誠にありがとうございました。本書が、LLMを活用した未来を切り拓く一助となることを心より願っています。

謝辞
本書の執筆にあたり、貴重なレビューをいただいた佐藤幸紀先生とその研究室の皆様に深く感謝申し上げます。また、本書の制作に関わってくださった皆様にも心より御礼申し上げます。皆様のご支援なくして本書を完成させることはできませんでした。

2025年1月　奥田 勝己

参考文献

[Ainslie et al. 2023] Ainslie, Joshua, James Lee-Thorp, Michiel de Jong, Yury Zemlyanskiy, Federico Lebron, and Sumit Sanghai (Dec. 2023). "GQA: Training Generalized Multi-Query Transformer Models from Multi-Head Checkpoints." In: Proceedings of the 2023 Conference on Empirical Methods in Natural Language Processing. Ed. by Houda Bouamor, Juan Pino, and Kalika Bali. Singapore: Association for Computational Linguistics, pp. 4895-4901.

[Ba et al. 2016] Ba, Jimmy Lei, Jamie Ryan Kiros, and Geoffrey E. Hinton (2016). Layer Normalization.

[Birr et al. 2024] Birr, Timo, Christoph Pohl, Abdelrahman Younes, and Tamim Asfour (2024). Auto-GPT+P: Affordance-based Task Planning with Large Language Models.

[Brown et al. 2020] Brown, Tom, Benjamin Mann, Nick Ryder, Melanie Subbiah, Jared D Kaplan, Prafulla Dhariwal, Arvind Neelakantan, Pranav Shyam, Girish Sastry, Amanda Askell, Sandhini Agarwal, Ariel Herbert-Voss, Gretchen Krueger, Tom Henighan, Rewon Child, Aditya Ramesh, Daniel Ziegler, Jeffrey Wu, Clemens Winter, Chris Hesse, Mark Chen, Eric Sigler, Mateusz Litwin, Scott Gray, Benjamin Chess, Jack Clark, Christopher Berner, Sam McCandlish, Alec Radford, Ilya Sutskever, and Dario Amodei (2020). "Language Models are Few-Shot Learners." In: Advances in Neural Information Processing Systems. Ed. by H. Larochelle, M. Ranzato, R. Hadsell, M.F. Balcan, and H. Lin. Vol. 33. Curran Associates, Inc., pp. 1877-1901.

[Burges et al. 2005] Burges, Chris, Tal Shaked, Erin Renshaw, Ari Lazier, Matt Deeds, Nicole Hamilton, and Greg Hullender (2005). "Learning to rank using gradient descent." In: Proceedings of the 22nd International Conference on Machine Learning. ICML '05. Bonn, Germany: Association for Computing Machinery, pp. 89-96. ISBN: 1595931805.

[M. Chen et al. 2021] Chen, Mark, Jerry Tworek, Heewoo Jun, Qiming Yuan, Henrique Ponde de Oliveira Pinto, Jared Kaplan, Harri Edwards, Yuri Burda, Nicholas Joseph, Greg Brockman, Alex Ray, Raul Puri, Gretchen Krueger, Michael Petrov, Heidy Khlaaf, Girish

Sastry, Pamela Mishkin, Brooke Chan, Scott Gray, Nick Ryder, Mikhail Pavlov, Alethea Power, Lukasz Kaiser, Mohammad Bavarian, Clemens Winter, Philippe Tillet, Felipe Petroski Such, Dave Cummings, Matthias Plappert, Fotios Chantzis, Elizabeth Barnes, Ariel Herbert-Voss, William Hebgen Guss, Alex Nichol, Alex Paino, Nikolas Tezak, Jie Tang, Igor Babuschkin, Suchir Balaji, Shantanu Jain, William Saunders, Christopher Hesse, Andrew N. Carr, Jan Leike, Josh Achiam, Vedant Misra, Evan Morikawa, Alec Radford, Matthew Knight, Miles Brundage, Mira Murati, Katie Mayer, Peter Welinder, Bob McGrew, Dario Amodei, Sam McCandlish, Ilya Sutskever, and Wojciech Zaremba (2021). Evaluating Large Language Models Trained on Code.

[W. Chen et al. 2023] Chen, Weize, Yusheng Su, Jingwei Zuo, Cheng Yang, Chenfei Yuan, Chi-Min Chan, Heyang Yu, Yaxi Lu, Yi-Hsin Hung, Chen Qian, Yujia Qin, Xin Cong, Ruobing Xie, Zhiyuan Liu, Maosong Sun, and Jie Zhou (2023). AgentVerse: Facilitating Multi-Agent Collaboration and Exploring Emergent Behaviors.

[Clarke 1968] Clarke, Arthur C. (1968). 2001年宇宙の旅. ハヤカワ文庫 SF. 英語版原著が1968年に発行. 東京: 早川書房. ISBN: 415011000X.

[Cobbe et al. 2021] Cobbe, Karl, Vineet Kosaraju, Mohammad Bavarian, Mark Chen, Heewoo Jun, Lukasz Kaiser, Matthias Plappert, Jerry Tworek, Jacob Hilton, Reiichiro Nakano, Christopher Hesse, and John Schulman (2021). "Training Verifiers to Solve Math Word Problems."
※本資料のデータは、MITライセンス（https://opensource.org/licenses/MIT）の下で提供されています。

[Devlin et al. 2019] Devlin, Jacob, Ming-Wei Chang, Kenton Lee, and Kristina Toutanova (2019). BERT: Pre-training of Deep Bidirectional Transformers for Language Understanding.

[Duchi et al. 2011] Duchi, John, Elad Hazan, and Yoram Singer (July 2011). "Adaptive Subgradient Methods for Online Learning and Stochastic Optimization." In: J. Mach. Learn.

Res. 12, pp. 2121-2159. ISSN: 1532-4435.

[Fan et al. 2018] Fan, Angela, Mike Lewis, and Yann Dauphin (July 2018). "Hierarchical Neural Story Generation." In: Proceedings of the 56th Annual Meeting of the Association for Computational Linguistics (Volume 1: Long Papers). Ed. by Iryna Gurevych and Yusuke Miyao. Melbourne, Australia: Association for Computational Linguistics, pp. 889-898.

[Glorot et al. 2010] Glorot, Xavier and Yoshua Bengio (13-15 May 2010). "Understanding the difficulty of training deep feedforward neural networks." In: Proceedings of the Thirteenth International Conference on Artificial Intelligence and Statistics. Ed. by Yee Whye Teh and Mike Titterington. Vol. 9. Proceedings of Machine Learning Research. Chia Laguna Resort, Sardinia, Italy: PMLR, pp. 249-256.

[Guo et al. 2024] Guo, Xudong, Kaixuan Huang, Jiale Liu, Wenhui Fan, Natalia Vélez, Qingyun Wu, Huazheng Wang, Thomas L. Griffiths, and Mengdi Wang (2024). Embodied LLM Agents Learn to Cooperate in Organized Teams.

[He et al. 2015a] He, Kaiming, Xiangyu Zhang, Shaoqing Ren, and Jian Sun (2015a). Deep Residual Learning for Image Recognition.

[He et al. 2015b] He, Kaiming, Xiangyu Zhang, Shaoqing Ren, and Jian Sun (2015b). Delving Deep into Rectifiers: Surpassing Human-Level Performance on ImageNet Classification.

[Hinton et al. 2012] Hinton, Geoffrey, Nitish Srivastava, and Kevin Swersky (2012). "Neural networks for machine learning lecture 6a overview of mini-batch gradient descent." In: Cited on 14.8, p. 2.

[Hochreiter 1998] Hochreiter, Sepp (Apr. 1998). "The vanishing gradient problem during learning recurrent neural nets and problem solutions." In: Int. J. Uncertain. Fuzziness Knowl.-Based Syst. 6.2, pp. 107-116. ISSN: 0218-4885.

[Holtzman et al. 2020] Holtzman, Ari, Jan Buys, Li Du, Maxwell Forbes, and Yejin Choi (2020). The Curious Case of Neural Text Degeneration.

[Jiang et al. 2024] Jiang, Hang, Xiajie Zhang, Xubo Cao, Cynthia Breazeal, Deb Roy, and Jad Kabbara (2024). "PersonaLLM: Investigating the Ability of Large Language Models to Express Personality Traits."

[Kaplan et al. 2020] Kaplan, Jared, Sam McCandlish, Tom Henighan, Tom B. Brown, Benjamin Chess, Rewon Child, Scott Gray, Alec Radford, Jeffrey Wu, and Dario Amodei (2020). Scaling Laws for Neural Language Models.

[Kingma et al. 2017] Kingma, Diederik P. and Jimmy Ba (2017). Adam: A Method for Stochastic Optimization.

[Kojima et al. 2022] Kojima, Takeshi, Shixiang (Shane) Gu, Machel Reid, Yutaka Matsuo, and Yusuke Iwasawa (2022). "Large Language Models are Zero-Shot Reasoners." In: Advances in Neural Information Processing Systems. Ed. by S. Koyejo, S. Mohamed, A. Agarwal, D. Belgrave, K. Cho, and A. Oh. Vol. 35. Curran Associates, Inc., pp. 22199-22213.

[Kong et al. 2024] Kong, Aobo, Shiwan Zhao, Hao Chen, Qicheng Li, Yong Qin, Ruiqi Sun, Xin Zhou, Enzhi Wang, and Xiaohang Dong (2024). "Better Zero-Shot Reasoning with Role-Play Prompting."

[Lewis et al. 2020] Lewis, Patrick, Ethan Perez, Aleksandra Piktus, Fabio Petroni, Vladimir Karpukhin, Naman Goyal, Heinrich Küttler, Mike Lewis, Wen-tau Yih, Tim Rocktäschel, Sebastian Riedel, and Douwe Kiela (2020). "Retrieval-Augmented Generation for Knowledge-Intensive NLP Tasks." In: Advances in Neural Information Processing Systems. Ed. by H. Larochelle, M. Ranzato, R. Hadsell, M.F. Balcan, and H. Lin. Vol. 33. Curran Associates, Inc., pp. 9459-9474.

[N. Liu et al. 2024] Liu, Na, Liangyu Chen, Xiaoyu Tian, Wei Zou, Kaijiang Chen, and Ming Cui (2024). From LLM to Conversational Agent: A Memory Enhanced Architecture with Fine-Tuning of Large Language Models.

[Z. Liu et al. 2023] Liu, Zijun, Yanzhe Zhang, Peng Li, Yang Liu, and Diyi Yang (2023). Dynamic LLM-Agent Network: An LLM-agent Collaboration Framework with Agent Team Optimization.

[Moore 1965] Moore, Gordon E. (Apr. 1965). "Cramming more components onto integrated circuits." In: Electronics 38.8.

[Nair et al. 2010] Nair, Vinod and Geoffrey E Hinton (2010). "Rectified linear units improve restricted boltzmann machines." In: ICML 2010, pp. 807-814.

[Ng 2004] Ng, Andrew Y (2004). "Feature selection, L1 vs. L2 regularization, and rotational invariance." In: Proceedings of the twenty-first international conference on Machine learning, p. 78.

[OpenAI et al. 2024] OpenAI et al. (2024). GPT-4 Technical Report.

[Ouyang et al. 2022] Ouyang, Long, Jeff Wu, Xu Jiang, Diogo Almeida, Carroll L. Wainwright, Pamela Mishkin, Chong Zhang, Sandhini Agarwal, Katarina Slama, Alex Ray, John Schulman, Jacob Hilton, Fraser Kelton, Luke Miller, Maddie Simens, Amanda Askell, Peter Welinder, Paul Christiano, Jan Leike, and Ryan Lowe (2022). Training language models to follow instructions with human feedback.

[Pascanu et al. 2013] Pascanu, Razvan, Tomas Mikolov, and Yoshua Bengio (2013). On the difficulty of training Recurrent Neural Networks.

[Polyak 1964] Polyak, B.T. (1964). "Some methods of speeding up the convergence of iteration methods." In: USSR Computational Mathematics and Mathematical Physics 4.5, pp. 1-17. ISSN: 0041-5553.

[Prechelt 2002] Prechelt, Lutz (2002). "Early stopping-but when?" In: Neural Networks: Tricks of the trade. Springer, pp. 55-69.

[Radford et al. 2019] Radford, Alec, Jeffrey Wu, Rewon Child, David Luan, Dario Amodei, Ilya Sutskever, et al. (2019). "Language models are unsupervised multitask learners." In: OpenAI blog 1.8, p. 9.

[Raffel et al. 2023] Raffel, Colin, Noam Shazeer, Adam Roberts, Katherine Lee, Sharan Narang, Michael Matena, Yanqi Zhou, Wei Li, and Peter J. Liu (2023). Exploring the Limits of Transfer Learning with a Unified Text-to-Text Transformer.

[Schulman et al. 2017] Schulman, John, Filip Wolski, Prafulla Dhariwal, Alec Radford, and Oleg Klimov (2017). Proximal Policy Optimization Algorithms.

[Sennrich et al. 2016] Sennrich, Rico, Barry Haddow, and Alexandra Birch (Aug. 2016). "Neural Machine Translation of Rare Words with Subword Units." In: Proceedings of the 54th Annual Meeting of the Association for Computational Linguistics (Volume 1: Long Papers). Ed. by Katrin Erk and Noah A. Smith. Berlin, Germany: Association for Computational Linguistics, pp. 1715-1725.

[Shinn et al. 2023] Shinn, Noah, Federico Cassano, Edward Berman, Ashwin Gopinath, Karthik Narasimhan, and Shunyu Yao (2023). Reflexion: Language Agents with Verbal

Reinforcement Learning.

[Srivastava et al. 2014] Srivastava, Nitish, Geoffrey Hinton, Alex Krizhevsky, Ilya Sutskever, and Ruslan Salakhutdinov (2014). "Dropout: a simple way to prevent neural networks from overfitting." In: The journal of machine learning research 15.1, pp. 1929-1958.

[Su et al. 2023] Su, Jianlin, Yu Lu, Shengfeng Pan, Ahmed Murtadha, Bo Wen, and Yunfeng Liu (2023). "RoFormer: Enhanced Transformer with Rotary Position Embedding."

[Wang et al. 2023] Wang, Xuezhi, Jason Wei, Dale Schuurmans, Quoc V Le, Ed H. Chi, Sharan Narang, Aakanksha Chowdhery, and Denny Zhou (2023). "Self-Consistency Improves Chain of Thought Reasoning in Language Models." In: The Eleventh International Conference on Learning Representations.

[Wei, Bosma, et al. 2022] Wei, Jason, Maarten Bosma, Vincent Zhao, Kelvin Guu, Adams Wei Yu, Brian Lester, Nan Du, Andrew M. Dai, and Quoc V Le (2022). "Finetuned Language Models are Zero-Shot Learners." In: International Conference on Learning Representations.

[Wei, Tay, et al. 2022] Wei, Jason, Yi Tay, Rishi Bommasani, Colin Raffel, Barret Zoph, Sebastian Borgeaud, Dani Yogatama, Maarten Bosma, Denny Zhou, Donald Metzler, Ed H. Chi, Tatsunori Hashimoto, Oriol Vinyals, Percy Liang, Jeff Dean, and William Fedus (2022). Emergent Abilities of Large Language Models.

[Wei, Wang, et al. 2022] Wei, Jason, Xuezhi Wang, Dale Schuurmans, Maarten Bosma, Brian Ichter, Fei Xia, Ed Chi, Quoc V Le, and Denny Zhou (2022). "Chain-of-Thought Prompting Elicits Reasoning in Large Language Models." In: Advances in Neural Information Processing Systems. Ed. by S. Koyejo, S. Mohamed, A. Agarwal, D. Belgrave, K. Cho, and A. Oh. Vol. 35. Curran Associates, Inc., pp. 24824-24837.

[Xi et al. 2023] Xi, Zhiheng, Wenxiang Chen, Xin Guo, Wei He, Yiwen Ding, Boyang Hong, Ming Zhang, Junzhe Wang, Senjie Jin, Enyu Zhou, Rui Zheng, Xiaoran Fan, Xiao Wang, Limao Xiong, Yuhao Zhou, Weiran Wang, Changhao Jiang, Yicheng Zou, Xiangyang Liu, Zhangyue Yin, Shihan Dou, Rongxiang Weng, Wensen Cheng, Qi Zhang, Wenjuan Qin, Yongyan Zheng, Xipeng Qiu, Xuanjing Huang, and Tao Gui (2023). The Rise and Potential of Large Language Model Based Agents: A Survey.

[Yao et al. 2023] Yao, Shunyu, Jeffrey Zhao, Dian Yu, Nan Du, Izhak Shafran, Karthik Narasimhan, and Yuan Cao (2023). ReAct: Synergizing Reasoning and Acting in Language Models.

[Zhang et al. 2019] Zhang, Biao and Rico Sennrich (2019). "Root Mean Square Layer Normalization."

[H. Zhang et al. 2024] Zhang, Hugh, Jeff Da, Dean Lee, Vaughn Robinson, Catherine Wu, Will Song, Tiffany Zhao, Pranav Raja, Dylan Slack, Qin Lyu, Sean Hendryx, Russell Kaplan, Michele Lunati, and Summer Yue (2024). A Careful Examination of Large Language Model Performance on Grade School Arithmetic.

[Zheng et al. 2024] Zheng, Mingqian, Jiaxin Pei, Lajanugen Logeswaran, Moontae Lee, and David Jurgens (2024). "When 'A Helpful Assistant' Is Not Really Helpful: Personas in System Prompts Do Not Improve Performances of Large Language Models."

[Zhou et al. 2023] Zhou, Andy, Kai Yan, Michal Shlapentokh-Rothman, Haohan Wang, and Yu-Xiong Wang (2023). Language Agent Tree Search Unifies Reasoning Acting and Planning in Language Models.

[総務省 2023] 総務省 (2023). 令和5年版情報通信白書.

Index

著者プロフィール

奥田 勝己（おくだ かつみ）

三菱電機株式会社 先端技術総合研究所 主席研究員。東京大学大学院情報理工学系研究科博士課程修了。博士（情報理工学）。2023年3月から2年間、マサチューセッツ工科大学（MIT）コンピュータ科学・人工知能研究所（CSAIL）にて客員研究員として、LLM（大規模言語モデル）を用いたコード最適化やプログラミング言語技術の研究に従事。

企業では、プログラミング言語技術、コンパイラ、および組み込みシステムの研究開発に長年取り組む。その成果は、FA（ファクトリーオートメーション）システムや宇宙システムの高度化など、実際の製品やシステム開発に応用されている。

■ 本文デザイン・DTP —— BUCH⁺
■ 装丁デザイン ———— 303DESiGN 竹中秀之

仕組みからわかる大規模言語モデル 生成AI(エーアイ)時代のソフトウェア開発入門

2025年 2月17日 初版第1刷発行
2025年 4月10日 初版第2刷発行

著者 奥田 勝己（おくだ かつみ）
発行人 臼井 かおる
発行所 株式会社翔泳社（https://www.shoeisha.co.jp）
印刷・製本 中央精版印刷株式会社

本書へのお問い合わせについては、2ページに記載の内容をお読みください。
造本には細心の注意を払っておりますが、万一、乱丁（ページの順序違い）や落丁（ページの抜け）がございましたら、お取り替えいたします。03-5362-3705 までご連絡ください。

ISBN978-4-7981-8526-2
Printed in Japan